保护你的数字生活

网络安全手册

詹榜华　孙竞舟　丁　晓◎著

 中国传媒大学 出版社

·北京·

本书编委会

刘雅璇　钟金鑫　安　靖　范文庆
朱蔚兰　翟建军　陈青民　安亚鹏

目　录

PART 02　　　　　　　办公场景篇

PART 03　　　　　　　　　　　　　　　专题篇

导　论

一、网络安全常见概念

要提升网络安全意识,也方便进一步开展之后的学习,首先应当了解一些与网络安全相关的基本术语和概念。

1.黑客经常使用的网络攻击手段

(1)僵尸网络:采用一种或多种传播手段,使大量联网设备感染僵尸程序并通过控制信道接收攻击者的指令,从而在攻击者和被感染设备之间形成可一对多控制的网络。

(2)网页篡改:恶意破坏或更改网页内容。黑客通过植入色情、诈骗等非法信息链接或其他非正常网页的方式使网站无法正常工作。

(3)恶意程序:在用户不知情或未经授权的情况下,在信息系统中安装、执行不正当的或具有违反国家相关法律法规行为的可执行文件、程序模块或程序片段。

(4)木马程序:由攻击者安装在受攻击设备上并秘密运行的恶意程序。

(5)后门程序:能够绕过安全性控制而获取对程序或系统访问权的程序,能为攻击者提供非授权访问的通道,从而帮助黑客完成破解账号密码、存取系统信息、修改系统权限、植入木马程序等操作,甚至完全控制系统。

(6)蠕虫:能自我复制和广泛传播,以占用系统和网络资源为主要目的的恶意程序。蠕虫程序入侵控制一个设备后，将其作为宿主并扫描感染其他设备，进而广泛传播。[①]

（7）网络勒索：发生在网络空间的敲诈勒索行为。网络犯罪分子通过使用或者威胁使用某种恶意活动来侵害受害者，从而要求受害者付款以避免或停止恶意活动。[②]

（8）网络诈骗[③]：利用互联网服务或者软件实施诈骗的行为。诈骗分子在骗取受害者信任后，使用一系列预先编排的连环骗局，层层诱骗受害者的财物或重要个人信息。

（9）恶意邮件/钓鱼邮件：以骗取用户重要信息、传播恶意程序为主要目的的电子邮件，内容通常具有诱惑性。以各种名义诱骗受害人打开仿冒网页[④]、点击挂马网页或打开包含恶意程序的附件等方式实现个人信息盗取和网络攻击。[⑤]

（10）社会工程学攻击：黑客从人的因素入手，通过与攻击对象交流的方式，利用攻击对象的心理弱点、本能反应等使其心理受到影响，从而实现收集信息、行骗和入侵计算机系统的最终目的的一种攻击手段。

（11）DDoS攻击/分布式拒绝服务攻击[⑥]：攻击者利用网络上多个"肉鸡"主机，向目标计算机发送大量看似合法的请求，消耗或占用目标计算机大量网络或系统资源，使目标计算机无法处理合法请求，从而导致正常用户无法访问目标计算机。

（12）高级持续性威胁（APT）攻击[⑦]：具有国家或相关背景的黑客组织基于政治、军事或商业等重大利益目的，针对国家、组织或个人等特定目标进行的一系列隐蔽网络攻击行为。

（13）网络黑产：利用互联网技术实施网络攻击、窃取公民隐私信息、诈骗勒索、非法广告、推广黄赌毒等网络违法行为，以及为这些违法行为提供非法平台、制作工具、

---

① 蠕虫病毒的危害性非常大，例如非常著名的曾在2007年导致至少上百万用户受害的熊猫烧香病毒就是一种蠕虫病毒。

② 其中，有一种常被黑客使用的勒索软件就是能够对文件和文件夹进行加密的恶意软件。黑客往往以"恢复数据资产或计算资源的正常使用"为条件向受害者勒索钱财。

③ 主要形式包括虚假贷款诈骗、银行钓鱼诈骗、冒充公检法诈骗、刷单类诈骗、征婚交友类诈骗、虚假购物消费诈骗和冒充购物客服退款诈骗等。

④ 网页仿冒是一种通过构造与某一目标网站高度相似的页面诱骗用户的攻击方式。类似的还有仿冒APP：通过构造与正版APP相似的图标或名称，诱惑用户下载并安装，然后对用户开展攻击。

⑤ 有效防范方法：当收到的电子邮件包含链接、图片、附件等内容时，建议与发件人沟通确认后再进行点击或下载等操作。

⑥ DDoS攻击可以具体分为带宽消耗型和资源消耗型。常见的带宽消耗型DDoS攻击包括UDP洪水攻击和各种反射放大攻击，常见的资源消耗型DDoS攻击包括SYN洪水攻击和CC攻击（分布式HTTP洪水攻击）。

⑦ "高级"指攻击方法和攻击工具先进复杂，"持续性"指黑客组织连续攻击目标对象，持续时间较长。

网络黑产资源收集传播渠道、非法获利变现等的黑色产业链。

2.除了以上提到的普适性攻击以外,黑客还会施行一些针对性的攻击,比如利用网络安全漏洞进行攻击

网络安全漏洞:网络产品或信息系统在需求、设计、实现、配置、运行等过程中,无意或有意产生的缺陷或薄弱点,①如 Web 服务的 SQL 注入漏洞等。

按照漏洞被人掌握的情况,网络安全漏洞可以分为已知漏洞、未知漏洞和零日漏洞等几种类型。已知漏洞和未知漏洞可以根据字面意思进行理解,比较特别的是零日漏洞(0-day)。

零日漏洞:厂商尚未完成修复的通用软硬件中的网络安全漏洞。黑客会在厂商完成修复前利用零日漏洞,对系统或应用程序发动网络攻击,即零日攻击/零时差攻击。②

网络安全漏洞会对信息安全造成很大的威胁。由于漏洞的存在,网络信息可能被泄露给非授权用户甚至供其利用,影响机密性;网络安全漏洞可能导致网络信息在存储或传输过程中被偶然或蓄意地删除、修改、伪造、乱序、重放、插入造成破坏或丢失,影响完整性;网络安全漏洞还可能使授权用户无法正常使用网络信息服务,影响可用性。

3.对于网络安全漏洞,攻击者可能采用的多种攻击途径

(1)物理访问利用:攻击者必须通过物理接触或者操作受攻击目标才能完成的漏洞利用攻击。

(2)本地访问利用:攻击者需要具有物理访问权限或本地账户才能完成漏洞利用攻击。

(3)相邻网络访问利用:攻击者需要接入与目标相邻的物理或逻辑网络,如蓝牙网络、Wi-Fi 网络等才能完成漏洞利用攻击。

(4)远程访问利用:攻击者可以通过公共互联网或者其他信息传输媒介,以远程方式对设备发起漏洞利用攻击。

---

① 我国拥有自己的信息安全漏洞共享平台(CNVD),其中收录了各种漏洞,在及时消除漏洞安全威胁、积极维护国家网络安全方面发挥了重要的作用。

② 零日漏洞一般缺少监测特征以及相关修复补丁,由于零日漏洞往往由黑客最先发现,因此由他们发起的零日攻击往往具有成功率高、隐蔽性强以及危害性大的特点,针对零日攻击的防御难度较大。

4.为了防范攻击,可以采取有效的辅助性网络安全防护措施

(1)防火墙:是实现网络和信息安全的基础设施。主要借助硬件和软件的作用,在内部网络和外部网络之间产生保护屏障,从而实现对不安全网络因素的阻断。[①]

(2)反病毒软件/杀毒软件/防毒软件:是用于消除电脑病毒、木马和恶意软件等计算机威胁的一类软件。[②]

(3)入侵检测系统:是计算机的监视系统,能够实时监控网络状况,当发现异常情况时会发出警告。

◆ 特别提醒:

保护网络信息是防范网络攻击的重要目的。

对于个人,敏感信息泄露可能会造成受害人收到垃圾短信、垃圾邮件、骚扰电话、冒名办卡消息,甚至可能造成受害人个人名誉受损、遭遇电信诈骗、账户资金遭到盗取等严重情况;对于机构,信息泄露可能导致经济利益、公众声望等受到损失,甚至面临诉讼等法律指控;对于国家,国家秘密一旦泄露会严重损害国家的安全和利益。

黑客非法获取个人信息的手段也是层出不穷,但大体可以分为三类:

(1)利用暴露在互联网上的数据访问接口或访问凭证对数据库等进行违规访问操作;

(2)利用系统未授权访问、弱口令等漏洞,越权进入系统后台窃取数据;

(3)通过挂马网站或系统漏洞直接向个人手机、电脑等终端发起攻击[③]。

二、网络安全威胁防范与应急处置

信息时代,网络安全威胁时时刻刻存在于我们的生活中,常见的类型包括网站安全漏洞、拒绝服务攻击、信息泄露、网络勒索、恶意程序、恶意邮件等。但实际上,根据网络运营者类型的不同,其面临的主要网络安全威胁各有不同。例如,提供网络公共

[①] 对于单位中的保密信息,可以使用这种方式施行内外网分离,从而保护信息安全。

[②] 此类常用软件有腾讯电脑管家、360安全卫士、360软件管家、2345安全卫士、金山毒霸等。

[③] 当受害者浏览受木马病毒感染的网站时,计算机就会自动下载恶意程序。对于没有及时安装补丁的终端,黑客也可以利用漏洞入侵,进而造成受害者数据泄漏。

服务的网络运营者主要面临的是网站攻击、拒绝服务攻击等类型的网络安全威胁;金融行业网络运营者更需要警惕钓鱼网站,避免信息泄露;关键信息基础设施运行单位则应时刻准备应对 APT 攻击的威胁。

为了更好地防范外部攻击入侵和内部泄密风险,构建全面、完整的网络安全防护架构保障网络安全对于网络运营者来说至关重要。虽然各行业需要集中精力防范应对的网络安全威胁各不相同,但从整体上来讲,需要从以下几个方面入手:

(1)持续开展内部网络信息资产的梳理、排查信息系统安全状况,确保信息资产纳入网络安全防护的体系架构之内;

(2)内部员工在接入网络信息系统时需要采用动态口令牌、指纹虹膜认证等用户身份认证策略;

(3)应用网络安全设备、软件和策略,包括防火墙设备、入侵防御系统、入侵防御设备、反病毒软件、上网行为管理、数据操作审计等;

(4)持续获取网络情报服务,包括失陷主机情报、漏洞信息情报等;

(5)开展网络安全日常运营管理,通过专门的安全团队结合安全运营中心或信息安全和事件管理中心,及时发现、响应、处置内部的网络信息安全事件。

那么,对于具体的网络攻击又应当如何防范和应对呢?

1.网络勒索

(1)"防输入"

首先,应当在外部加强对网络出入口的管理,警惕对本网络 IP 地址特定端口进行连续多次扫描的网络安全事件,并能够实现对扫描 IP 地址采取封停等操作。

其次,对于邮箱中收到的邮件附件应当进行安全检测,以及时发现恶意邮件中夹杂的勒索病毒等恶意程序。

最后,加强工作人员安全意识并开展网络安全培训,提醒员工在个人终端注意及时进行安全升级,避免点开不明来源的电子邮件或在不正规的网站下载应用程序等。

(2)"防扩散"

首先,注意对内部局域网进行合理分区,不同区域间除必要端口外,禁止其他端口间通信,防止某区域中毒后,造成勒索病毒在整个局域网内大范围传播。

其次,要对网络中系统和设备进行持续性安全漏洞监测,一旦发现漏洞及时打补丁升级。

最后,对网络内设备口令强度应进行规范,及时整改存在弱口令的系统。

2.恶意程序

(1)加强外围监测:注意在互联网出入口处加强对网络流量的分析,还原外部传输到内部的文件并检测文件中是否含有恶意程序。同时通过威胁情报网络流量分析等技术手段分析网络出入口流量中是否包含恶意代码外连或者控制指令下发等威胁行为。

(2)提升终端防护:对系统和组件存在的漏洞不断升级并加强系统口令,防止恶意程序暴力破解,同时在终端安装杀毒软件并定期进行更新。将外围监测与终端监测进行联动,打造一体化防御体系。

(3)加强人员网络安全意识:网络运营者应当重视培养提升内部人员的网络安全防护意识,使相关人员至少掌握安全防护的基本规范。

3.安全漏洞

(1)由于网络安全漏洞难以彻底消除,网络安全人员应当保证及时、准确地掌握自身管理的信息系统(特别是核心系统)的资产情况,从而在发现危害较大的安全漏洞时能够及时掌握受影响程度。

(2)在有新的信息系统上线前,专业技术人员应当进行全面的安全测试,及时修补系统漏洞;对于已在线使用的信息系统则需定期进行安全漏洞扫描和渗透测试,以及时发现和解决安全威胁与隐患。

(3)关注国家信息安全漏洞共享平台(CNVD)等漏洞信息平台,及时掌握相关漏洞信息,对涉及的漏洞及时进行处置。

4.零日漏洞

(1)根据实际情况调整符合业务与应用需要的防火墙策略,尽量减少内部信息系统 IP 地址与端口在公网的暴露。

(2)对于来自外网的文件附件进行深度检测,重点检查这些文件是否会调用系统敏感权限。

(3)分析网络流量中的异常通信行为,及时发现与正常业务无关的疑似攻击流量,并依托发现的异常流量进行进一步分析、采取对应防护策略。

◆ 特别提醒:

为了保障网站安全①,网络运营者应当在网站上线或重大改版前进行全面的安全检测,并在网站上线后也定期开展安全检测,以及时消除网站服务器或网站组件中存在的安全隐患和安全漏洞。另外,还可以对网站采取 CDN② 方式隐匿原站地址以阻挡部分针对网站的攻击行为,或者部署网站应用级入侵防御系统等防护设备。

随着信息技术的高速发展以及在社会生活中的广泛应用,网络与信息系统越来越在经济稳定运行和社会有序运转中发挥着无可替代的作用。自 21 世纪以来,我国政府一直重视网络空间的安全保障,并已经制定了多项政策、法律法规以及完备的网络安全评估标准③用于指导相关企业提高网络安全意识并提升网络安全技术能力水平。

由于金融、能源、电力、通信、交通等领域的关键信息基础设施在经济社会运行中扮演着神经中枢的重要角色,一旦遭受攻击,会直接导致交通中断、金融紊乱、电力瘫痪等破坏性极大的社会性问题,所以在符合网络安全等级保护制度的基础上,更应该实行重点保护。

我国在《网络安全审查办法》中明确指出,电信、广播电视、能源、金融、公路水路运输、铁路、民航等行业领域的重要网络和信息系统运营者在采购网络产品和服务时,应当按照要求考虑申报网络安全审查。在《网络安全法》中也特别提到,关键信息基础设施的运营者应当每年至少自行或者委托网络安全服务机构对其网络的安全性和可能存在的风险进行一次检测评估,并将检测评估情况和改进措施报送负责关键信息基础设施安全保护工作的部门。

---

① 网站安全问题主要包括网页篡改、网站后门和网页挂马,网站安全威胁的根源主要来自网站本身存在的安全漏洞。
② CDN,即内容分发网络,指构建在现有网络基础之上的智能虚拟网络。
③ 我国相关网络安全评估标准的文件包括 GB/T 18336-2001《信息技术安全性评估准则》;GB/T 19716-2005《信息技术信息安全管理实用规则》;GB/T 20261-2006《信息技术系统安全工程能力成熟度模型》;GB 17859-1999《计算机信息系统安全保护等级划分准则》;GB/T 19715-2005《信息技术安全管理指南》;GB/T 20984-2007《信息安全风险评估规范》;GB/T 22239-2019《网络安全等级保护基本要求》;GB/T 22240-2019《网络安全等级保护定级指南》;GB/T 25058-2019《网络安全等级保护实施指南》;GB/T 25070-2019《网络安全等级保护安全设计技术要求》;GB/T 28448-2019《网络安全等级保护测评要求》;GB/T 28449-2018《网络安全等级保护测评过程指南》。

三、网络安全应急体系

网络安全应急响应指的是通过有效的技术手段、组织管理、预案流程、制度规范等综合措施,对已发生或可能发生的有重大危害的业务系统和网络安全事件进行响应,以降低可能造成的风险和损失。

1.国际网络安全应急体系

最早在 20 世纪 80 年代末,为了对抗突发的大规模网络安全事件,计算机应急响应组织(CERT)开始出现。如今各国政府、企业和高校建立的 CERT 组织已成为各国网络安全保障领域不可或缺的专业队伍,国家级的 CERT 也已经成了国际网络安全应急体系的重要运行机构。联合国、国际电信联盟(ITU)、亚太经合组织(APEC)、上海合作组织等国际政府间合作组织都是网络安全应急响应合作的重要平台,并纷纷将推动与 CERT 组织合作纳入有关文件或工作中。

各国国家级 CERT 作为本国的网络安全威胁和事件的应急联络点,基本职能主要包括威胁和事件发现[①]、预警通报[②]、应急处置[③]等,在职责范围上需要在国内和国际分别开展协调和沟通工作。

在国内,CERT 作为网络安全应急体系中的牵头单位,通过组织网络安全企业、学校、社会组织和研究机构,协调运营商、域名服务机构和其他应急组织等构建本国网络安全应急体系,共同处理各类互联网重大网络安全事件,分析本国网络安全威胁态势。部分国家级 CERT 组织还承担着本国网络安全信息共享的中枢职能,负责收集政府部门、基础设施部门、企业的相关威胁和事件信息并开展分析研判。

在国际上,CERT 一方面通过双边的联系渠道开展交流和合作、分享网络安全威胁信息、协调处置跨境网络安全事件、净化互联网环境;另一方面,各国 CERT 组织还自主发起成立了国际事件响应与安全组织(FIRST)、亚太地区应急响应合作组织(AP-

---

① 威胁和事件发现指网络安全应急组织通过自主监测、与国内外合作伙伴共享数据和信息以及获取网络安全事件报告等渠道实现对网络安全威胁和事件的及时发现。

② 预警通报指通过对掌握的网络安全威胁和事件资源进行综合分析,实现对网络安全威胁的分析预警、网络安全事件的情况通报以及宏观网络安全状况的态势分析。

③ 应急处置指对于发现和接收到的事件及时响应并积极协调处置。事件处置流程大体包括事件投诉、受理、处置和反馈几个环节。

CERT)、欧盟的事件响应组织工作组(TF-CSIRT)、伊斯兰国家组织计算机应急响应小组(OIC-CERT)以及非洲计算机应急响应小组(AfricaCERT)等国际和区域组织,开展多边交流与合作。

国际网络安全应急合作有着重要意义。国际间的合作能够有效解决由互联网本身具有的开放性、跨域性等特点带来的网络安全问题,高效处理网络安全跨境事件,同时通过共享网络安全威胁信息共同净化全球互联网环境,增进国家间互信。

我国政府一直在网络安全应急合作方面处于比较积极的领导地位,致力于构建跨境网络安全事件的快速响应和协调处置机制。国家计算机网络应急技术处理协调中心(CNCERT/CC)不仅是国际组织 FIRST 的成员,还是 APCERT 的副主席,同时还积极参加了亚太经合组织、国际电联、上合组织、东盟、金砖等政府层面国际和区域组织的网络安全相关工作。截至 2019 年,CNCERT 已与 78 个国家和地区的 260 个组织建立了"CNCERT 国际合作伙伴"关系。

2.国内网络安全应急体系

我国的国家网络安全应急工作由中央统一领导指挥,各地区、各部门分级负责,网络运营者、专业队伍和社会力量共同参与,协同开展应急联动和处置工作,主要承担的工作内容包括监测与预警、应急处置、调查与评估、预防工作以及保障措施五大方面。

在各级政府部门的整体权责分工上,国家网络安全应急办公室设在中央网信办,负责网络安全应急跨部门、跨地区的协调工作和指挥部的事务性工作,组织指导国家网络安全应急技术支撑队伍做好应急处置的技术支持工作;中央和国家机关各部门则按照各自的职责和权限,负责本部门和本行业的网络和信息系统网络安全事件的预防、监测、报告和应急处置工作。其中,工业和信息化部、公安部、国家保密局等相关部门按照职责分工负责相关网络安全事件的应对工作,财政部门则为网络安全事件应急处置提供必要的资金保障。各省(自治区、直辖市)网信部门则在本地区党委网络安全和信息化委员会统一领导下,统筹协调组织本地区的网络和信息系统网络安全事件的预防、监测、报告和应急处置工作。

此外,行业机构作为我国网络安全应急体系中不可或缺的一部分,主要涉及的企业类型包括基础电信运营企业、非经营性互联单位、域名注册管理和服务机构、网络安全企业、互联网企业、软硬件厂商、关键信息基础设施行业机构以及增值电信业务经营企业等。

在工作开展上，2017 年由中央网信办印发的《国家网络安全事件应急预案》(以下简称《应急预案》)规定，在所有网络安全事件的应对工作中应坚持三项原则。一是坚持统一领导、分级负责，坚持统一指挥、密切协同、快速反应、科学处置；二是坚持预防为主，预防与应急相结合；三是坚持谁主管谁负责、谁运行谁负责，力求充分发挥各方面力量共同做好网络安全事件的预防和处置工作。

在工作内容上，《应急预案》对各项工作进行了明确规定。

其中，对于调查与评估的工作，特别重大的网络安全事件由应急办组织有关部门和省(自治区、直辖市)进行调查处理和总结评估，并按程序上报。重大及以下网络安全事件由事件发生地区或部门自行组织调查处理和总结评估，其中重大网络安全事件相关总结调查报告报应急办。总结调查报告应对事件的起因、性质、影响、责任等进行分析评估，提出处理意见和改进措施。同时，事件的调查处理和总结评估工作原则上需要在应急响应结束后 30 天内完成。

在保障措施上，《应急预案》对机构人员、技术支撑队伍、专家队伍、社会资源、基础平台、技术研发和产业促进、国际合作、物资保障、经费保障、责任与奖惩十个方面进行了规定和要求。重要内容包括：各地区、各部门、各单位要落实网络安全应急工作责任制，把责任落实到具体部门、具体岗位和个人，并建立健全应急工作机制；开展网络安全应急技术支撑队伍建设；建立国家网络安全应急专家组；从教育科研机构、企事业单位、协会中选拔网络安全人才，建立网络安全事件应急服务体系；加强网络安全应急基础平台和管理平台建设；开展网络安全防范技术研究；建立国际合作渠道，签订合作协定，必要时通过国际合作共同应对突发网络安全事件；加强对网络安全物资、经费的保障；对网络安全事件应急处置工作实行责任追究制等。

我国建设网络安全应急体系，开展网络安全应急响应工作，提高网络安全事件应对能力，有助于预防和减少网络安全事件造成的损失和危害，保护公众利益，有助于维护国家安全、公共安全和社会秩序，有助于增强全民风险意识，对落实总体国家安全观构建社会主义和谐社会有着重要意义。

四、后疫情时代下的网络安全

受新冠疫情影响，各政府部门和企事业单位为满足监管要求、降低人群聚集交叉感染风险,保障相关业务有序开展,远程办公和远程运维的需求激增。然而远程办公网络边界延伸也给政府和企事业单位带来了安全挑战。有不少攻击者利用新冠疫情相关信息,传播勒索软件、挖矿木马、远控后门等多种类型的恶意代码,实施网络攻击。

后疫情时代,由于对远程办公的需要,各单位对于网络安全的要求比从前更大,但面临的网络安全风险却比从前更高。主要面临的风险有以下三点:

一是在疫情防控期间,紧急上线的互联网业务系统及远程运维系统容易将服务器关键端口暴露在互联网上受到攻击。由于相关系统缺乏防火墙、入侵检测系统以及入侵防御系统等安全设备,且通常没有经过完整的风险评估和安全测试流程,业务系统和服务器遭受网络攻击的风险会大幅增加。例如,攻击者可能采用钓鱼邮件等攻击方式,利用疫情相关题材作为诱饵文档,诱导受害者执行恶意代码,以此对医疗工作领域相关设备发动 APT 攻击。

二是访问权限不足可能会导致敏感数据泄露。后疫情时代,相比从前的远程访问规模,持续且多组织单元的远程访问需要更大的远程访问能力和容量,也需要企业开放或扩展更多的内部服务接口、数据访问权限到网络边界或公共互联网,一旦缺少对访问权限的控制就会导致越权访问、业务逻辑缺陷、敏感数据泄露以及中间件漏洞等安全隐患。而现实是,当前多数企事业单位甚至并没有 VPN(虚拟专用网络)、堡垒机等基础安全手段,这会导致接入和传输过程也存在风险。例如,开发人员在远程办公时,一般会将编写出的代码上传至 GitHub 等代码托管平台,而此类平台权限默认为公开,这就可能导致代码泄露,被黑客攻击,甚至造成重大经济损失。

三是员工安全意识缺失容易导致防护措施落实不到位。员工通常对线上办公存在的网络安全隐患并不敏感,很多有效的安全防护措施并没有实际落实。例如,员工可能通过家庭网络、家用设备,在防护不足的情况下,对敏感数据进行远程访问和操作,导致相关数据在进行传输和存储时被滥用或遭到泄露的风险大幅增加。此外,员工作为独立的个体还会接收到来自内部和外部的众多信息,在应对诸如钓鱼攻击、水坑攻击、欺诈电话等威胁方面降低警戒性,成为黑客攻击企事业单位内部网络、窃取资源的突破口。在后疫情时代,已经发生过多起利用疫情进行恶意破坏的恶意程序,都是通过伪装成疫情相关文件进行诱导传播,受到攻击后用户电脑就会被攻击者完全控制。

可见,网络安全防控在疫情防控的总体工作中也占据着重要地位。为了有效应对网络安全风险、保障企事业单位业务的有序开展,政府和企事业单位管理人员、运维人员、普通员工三个层面都应当采取相应的安全防控措施。

对于政府和企事业单位管理人员,安全制度远程落实不到位、远程防护手段不足、业务系统漏洞风险、员工安全意识缺失等是应当主要注意的风险。一旦疏漏,将会给政府和企事业单位带来重大经济利益损害。因此,政府和企事业单位管理人员应当定义清晰的应急响应机制,事先定义清晰的标准化流程,包括流程审批、启动节点、处理措施、沟通方式等,保证对可能发生的突发性事件能够进行快速响应。同时,预设全面覆盖漏洞补丁管理的执行计划,并针对内部系统进行安全测试,及时发现并修复存在的安全漏洞,降低非授权访问、数据泄露等风险。另外,在日常工作中应当着重加强对员工的安全意识宣导,强化员工对数据的保护意识,提高员工对安全威胁识别及高风险行为判断的能力,提升员工基本网络安全保护水平。培训员工对钓鱼邮件、网站和Wi-Fi 的识别技巧,避免公司数据受到监窥,并明确规定禁止员工随意拷贝存储公司重要机密文件等。

对于运维人员,运维端口防护、系统访问授权、传入和输出通道防护等是需要特别注意的。运维人员需要定期进行业务风险检查,对于 CC 攻击、暴力破解、SQL 注入、网页挂马、勒索软件等常见威胁要做到及早发现并修复。为了保障业务安全可靠地运行,应当及时修复软件和业务系统中的安全漏洞。对于传入和输出通道,应当使用VPN 接入防护。通过加密的通信协议建立专有的通信线路,保证传输过程的机密性和安全性。如此,既解决了身份认证的合法性,也能够实现对传输通道的加密,使数据无法遭到窃听。另外,还应当进行双因素认证授权管理。管理员应当根据已划分好的内部资源敏感程度决定是否能够进行远程访问,是否需要更严格的身份认证等,以控制访问权限。例如,规定超级管理员在连接内网的情况下可进行系统、数据库的访问,但需要进行双因素认证等。

除了制度和技术上的完善以外,防范网络安全威胁最根本的还是要提升员工自身的网络安全意识。一方面是对于设备和文件安全的防护。在远程办公时个人办公电脑要保持防火墙正常开启或安装安全类软件,并及时更新修复系统安全漏洞,还应当避免弱口令或统一的口令,做到及时备份重要文件,并将文件备份与主机隔离。另一方面是注意上网安全。远程办公时可通过 VPN 加密方式接入办公网络环境,同时避免打开来源不明的链接。对于非受信来源的邮件应当保持警惕,收到疫情消息后,注意官方来源标识,对于非官方来源的通知及文件要尽量避免打开。如有必要,可利用安全软件对文件进行检查后再打开。

本次疫情实际上为我国应对大规模公共突发事件期间的社会网络安全保护问题提供了实践积累的机会。通过对疫情防控期间远程办公网络安全风险进行分析和应对,建议可以从以下三方面入手,不断提升我国应对大型公共突发性事件网络安全防护能力:

一是细化网络安全应急响应机制,加强网络安全长效监测评估。除了网络安全应急响应机制中已经包含的事件定级、角色及职责、应急响应流程、保障措施等标准要素外,建议可对不同应急场景采取不同的细化处置流程。同时,加强对网络系统存在受控、漏洞的企事业单位的长效监测评估,并利用网络安全威胁信息共享平台及时通报有关情况发布风险提示,协助相关企事业单位采取处置措施。

二是督促企事业单位不断完善风险评估和安全防控系统,强化敏感数据权限管理。建议政府相关部门督促企事业单位加强高危风险领域网络基础设施、重点域名系统等风险评估和安全防控能力,切实处理好数据使用与数据保护的关系,进一步强化敏感数据权限的规范管理,并及时审查和修订操作规程,积极落实补充和完善网络安全管控措施。

三是进一步落实网络主体责任,提升全流程应急现场人员安全意识。网络安全相关企事业单位应当严格落实维护网络安全主体责任,依托全国互联网信息安全管理系统等技术手段,及时做好网络安全风险动态监测、应急处置等全流程保障工作,从源头上降低网络安全风险。同时,进一步加强应急现场人员安全意识,定期组织网络攻防演习,切实提升企业、机构、基础电信企业等的安全防护能力。

近年来,随着生物识别技术的发展,指纹、人脸、虹膜、掌静脉等多种生物识别技术已经应用到金融服务、通信、信息安全、医疗、治安管理、电子商务等各个领域,被广泛应用于国家机关或健康保险等领域的身份认证,已经扩散到了无人商店、无人网吧等无人生态系统领域中,渗入了人们日常生活和工作的方方面面。尤其在新冠疫情的催化下,远程工作模式激增,导致网络安全威胁日益加剧,同时因为生物识别技术具有的安全高效且卫生、无接触的特性,已经越来越多地被应用到了智能城市的各个领域,极大地方便了人们的生活。预计,生物识别技术作为后新冠疫情时代的核心技术,或将迎来新的发展机遇。

生物识别技术的工作原理是在读取和分析用户身体的特定部位后，与现有存储的数据进行对比，从而确认本人身份并进行验证。由于它使用的是个人的唯一信号，所以难以被伪造或篡改，也不用像身份证或密码一样担心被盗或者丢失，往往能够在需要保证安全的地方发挥重要作用。

常见的生物识别技术有五种，但是各有其优缺点。

（1）指纹识别技术

由于指纹的唯一性，指纹识别技术可以通过采集手指上的纹路实现生物身份识别。这种技术除了被运用于智能手机、数码门锁、笔记本电脑等各种数码产品以限制外人使用外，在门禁系统和考勤管理中也被广泛使用。

指纹识别技术的优点包括操作便捷、识别率高、耗时短；指纹纹路唯一，稳定性和可靠性高；指纹损坏后，可以再生，不必担心数据丢失等。但同时也存在缺点，包括指纹采集过程烦琐需要多次进行；对于天生没有指纹的人不友好；手指蜕皮或者指纹损坏会导致短期内无法正确识别身份；指纹可以通过一些手段被复制、伪装，降低安全性。

虽然如今指纹识别技术仍在生物识别市场中占据最大份额，但自新型疫情出现以来，随着无接触需求的激增，必须通过手指接触操作的指纹识别需求已经急剧下降，逐渐开始被人工智能的面部识别取而代之。

（2）人脸识别技术

人脸识别技术是一种通过热红外线成像、三维测量、骨骼分析等方式对人脸的形态或热图像进行扫描、储存和识别的技术，通过与利用相机储存的数据库进行比对实现身份识别。自新冠疫情暴发后，基于人工智能的人脸识别正在迅速填补指纹识别无法实现的非接触的技术空白。人脸数据可使用相机实现非面对面采集和非接触式身份验证，同时保持生物识别技术的优势。通过技术的不断升级，这一技术甚至已经摆脱了只能单纯识别脸部形态的限制，还能识别是否佩戴口罩。

人脸识别技术可以在完全自然的状态下进行，并不需要刻意保持一个表情，甚至还支持同时识别出多个人的脸部特征。这种不需要接触就可以完成识别的方式，既方便卫生还能降低疾病传染风险。但是，这种技术也很容易出现化妆或整容之后就无法识别，以及通过使用他人照片或者一段脸部视频伪装成他人造成错误匹配的情况，这些都会导致安全性的降低。此外，由于人脸采集和处理的数据比指纹要多，所以在速率上比指纹识别要低一些。

（3）虹膜识别技术

虹膜识别技术是一种通过分析虹膜的形状和颜色、视网膜毛细血管的形态等虹膜特征，将其信息化，作为识别个人身份的手段而开发的认证方式。由于虹膜具有"在出生 18 个月后终生不变"的特点，这种技术不仅适用于视力障碍者、白内障、青光眼等眼疾患者，还适用于隐形眼镜或框架眼镜（墨镜或颜色较深的美瞳除外）的使用者。

虹膜识别除了与人脸识别一样在使用过程中无须接触、安全卫生，可避免疾病的传播感染以外，由于人眼部结构的复杂性以及特殊性，一般无法进行复制、修改，所以虹膜识别也是所有生物识别技术中准确性最高的。但是，虹膜识别的硬件造价高，相较于其他识别技术无法进行快速大范围推广。也会给墨镜或深颜色美瞳的使用者带来不便。在当前的技术条件下，识别准确率和速率都比较低。

（4）掌静脉识别技术

掌静脉识别，就是对手掌静脉进行扫描和认证。掌静脉识别系统首先通过静脉识别仪获得个人掌静脉分布图，再根据专用比对算法提取特征值。在进行静脉比对时，会运用先进的滤波、图像二值化、细化手段对实时采样的静脉数字图像提取特征，然后同存储在主机中的静脉特征值进行比对，最后采用复杂的匹配算法对静脉特征进行匹配，从而对个人进行身份鉴定和确认。虽然掌静脉识别目前尚未被广泛应用，但在银行系统中的应用最为活跃，且其应用范围正在不断扩大。

由于掌静脉属于内生理特征，不会磨损，较难伪造，因此掌静脉识别具有很高安全性。同时，血管特征通常很明显，容易辨识，所以这种技术具有很好的抗干扰性；此外，这种生物识别技术具备的优点还包括可实现非接触式测量，使用便利，交叉感染的风险低，易于为用户接受；不易受手表面伤痕或油污的影响，即使在手掌有湿气或异物的状态下，也能快速识别皮肤内部的血管，从而降低被复制的风险；静脉模式终生不变，一旦注册，无须重新注册即可使用等。然而，掌静脉识别技术也有一些缺点：由于采集方式受自身特点限制，产品难以小型化；采集设备有特殊要求，设计相对复杂，制造成本高；由于目前人工智能算法不多，只有极少数厂商有能力应对海量掌静脉数据的瞬时比对等。

（5）声纹识别技术

声纹识别技术是运用声纹图谱特征实现生物识别的。工作原理主要是通过声音信号处理、声纹特征提取和建模进行信息比对和身份辨别。声纹识别的优点有:声音获取方便,操作便捷,捕获硬件成本低;可以进行远程身份认证;算法相较其他生物识别技术复杂度低。缺点包括易受身体状况、年龄、情绪等因素影响造成识别失败;易受环境噪音干扰;麦克风参数(如信道等)因素会影响识别效率等。

当今社会,作为电子邮件、金融、社交等数字生活主要安全手段的密码正成为网络攻击者的主要攻击目标。微软的一项调查研究显示,人们通常在密码中使用包含姓名和生日等的单词和数字来创建不容易忘记的密码,且十分之一的人在所有账户都使用相同的密码。这导致了全世界每秒大约发生 579 起密码黑客攻击事件,每年大约发生 180 亿次密码黑客攻击事件。由此可见,传统密码的安全性十分令人担忧。但是生物识别却可以利用人类生理特征中具备的唯一性和不可复制性等解决这一问题,大大提升网络安全性。然而,生物识别技术也仍然存在很多技术短板和不足之处,其发展还有很长的路要走。生物识别技术识别的准确性、用户的便利性(包括安全性)以及识别所需时间都是决定生物识别解决方案和产品成败的关键要素。

PART 01

法律法规篇

第1章 网络安全法律与战略

第1节 网络安全相关战略

网络是信息化社会的重要基础,"没有网络安全就没有国家安全",当前,网络空间已成为第五大主权领域空间,是国家安全和经济社会发展的关键领域。互联网已经成为意识形态斗争的最前沿、主战场、主阵地,能否顶得住、打得赢,直接关系到国家意识形态安全和政权安全。网络安全和信息化是事关国家安全和国家发展、事关广大人民群众工作生活的重大战略问题。网络安全法律体系是维护、保障网络空间主权和国家安全的有力武器,是帮助公民维护自身利益的依据,也是公民必须遵守的行为规范。国家出台网络安全相关战略,切实维护了广大人民群众的信息安全,具有里程碑式的重要意义。

2016年12月,我国《国家网络空间安全战略》正式发布,分析了我国网络安全面临的机遇和挑战,提出了国家网络空间安全的目标与共同维护网络空间安全的原则,确定了坚定捍卫网络空间主权、坚决维护国家安全、保护关键信息基础设施、加强网络文化建设、打击网络恐怖和违法犯罪、完善网络治理体系、夯实网络安全基础、提升网络空间防护能力和强化网络空间国际合作是我国网络空间安全的战略任务。

2017年3月,《网络空间国际合作战略》发布,这是我国就网络问题首次发布的国际战略,申明了"和平、主权、共治、普惠"四项战略原则,确定了"维护主权与安全、构建国际规则体系、促进互联网公平治理、保护公民合法权益、促进数字经济合作和打造网上文化交流平台"的战略目标。

《网络空间国际合作战略》与《国家网络空间安全战略》一脉相承,具体提出了构建网络空间命运共同体的中国方案。

第 2 节　网络安全体系的发展

我国的网络空间管理和网络安全立法是一个循序渐进不断完善的发展过程(图1-2-1)。

图 1-2-1　我国网络安全立法一览图

2000 年以前,我国的法律法规只将互联网作为技术工具看待。在 1994 年和 1996 年分别颁布实施的《计算机信息系统安全保护条例》和《计算机信息网络国际联网管理暂行规定》等行政法规中,在立法方面更注重系统和基础设施等层面的安全,主要目的是保护计算机信息系统、促进计算机应用发展。在 2000 年至 2014 年间,网络信息治理则进一步得到重视。

2004 年的《电子签名法》、2005 年的《互联网 IP 地址备案管理办法》、2012 年的《全国人民代表大会常务委员会关于加强网络信息保护的决定》等法律法规和部门规章都更偏重于通过对网络信息安全的治理促进互联网应用的健康发展。到了 2014 年 2 月,中央网络安全和信息化领导小组成立,标志着我国网络空间发展有了更明确的统筹协调和顶层设计方案,网络空间法律体系开始逐步建立完善。随着 2015 年《国家安全法》、2017 年《网络安全法》以及 2020 年《密码法》等法律法规相继出台,我国网络安全的相关立法工作已经进入全面提速阶段。

除图中所示的法律法规外,《刑法》《治安管理处罚条例》《刑事诉讼法》《保守国家秘密法》《行政处罚法》《行政复议法》《立法法》《个人信息保护法》《数据安全法》《全国人民代表大会常务委员会关于维护互联网安全的决定》等都涉及了信息安全、网络空间安全以及国家安全的内容。

第 2 章 《网络安全法》简介与重点解读

第 1 节 《网络安全法》简介

《网络安全法》全称《中华人民共和国网络安全法》,是为保障网络安全,维护网络空间主权和国家安全、社会公共利益,保护公民、法人和其他组织的合法权益,促进经济社会信息化健康发展制定的一部法典。

《中华人民共和国网络安全法》于 2016 年 11 月 7 日经第十二届全国人民代表大会常务委员会第二十四次会议审议通过,由中华人民共和国主席令第五十三号予以公布,自 2017 年 6 月 1 日起施行。自此,我国网络安全工作有了基础性的法律框架。

在时间上,《网络安全法》的审议流程经过了 4 个关键节点。

2013 年 10 月,《网络安全法》列入十二届全国人大立法规划。2014 年到 2016 年开展调查研究,掌握各方面的立法需求;确定立法思路,起草草案大纲;拟订主要制度、初步方案,征求有关部门的意见;草案初稿征求有关部门专家的意见;对草案初稿进行修改,形成征求意见稿;进一步征求意见,形成草案。2016 年 11 月 7 日表决通过。直到 2017 年 6 月 1 日,《网络安全法》正式施行。

为进一步落实《网络安全法》,相关部门还出台了多份文件,包括 2017 年 1 月开始实施的《国家网络安全事件应急预案》、2019 年 9 月开始实施的《云计算服务安全评估办法》,以及已于 2021 年 9 月开始正式施行的《关键信息基础设施安全保护条例》和《数据安全法》等。

《网络安全法》作为我国第一部针对网络安全的专门性、综合性立法,提出了应对网络安全挑战这一全球性问题的中国方案,是我国网络安全领域的基础性法律,对于落实总体国家安全观、维护国家网络空间主权安全和发展利益有着里程碑式的重大意义。

在结构上,《网络安全法》分为 7 章 79 条,包括总则、网络安全支持与促进、网络运行安全、网络信息安全、监测预警与应急处置、法律责任和附则七个部分。《网络安全法》的总则简单阐述了法律目的、适用范围、职责和总体要求等信息;第二章描述了国家网安政策和政府职能部门的职责;第三章网络运行安全要求对关键基础设施进行重点保护;第四章网络信息安全明确了敏感信息保护、违法诈骗信息管控和处置方法;第五章规定了应急预案、安全监测预警和发布;第六章定义了处罚规定;附则对《网络安全法》中的用语以及其他相关内容做出了说明。

在内容上,《网络安全法》主要涵盖了保障网络空间主权和国家安全、保障网络产品和服务安全、保障网络运行安全、保障关键信息基础设施安全、保障个人信息安全、保障网络信息安全、监测预警与应急响应、监督管理部门、网络安全支持与促进等内容;明确了网络空间主权的原则、网络产品和服务提供者以及网络运营者的安全义务,进一步完善了个人信息保护规则,建立了关键信息基础设施安全保护制度,确立了关键信息基础设施重要数据跨境传输的规则。在充分总结近年来我国网络安全工作的成熟经验的基础上,确立了维护和保障网络安全的基本制度框架。

毫无疑问的是,《网络安全法》的制定对于国家具有重要意义。制定《网络安全法》是维护国家网络空间主权、安全和发展利益的重要举措;是维护网络安全的客观需要;有效提高了社会的网络安全保护意识和能力,使网络更加安全、开放和便利;是参与互联网国际竞争和国际治理的必然选择。

第 2 节 《网络安全法》部分重点内容归纳

《网络安全法》在内容上有六大看点:

一是不得出售个人信息;二是严厉打击网络诈骗;三是以法律形式明确"网络实名制";四是重点保护关键信息基础设施;五是惩治攻击破坏我国关键信息基础设施

的境外组织和个人；六是重大突发事件可采取"网络通信管制"。

在制定意义上，有八大亮点值得关注：

（1）将信息安全等级保护制度上升为法律；

（2）明确了网络产品和服务提供者的安全义务和个人信息保护义务；

（3）明确了关键信息基础设施的范围和关键信息基础设施保护制度的主要内容；

（4）明确了国家网信部门对网络安全工作的统筹协调职责和相关监督管理职责；

（5）确定网络实名制，并明确了网络运营者对公安机关、国家安全机关维护网络安全和侦查犯罪的活动提供技术支持和协助的义务；

（6）进一步完善了网络运营者收集、使用个人信息的规则及其保护个人信息安全的义务与责任；

（7）明确建立国家统一的监测预警、信息通报和应急处置制度和体系；

（8）对支持、促进网络安全发展的措施作了规定。

以下是对部分重点内容的归纳总结：

在保障关键信息基础设施安全方面，《网络安全法》要求对关键信息基础设施在符合网络安全等级保护制度的基础上进行重点保护，并明确了关键信息基础设施的范围，要求各行业各领域的关键信息基础设施的安全保护工作由本行业本领域的相关部门负责。在建设关键信息基础设施时应当确保其具有支持业务稳定持续运行的性能，对信息系统定期开展检测评估，保证安全技术措施做到同步规划、同步建设、同步使用。应当设置专门的管理机构和负责人，并定期对其进行教育、培训和考核，进行容灾备份，制订应急预案，开展应急演练。在采购产品和服务上需要通过安全审查，签订保密协议。个人信息和重要数据应当在境内存储。

在对数据安全的规定上，《网络安全法》鼓励开发网络数据安全保护和利用技术，促进公共数据资源开放，推动技术创新和经济社会发展。并在附则中明确了网络数据的定义——包括所有通过网络收集、存储、传输、处理和产生的各种电子数据。此外还规定，网络运营者应当通过采取数据分类、重要数据备份和加密等措施防止网络数据被窃取或者篡改，并特别加强对公民个人信息的保护，防止公民个人信息被非法获取、泄露或者非法使用。需要存储公民个人信息等重要数据的关键信息基础设施运营者为保护个人信息应当采取境内存储的方式，确实需要跨境传输的网络数据则必须经过安全评估后才能进行数据传输。

在对个人信息保护规则的完善上,《网络安全法》在网络运行安全和网络信息安全章节中均有对此的相关规定。网络产品、服务凡具有收集用户信息功能的,提供者应向用户明示并取得同意;收集、使用个人信息时,应当遵循合法、正当、必要的原则,公开收集、使用规则,明示收集、使用信息的目的、方式和范围,并经被收集者同意。涉及用户个人信息的,应当遵守本法和其他有关法律、行政法规关于个人信息保护的规定。网络运营者应当对其收集的用户信息严格保密,并建立健全用户信息保护制度。为斩断信息买卖利益链,《网络安全法》规定,任何个人和组织不得窃取或者以其他非法方式获取个人信息,不得非法出售或者非法向他人提供个人信息。

同时,《网络安全法》还对个人信息泄露后如何补救以及如何对网络诈骗溯源追责做出了解答,让公民在个人信息遭到威胁后可以有法可循、有法可依。

为补救个人信息泄露的情况,第四十二条规定,网络运营者不得泄露、篡改、毁损其收集的个人信息;未经被收集者同意,不得向他人提供个人信息。但是,经过处理无法识别特定个人且不能复原的除外。

此外,《网络安全法》还对网络诈骗溯源追责的方法进行了说明,第六十四条规定,网络运营者、网络产品或者服务的提供者违反本法第二十二条第三款①、第四十一条至第四十三条②规定,侵害个人信息依法得到保护的权利的,由有关主管部门责令改正,可以根据情节单处或者并处警告、没收违法所得、处违法所得一倍以上十倍以下罚款,没有违法所得的,处一百万元以下罚款,对直接负责的主管人员和其他直接责任人员处一万元以上十万元以下罚款;情节严重的,并可以责令暂停相关业务、停业整顿、关闭网站、吊销相关业务许可证或者吊销营业执照。

其他法律法规中也对个人信息保护进行了规定。2020 年 5 月第十三届全国人民

---

① 《网络安全法》第二十二条第三款:网络产品、服务具有收集用户信息功能的,其提供者应当向用户明示并取得同意;涉及用户个人信息的,还应当遵守本法和有关法律、行政法规关于个人信息保护的规定。

② 《网络安全法》第四十一条:网络运营者收集、使用个人信息,应当遵循合法、正当、必要的原则,公开收集、使用规则,明示收集、使用信息的目的、方式和范围,并经被收集者同意。网络运营者不得收集与其提供的服务无关的个人信息,不得违反法律、行政法规的规定和双方的约定收集、使用个人信息,并应当依照法律、行政法规的规定和与用户的约定,处理其保存的个人信息。

第四十二条:网络运营者不得泄露、篡改、毁损其收集的个人信息;未经被收集者同意,不得向他人提供个人信息。但是,经过处理无法识别特定个人且不能复原的除外。网络运营者应当采取技术措施和其他必要措施,确保其收集的个人信息安全,防止信息泄露、毁损、丢失。在发生或者可能发生个人信息泄露、毁损、丢失的情况时,应当立即采取补救措施,按照规定及时告知用户并向有关主管部门报告。

第四十三条:个人发现网络运营者违反法律、行政法规的规定或者双方的约定收集、使用其个人信息的,有权要求网络运营者删除其个人信息;发现网络运营者收集、存储的其个人信息有错误的,有权要求网络运营者予以更正。网络运营者应当采取措施予以删除或者更正。

代表大会第三次会议通过的《中华人民共和国民法典》第一百一十一条规定，自然人的个人信息受法律保护。任何组织或者个人需要获取他人个人信息的，应当依法取得并确保信息安全，不得非法收集、使用、加工、传输他人个人信息，不得非法买卖、提供或者公开他人个人信息。《App违法违规收集使用个人信息行为认定方法》也明确规定了"未公开收集使用规则""未明示收集使用个人信息的目的、方式和范围""未经用户同意收集使用个人信息""违反必要原则，收集与其提供的服务无关的个人信息""未经同意向他人提供个人信息""未按法律规定提供、删除或更正个人信息功能"以及"未公布投诉、举报方式等信息"等行为的认定方法，以更好地保障公民个人信息安全。

对于维护网络安全的权利与义务，《网络安全法》规定公民个人信息受到保护，网络运营者对收集的用户信息必须严格保密，要建立健全用户信息保护制度；公民拥有个人信息的删除权和更正权。个人和组织按法律规定需要履行相应义务，使用网络应当遵守宪法法律，遵守公共秩序，尊重社会公德；使用网络时禁止从事危害网络安全、危害国家安全、破坏社会秩序、侵犯他人合法权益的活动。特别地，《网络安全法》规定网络运营者与网络产品服务提供者要履行保证安全和保护个人信息的责任和义务，网络产品、服务应当符合相关国家标准的强制性要求。此外，《网络安全法》还对网络运营者落实实名制、处置网络安全事件、提供技术支持和协助、发布信息、投诉举报和配合网信等部门实施安全检查进行了规定，以切实保障网络信息安全。

第3章 网络安全法律责任

第1节 承担网络安全法律责任的主体

《网络安全法》规定,信息网络安全管理义务的主体主要是"网络运营者",即网络的所有者、管理者和网络服务提供者①。而《刑法》第二百八十六条之一规定的"拒不履行信息网络安全管理义务罪"的承担主体为"网络服务提供者"。从文本上看,《网络安全法》规定的承担信息网络安全管理义务的主体和《刑法》规定的"拒不履行信息网络安全管理义务罪"的责任主体并不一致。

但实际上,最高人民法院和最高人民检察院于2019年联合发布的《最高人民法院 最高人民检察院关于办理非法利用信息网络、帮助信息网络犯罪活动等刑事案件适用法律若干问题的解释》(以下简称《信息网络犯罪司法解释》)已经明确了"网络服务提供者"的概念。该司法解释第一条规定,提供下列三类服务的单位和个人,应当认定为刑法第二百八十六条之一第一款规定的"网络服务提供者":一是网络接入、域名注册解析等信息网络接入、计算、存储、传输服务;二是信息发布、搜索引擎、即时通信、网络支付、网络预约、网络购物、网络游戏、网络直播、网站建设、安全防护、广告推广、应用商店等信息网络应用服务;三是利用信息网络提供的电子政务、通信、能源、交通、水利、金融、教育、医疗等公共服务。

-----

① 根据《网络安全法》第七十六条的规定。

第 2 节　承担网络安全法律责任的前提

在《网络安全法》中,"网络运营者不履行信息网络安全管理义务的,由有关主管部门责令改正,给予警告"。对于此规定的理解和落实应当参照其他法律和司法解释进行。

根据《刑法》第二百八十六条之一规定,网络服务提供者不履行法律、行政法规规定的信息网络安全管理义务,经监管部门责令采取改正措施而拒不改正,并造成特定的危害结果的,需要承担相应的刑事责任。

因此,网络服务提供者构成"拒不履行信息网络安全管理义务罪",并承担刑事责任的前提是"经监管部门责令采取改正措施而拒不改正"。

此外,《信息网络犯罪司法解释》中也对此做出了明确说明。

《信息网络犯罪司法解释》第二条规定,"监管部门责令采取改正措施",是指网信、电信、公安等依照法律、行政法规的规定承担信息网络安全监管职责的部门,以责令整改通知书或者其他文书形式,责令网络服务提供者采取改正措施。对于认定"经监管部门责令采取改正措施而拒不改正"的情况,应当综合考虑监管部门责令改正是否具有法律、行政法规依据,改正措施及期限要求是否明确、合理,网络服务提供者是否具有按照要求采取改正措施的能力等因素进行判断。

因此,主管部门按照《网络安全法》的规定责令网络服务提供者改正的,应该采取书面形式,提出明确、合理的改正措施和期限,并不得超出网络服务提供者的能力范围。否则,网络服务提供者就不构成"拒不履行信息网络安全管理义务罪",无须承担刑事责任。

第 3 节　承担网络安全法律责任的情形

《刑法》第二百八十六条之一规定了构成拒不履行信息网络安全管理义务罪的几种情形,包括:(1)致使违法信息大量传播的;(2)致使用户信息泄露,造成严重后果的;(3)致使刑事案件证据灭失,情节严重的;(4)有其他严重情节的。这一规定属于原则性的规定,缺乏可操作性。

因此《信息网络犯罪司法解释》对需要承担网络安全法律责任的以上几种情形都进行了明确说明。

根据《信息网络犯罪司法解释》第三条,具有下列情形之一的,应认定为"致使违法信息大量传播",包括:(1)致使传播违法视频文件二百个以上的;(2)致使传播违法视频文件以外的其他违法信息二千个以上的;(3)致使传播违法信息,数量虽未达到第一项、第二项规定标准,但是按相应比例折算合计达到有关数量标准的;(4)致使向二千个以上用户账号传播违法信息的;(5)致使利用群组成员账号数累计三千以上的通讯群组或者关注人员账号数累计三万以上的社交网络传播违法信息的;(6)致使违法信息实际被点击数达到五万以上的;(7)其他致使违法信息大量传播的情形。

根据《信息网络犯罪司法解释》第四条的规定,具有下列情形之一的,应认定为"致使用户信息泄露,造成严重后果",包括:(1)泄露行踪轨迹信息、通信内容、征信信息、财产信息五百条以上的;(2)泄露住宿信息、通信记录、健康生理信息、交易信息等其他可能影响人身、财产安全的用户信息五千条以上的;(3)致使泄露第一项、第二项规定以外的用户信息五万条以上的;(4)数量虽未达到第一项至第三项规定标准,但是按相应比例折算合计达到有关数量标准的;(5)造成他人死亡、重伤、精神失常或者被绑架等严重后果的;(6)造成重大经济损失的;(7)严重扰乱社会秩序的;(8)造成其他严重后果的。

根据《信息网络犯罪司法解释》第五条,具有下列情形之一的,应认定为"致使刑事案件证据灭失,情节严重",包括:(1)造成危害国家安全犯罪、恐怖活动犯罪、黑社会性质组织犯罪、贪污贿赂犯罪案件的证据灭失的;(2)造成可能判处五年有期徒刑以上刑罚犯罪案件的证据灭失的;(3)多次造成刑事案件证据灭失的;(4)致使刑事诉讼程序受到严重影响的;(5)其他情节严重的情形。

根据《信息网络犯罪司法解释》第六条的规定,具有下列情形之一的,应认定为"有其他严重情节",包括:(1)对绝大多数用户日志未留存或者未落实真实身份信息认证义务的;(2)二年内经多次责令改正拒不改正的;(3)致使信息网络服务被主要用于违法犯罪的;(4)致使信息网络服务、网络设施被用于实施网络攻击,严重影响生产、生活的;(5)致使信息网络服务被用于实施危害国家安全犯罪、恐怖活动犯罪、黑社会性质组织犯罪、贪污贿赂犯罪或者其他重大犯罪的;(6)致使国家机关或者通信、能源、交通、水利、金融、教育、医疗等领域提供公共服务的信息网络受到破坏,严重影响生产、生活的;(7)其他严重违反信息网络安全管理义务的情形。

第4章 个人网络安全法律义务

第1节 维护网络安全是公民的法定义务

"网络安全为人民,网络安全靠人民",这是习近平总书记的重要论断。该论断辩证地揭示了维护网络安全既是公民的一项重要权利,也是公民义不容辞的义务和责任。

党的十八大以来,在习近平总书记全面依法治国新理念新思想新战略的指引下,我国网络安全法治体系建设正在深入推进。我国网络安全法在强调"维护网络空间主权和国家安全、社会公共利益,保护公民、法人和其他组织的合法权益"的同时,大力倡导诚实守信、健康文明的网络行为。

公民是具有某一国国籍,并依据该国宪法或法律的规定,享有权利并承担义务的人。不得不承认,我国社会成员的网络安全责任意识还比较淡薄,往往只强调自己享有的网络权利,而忽视自己应当履行的网络义务。作为公民应当清醒地认识到,互联网时代不仅是一个开放和创新的时代,更是一个坚守法治和文明的时代,只强调网络空间的"开放"和"自由",而忽视网络空间的"秩序"和"法治",是与国家法治和社会进步相悖的。

习近平总书记在2014年2月27日参加中央网络安全和信息化领导小组第一次会议时提出了"培育中国好网民"的重要精神,之后中央网信办又对"中国好网民"的具体标准进行了诠释,分别是:有高度的安全意识,有守法的行为习惯,有文明的网络素养,有必备的防护技能。

虽然网络空间是虚拟的,但运用网络空间的主体是现实的,公民在网络空间中是"网络公民",行使权利的时候必须以履行维护网络空间秩序的法律义务作为前提和基础,因为网络空间不是"法外之地"。

除了对网络运营者等专业从事网络相关工作的人员进行了行为要求以外,《网络安全法》对一般公民、组织的义务也进行了覆盖范围更广的普适性规定:

(1)任何个人和组织使用网络应当遵守宪法法律,遵守公共秩序,尊重社会公德,不得危害网络安全,不得利用网络从事危害国家安全、荣誉和利益,煽动颠覆国家政权、推翻社会主义制度,煽动分裂国家、破坏国家统一,宣扬恐怖主义、极端主义,宣扬民族仇恨、民族歧视,传播暴力、淫秽色情信息,编造、传播虚假信息扰乱经济秩序和社会秩序,以及侵害他人名誉、隐私、知识产权和其他合法权益等活动。

(2)不得从事危害网络安全的活动,亦不得为之提供程序、工具和帮助

(3)任何个人和组织应当对其使用网络的行为负责,不得设立用于实施诈骗,传授犯罪方法,制作或者销售违禁物品、管制物品等违法犯罪活动的网站、通讯群组,不得利用网络发布涉及实施诈骗,制作或者销售违禁物品、管制物品以及其他违法犯罪活动的信息。

(4)任何个人和组织发送的电子信息、提供的应用软件,不得设置恶意程序,不得含有法律、行政法规禁止发布或者传输的信息。

第2节 倡导履行网络安全法律义务的四个"有利于"

习近平总书记指出,"网络空间同现实社会一样,既要提倡自由,也要保持秩序。自由是秩序的目的,秩序是自由的保障。我们既要尊重网民交流思想、表达意愿的权利,也要依法构建良好网络秩序,这有利于保障广大网民合法权益"。因此,国家在公民中普及有关网络安全法律法规的时候,不仅要明确公民应享有的网络空间权利,更应当强调公民应履行的网络空间义务。

公民自觉履行网络安全的法律义务会产生四个"有利于"的结果:

一是有利于推动网络法治建设进程,维护法律的尊严;

二是有利于弘扬社会主义核心价值观,促进网络空间的健康与文明;

三是有利于形成温馨和谐的网络空间关系,促进经济社会信息化的健康发展;

四是有利于成长为一个具有高度法治观念和高尚道德情操的合格公民。

第 3 节　履行网络安全法律义务的具体行动

公民履行网络安全法律义务的具体行动主要包括以下三点:

首先,法律鼓励做的,积极去做。《网络安全法》第六条规定,国家倡导诚实守信、健康文明的网络行为,推动传播社会主义核心价值观,采取措施提高全社会的网络安全意识和水平,形成全社会共同参与促进网络安全的良好环境。每一位网络公民都应该以法律为标尺规范自身在网上的言行,做到讲诚信、守秩序,自觉学法、尊法、守法、用法,共同筑牢网络安全的法治屏障。

其次,法律要求做的,必须去做。每个公民都应当自觉履行网络安全法的基本义务:任何个人和组织使用网络都应当遵守宪法法律,遵守公共秩序,尊重社会公德,不得危害网络安全,不得利用网络从事危害国家安全、荣誉和利益,煽动颠覆国家政权、推翻社会主义制度,煽动分裂国家、破坏国家统一,宣扬恐怖主义、极端主义,宣扬民族仇恨、民族歧视,传播暴力、淫秽色情信息,编造、传播虚假信息扰乱经济秩序和社会秩序,以及侵害他人名誉、隐私、知识产权和其他合法权益等活动。

最后,法律禁止做的,坚决不做。例如,针对日益猖獗的电信网络诈骗,《网络安全法》做出了严格的禁止性规定:任何个人和组织不得设立用于实施诈骗,传授犯罪方法,制作或者销售违禁物品、管制物品等违法犯罪活动的网站、通讯群组,不得利用网络发布涉及实施诈骗,制作或者销售违禁物品、管制物品以及其他违法犯罪活动的信息。上述规定属于法律的强制性规范,不允许任何个人和组织予以变更和排除适用。

PART 02

办公场景篇

第5章 设备使用安全意识

第1节 移动存储安全意识

一、移动存储设备介绍

移动存储,是指便携式的数据存储装置,带有存储介质且一般自身具有读写介质功能,不需要或很少需要其他装置的协助,例如计算机读取 U 盘等。

移动存储经历了很长时间的历史变革(图 5-1-1)。

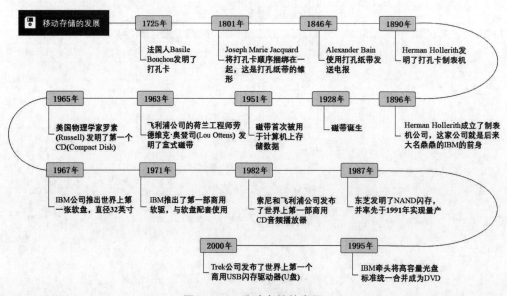

图 5-1-1 移动存储的发展

图 5-1-2　打孔纸带

纸带打孔是最早用来记录数据的移动存储（图 5-1-2）。1725 年，一个法国人发明了打孔卡，但打孔卡还不是打孔纸带。到了 1801 年，Joseph 把打孔卡按照顺序捆绑在一起，才成为打孔纸带的雏形。然而这两个人的发明，在那时都只应用于纺织业，主要是通过打孔卡指导机器纺织布料。1846 年，亚历山大·贝恩（Alexander Bain）使用打孔纸带发送电报，才正式标志着打孔纸带进入了数据存储的时代。赫尔曼·何乐礼（Herman Hollerith）在 1890 年发明的打孔卡制表机，使规范化、机械化、精准化的打孔模式进入了人们的生活。他在 1896 年成立的制表机公司就是后来大名鼎鼎的 IBM 的前身。打孔卡和打孔纸带虽然看起来很原始，但其实直到 20 世纪 80 年代都仍在被人们使用。从最初的问世到后来退出历史舞台，居然被持续使用了两个多世纪。

磁带作为一种介质，早在 1928 年便已诞生，但只用于声音记录。直到 1951 年，磁带才首次被用于计算机上存储数据。到了 1963 年，飞利浦公司的荷兰工程师劳德维克·奥登司（Lou Ottens）终于发明了盒式磁带，也就是我们记忆中磁带的样子。虽然磁带现在在普通用户的市场中不再常见了，但是磁带存储因为支持离线保存，具有寿命长、容量大、性价比高等优点，直到今天仍有很多大型公司（例如谷歌和亚马逊）将其作为半永久存储库使用。

再后来，软盘和光盘开始出现。1967 年，IBM 公司推出了世界上第一张软盘，但是直径长达 32 英寸。四年之后，1971 年，IBM 推出了第一部商用软驱和与它配套使用的 8 英寸软盘，软盘上面涂有磁性材料，永远装在塑料填套里面（图 5-1-3）。软盘存储数据的部分就是那一小条磁性材料，其

图 5-1-3　软盘

存储量非常小，只有 1MB 到 2MB 左右，甚至连现在的一张照片都装不下。光盘和软盘其实在制造成本上相差无几，但光盘使用的光识别技术却比软盘的磁头读写快了不止一倍，且光盘的容量也远大于同等大小的软盘，因此光盘就逐渐淘汰了软盘。而历史上第一张光盘，也就是光盘的实验室版本，其实在 1965 年就已经被美国物理学家詹

姆斯·罗素(James Russell)发明出来了，甚至比软盘的诞生还早。但直到1982年，索尼和飞利浦发布了世界上第一部商用CD播放器，才正式把光盘带入市场。到了1995年，IBM牵头将高容量光盘标准统一合并成为DVD，标志着光盘进入了高清时代。

接下来就是我们现在最常使用的U盘和闪存了。20世纪80年代初，东芝发明了第一块闪存——NAND闪存，但只能存储2MB数据。而如今，最小的TF闪存卡也可以轻松存储1TB的数据。到了2000年，Trek公司才发布了世界上第一个商用USB闪存驱动器，也就是现在常用的U盘。

纵观移动存储发展的历史，每种存储设备都具有自己的特点。

磁带最显著的优点就是廉价，性价比很高。同样存储容量的磁带和USB设备相比，它的价格优势十分明显。二是存储量大。东芝在2012年曾研发出一款超密度磁带，体积只有一块普通移动硬盘大小，却具有30TB的容量。三是安全。黑客除了将磁带偷走以外，没有任何其他办法对磁带内的信息产生影响。即使是偷走了，由于如今磁带不再盛行，一般黑客也很难拥有读取磁带的设备，更别说写入设备了。并且，磁带在读取写入的时候还有动态保护，是难以进行恶意篡改的。四是物理性质稳定。现代磁带大多采用的是将磁性材料涂抹在高分子合成材料上的方法，这样的磁带只要存放在合适环境中，可以保存近百年。五是数据错误率低。磁带使用过程中产生的比特错误率是远低于其他设备的。但同时，磁带的缺点也很明显。首先，磁带的读取速度取决于读取机的转速和识别能力，读取机即使再快，也难以比拟闪存的电流速度，因此相比之下磁带的读取速度十分缓慢。其次，磁带的设备兼容性很弱。使用磁带存储就必须使用专门的磁带读取机器进行读取，但是如今在市面上已经很难找到磁带专用的读取机器了。最后就是磁带的存储要求比较高，虽然磁带的带子是抗性高的高分子材料，但是外部的磁性材料会受湿度、尘土等环境因素的影响，导致读取时带子阻力增大等问题。因此，在存储磁带时就必须设定一个安全的环境，使存储工作变得十分麻烦。

光盘其实也是一种廉价的存储设备。现在很多教材中都会免费赠送配套的教学光碟，可见其制作成本是相对低廉的。另外，它具有只读性，即只能读取其中内容，但无法进行更改。这一特征很大程度上保证了光盘中的数据安全，也是为什么音像制品都选择光碟作为实体发售的载体的原因。而且，由于光碟是以光材料为原理记录信息，所以完全不受电磁影响，性质十分稳定。但和磁带一样，光盘的读取和写入速度也十分缓慢，其设备兼容性也很差，必须要光驱支持。如今使用的电脑，台式机上有光驱的已经十分稀少,笔记本更是几乎全部都不配备光驱,因此光盘也同磁带一般,会陷入无人能够读取其中数据的窘境。而且在存储方面,虽然光盘对环境要求不高,但是它的数据面很容易被"刮花",一旦被"刮花",全光盘都会失效。

相比于前两种移动存储设备,使用 USB 存储的优势十分明显。U 盘能够实现快速读取和快速写入,并且即插即用,兼容性很强。只要设备中有一个 USB 的接口,我们就可以用 U 盘进行数据存取。同时,U 盘也便于携带,捆在钥匙串上就可以随身带走,显然比需要装在袋子里、随时确保没有损坏的光盘要便携得多。另外,如果在读取写入过程中发生突发事件中断了这个过程,它的损害也是相对较小的。例如,在拷贝数据时,如果突然断电,在数据上造成的损害仅会是刚刚想要拷贝的数据没有拷贝到想要存储的第二个设备中,原有设备中的数据并不会受到影响。但是 USB 设备的缺点也十分明显。这类设备的耐冲击性弱(不禁摔),也不耐电磁。USB 设备中都是一些半导体材料,一旦碰见强磁场环境,里面的数据就会被抹去,甚至其硬件都会受到损害。同时病毒也很容易潜伏在这种设备中,病毒能够利用 U 盘自启动模块从外界进入 U 盘中,并快速感染其他设备。U 盘的价格也比前面提到的两种存储设备昂贵得多,即使是在成本降低很多的现在,购买一个 64G 的 U 盘也仍然需要 100 元左右,显然是远高于同等存量大小的光盘和磁带的价格的。

二、移动存储设备使用风险

移动存储设备使用风险大致可以分为三类,分别是设备可用性受到破坏、文件完整性受到破坏以及文件的机密性受到破坏。

1.设备可用性受到破坏

设备的可用性受到破坏可能分为两种情况,一是物理损坏,二是软件损坏。移动 USB 设备由于长期携带,并在复杂的生活工作环境中被频繁使用,很容易有物理上的损坏,也就是硬件上的损坏,包括 USB 接口断裂、高处摔落导致损坏、U 盘的主控芯片损坏、遇到强电磁环境被破坏等。这就要求我们在使用和存放 USB 设备期间,需要注意保护其避免受到物理损坏,例如在插入 USB 设备时不要用力过猛,放置位置要相对安全,避免高处摔落等。高处摔落和不适配的电流电压都可能会导致 U 盘的主控芯片受到损坏,一旦损坏,U 盘即使自身存储功能正常也无法再启动引导程序,不能再正常使用。另外,如果处于强电磁环境中,电压或电脉冲可能会破坏 U 盘的相关线路,甚至直接损坏软件层面的数据。

USB 移动存储设备的软件因为不当操作或者感染病毒也可能受到破坏。例如病毒、电压不稳等导致启动设备的驱动程序无法正常使用,此时设备就无法启动相应的启动程序。U 盘中的病毒还可能会利用计算机的自动播放功能感染计算机,导致整个计算机被破坏。还应引起重视的是,在使用 USB 设备进行格式化或者存储数据时,如果暴力拔插设备,也可能会导致设备中的存储内容无法被识别,甚至直接消失。

2.文件完整性受到破坏

文件完整性指的是文件没有经历被修改、删除等操作而与初始文件产生任何区别。若是将初始文件比作一块完整的蛋糕,那么蛋糕从蛋糕店运出后,如果途中被切掉了一块儿,或者被人在上面撒了不该撒的调料,例如胡椒粉、辣椒油等,那么蛋糕的完整性就受到了破坏。文件的完整性被破坏可能是由于受到病毒攻击,也可能是由于被人无意或恶意篡改。例如,曾在国内暴发的 incaseformat 病毒,就是蠕虫病毒的一种,它存活在 U 盘、移动硬盘等移动存储设备上,人们利用 U 盘或移动硬盘在不同电脑之间传输文件时就会不小心感染这种病毒,一旦感染病毒,计算机中除了系统盘以外的所有盘符中的文件都会被完全清除,对计算机的损害极大。这类事件,就是使用移动存储设备时可能会对文件完整性产生的破坏。此外,由于移动存储设备中的文件一旦遭到删除等类似操作,就无法再被重新找回,因此,自身的误操作以及他人对移动设备中文件的恶意修改或删除等都会导致文件完整性受到损害(图5-1-4)。

3.文件的机密性受到破坏

USB 存储设备因其体积小、容量大、不易损坏、携带方便等诸多优点,备受众多企业青睐。但同时,近几年通过该类设备间接或直接导致的泄密事件也在频繁增加,这对于企事业单位信息安全造成了巨大威胁。从以往发生的泄密事件来看,有四种情况可能会造成机密泄露。一是 U 盘丢失被外人拾取,二是商业间谍利用 U 盘拷贝文件,三是由于公私 U 盘不分,使用含有内部机密的 U 盘连接了外部网络,四是多人共用同一 U 盘,但没有设置分区和各自的密码保护最终导致文件泄露。

图 5-1-4　移动存储设备中的文件被删除

◇ **案例**：公私 U 盘不分导致内部资料泄露

2014 年 3 月，有关部门在工作中发现，某地方民族事务委员会政策法规处主任科员韦某使用的计算机受到网络攻击，9 份文件、资料被窃取（其中 1 份为机密级国家秘密）。经查，韦某违反有关保密规定，将存储有 9 份文件、资料的 U 盘接入连接互联网的计算机，导致文件、资料被窃取。韦某的行为不仅导致了国家机密泄露，自身的政治生涯也就此结束。

三、如何加密移动存储设备

对移动存储设备加密保护，主要可以通过两种方式：一是直接购买具有加密功能的移动存储设备进行硬件加密，二是通过其他软件对普通的移动存储设备进行软件加密。

硬件加密是指在移动存储设备内部配有相应的加密芯片，用来存储密码数据。外部管理员和系统都无权进行访问,能够减少算法破解、暴力破解的可能性(图 5-1-5)。当前市面上流行的硬件加密设备有三类。一是内置加密芯片。它的特色是在 U 盘中内置加密程序,不需要在电脑上额外安装。这种加密方式会直接将密码存储在 U 盘加密芯片里面,而不是计算机中。当黑客想要暴力破解密码的时候,U 盘会直接格式化,不留有任何文件泄露的机会。并且使用者还可以选择其中带有的云存储功能,避免 U 盘信息永久丢失。二是外部输入数字密码。上述类型中,U 盘需通过计算机键盘输入密码,此类型中,U 盘本身就配备物理的数字键盘,在计算机系统里都没有办法留存密码,消除了密码被监听窃取的可能性。并且它还使用了一个强度非常高的加密算法,能够保证使用者的密码和整个加密的内容都不会被破解。还有一种是通过指纹锁进行加密的移动存储设备(图 5-1-6)。它的特色是使用生物特征,也就是用户的指纹进行加密,真正做到独一无二。同时,该类移动存储设备也具备密码功能,以防生物特征失效。更特别的是,它区分了 U 盘的公区和私区,并仅对私区进行加密,公区则像不加密的 U 盘一样,向所有人开放使用访问权限,大大方便了对存储设备的使用。

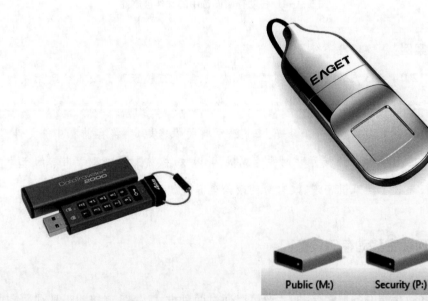

图 5-1-5　自带物理数字键盘的移动存储设备　　图 5-1-6　带有指纹加密的移动存储设备

普通的 U 盘则可以选择通过系统进行软件层面的加密,BitLocker 和 VeraCrypt 两种方式都可以。

BitLocker 是 Windows 系统自带的一项功能,可以配合用户计算机中的 TPM 芯片对数据实现物理层面的保护。即使有黑客拿到了用户的电脑,只要没有输入密钥或者密钥错误,即使把硬盘单独拆卸出来,也无法直接读取电脑中的数据。如果想要暴力打开,只有格式化或者重装系统才行,但此时电脑中的数据会全部消失。所以,这个功能能够充分保证用户设备中的数据不会被人窃取。此外,BitLocker 的密钥可以传到微软,因此通过微软账户可以找到当前设备的 BitLocker 密钥,这避免了用户忘记 Bit-Locker 密钥导致无法打开自己电脑的情况。

以下是开启和使用 BitLocker 的具体操作说明:

▶ 插入设备后,点击右键,在菜单栏中选择【启用 BitLocker(B)】,如图 5-1-7所示。

图 5-1-7

▶ 勾选【使用密码解锁驱动器(P)】,根据密码设置要求进行密码设置,如图 5-1-8 所示。

(由于【使用智能卡解锁驱动器(S)】的加密方式需要其他外部设备的支持,而一般用户都不具有此类设备,因此我们在这里不选择此项,仅使用密码

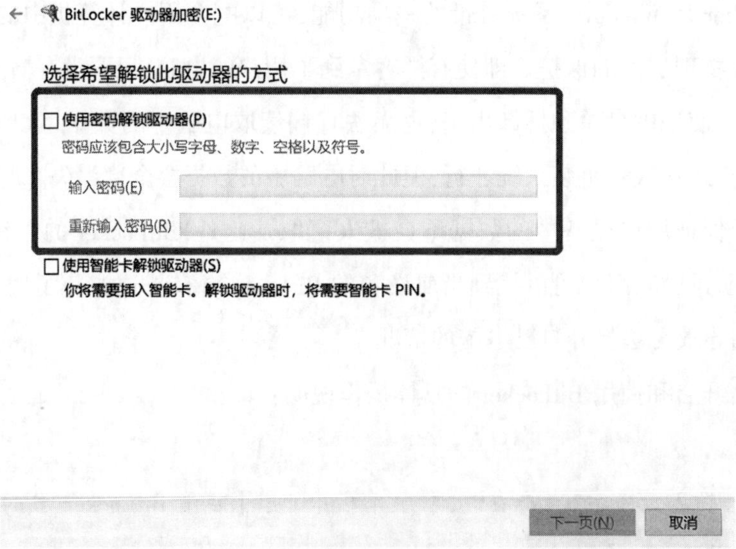

图 5-1-8

进行加密。)

由于 BitLocker 的密码设置要求较多,为了避免用户忘记,它还提供了密码备份的功能,并在备份设置上提供了三种选择,分别是【保存到 Microsoft 账户(M)】【保存到文件(F)】和【打印恢复密钥(P)】,如图 5-1-9 所示。用户选择其中一种进行密钥备份即可。

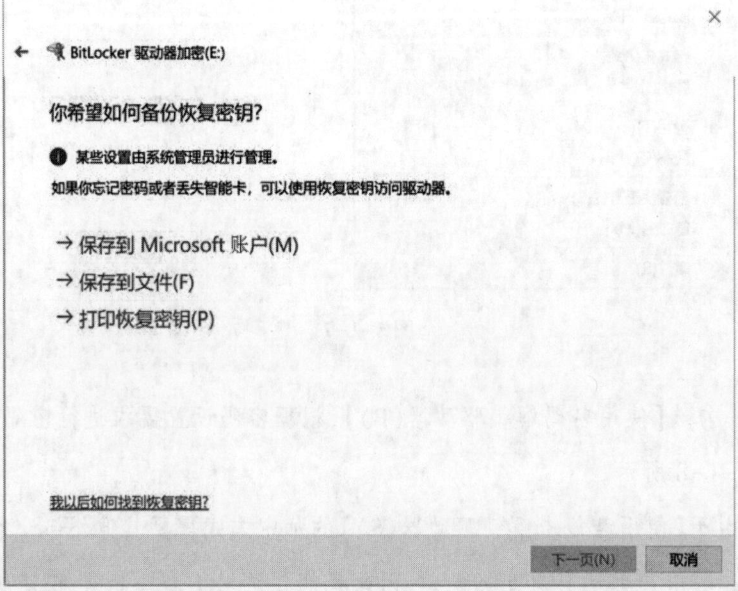

图 5-1-9

如果选择【保存到 Microsoft 账户(M)】,BitLocker 会自动和微软账户同步用户的密码。当用户忘记密码时,只需要在另一台设备上登录微软账户,选择找回密码就可以了。

如果选择【保存到文件(F)】,则会将备份的密码保存为一个 txt 文件,如图 5-1-10 所示。用户只需要找到一个安全的位置存放即可。

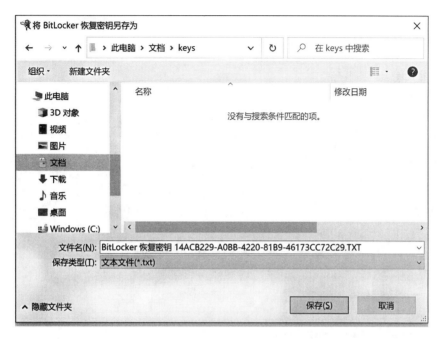

图 5-1-10

如果选择【打印恢复密钥(P)】,则会将备份的密码保存为一个 PDF 文件,如图 5-1-11所示。用户既可以将密码以电子文件的形式保存在计算机中安全的位置,也可以直接打印成纸质文件安全存放。

完成密码备份后,需要继续完成 BitLocker 中其他细节的设置。首先,需要用户选择要加密的空间大小。如图 5-1-12 所示,第一个选项是用于空白设备的,第二个选项是给已有内容的设备进行再次整体加密的。因此,第二个选项的运行完成过程会比较缓慢。因此,如果设备中的文件并不是十分庞大,建议将文件拷贝出来后,再选第一个选项,与新的文件内容一同重新加密。

然后 BitLocker 会提示用户选择一种加密模式,如图 5-1-13 所示。因为现在是针对 U 盘这种移动设备进行设置,所以选择【兼容模式(最适合用于可从此设备移动的驱动器)(C)】。设置完成之后,耐心等待即可。

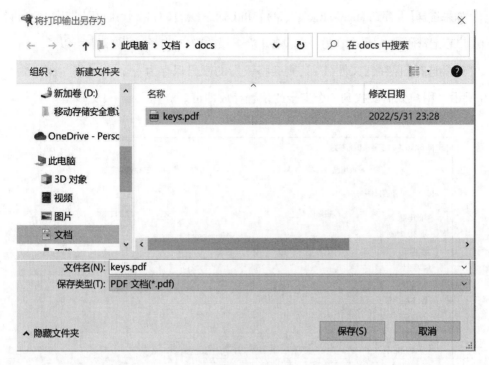

图 5-1-11

图 5-1-12

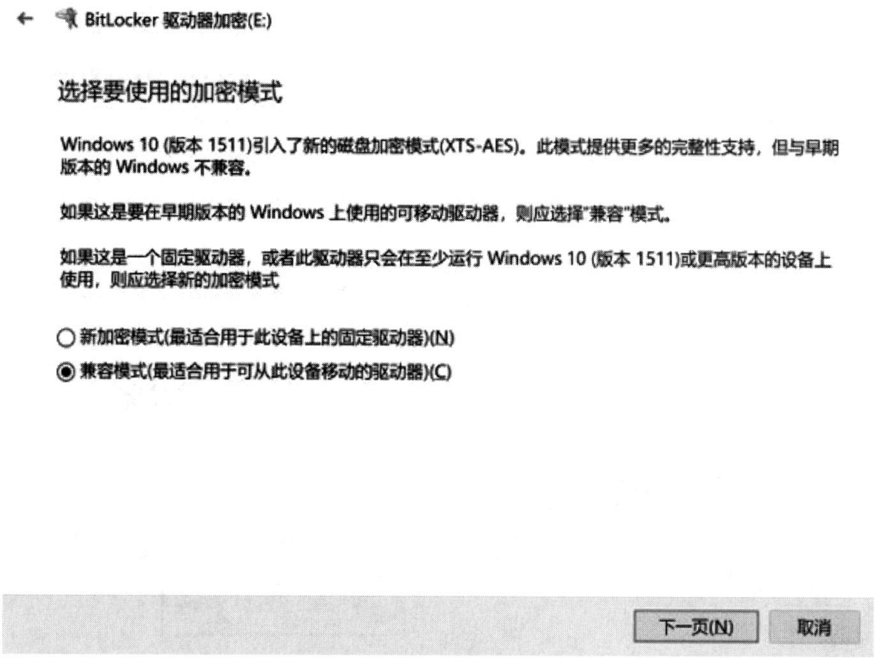

选择要使用的加密模式

Windows 10 (版本 1511)引入了新的磁盘加密模式(XTS-AES)。此模式提供更多的完整性支持，但与早期版本的 Windows 不兼容。

如果这是要在早期版本的 Windows 上使用的可移动驱动器，则应选择"兼容"模式。

如果这是一个固定驱动器，或者此驱动器只会在至少运行 Windows 10 (版本 1511)或更高版本的设备上使用，则应选择新的加密模式

○ 新加密模式(最适合用于此设备上的固定驱动器)(N)
◉ 兼容模式(最适合用于可从此设备移动的驱动器)(C)

下一页(N)　取消

图 5-1-13

　　当显示如图 5-1-14 所示的提示后，说明已经成功对之前的移动存储设备设置了 BitLocker 加密。如果在完成设置后用户需要对 BitLocker 再进行管理，则可以在之前加密的移动设备上点击右键，在如图 5-1-15 所示的菜单中，选择【管理 BitLocker（B）】进行此前所有设置的更改，或选择【更改 BitLocker 密码】仅进行密码的更改。但值得注意的是，此类操作必须是在与之前进行 BitLocker 设置时相同的设备和账号上进行。

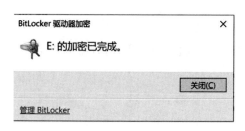

图 5-1-14

打开(O)
在新窗口中打开(E)
固定到快速访问
更改 BitLocker 密码
管理 BitLocker(B)
通过 Code 打开
打开自动播放(Y)...
使用 Microsoft Defender 扫描...
授予访问权限(G)　>
以便携式设备方式打开
7-Zip　>
包含到库中(I)　>
固定到"开始"屏幕(P)
格式化(A)...
弹出(J)
剪切(T)
复制(C)
创建快捷方式(S)
重命名(M)
属性(R)

图 5-1-15

加密成功后,再将此 U 盘插入另一台计算机中,就会发现 U 盘图标上有一个锁,且 U 盘名称被隐藏了。点击打开,会提示输入密码。如果密码输入错误则无法打开 U 盘,只有密码输入正确,才能知道设备名称并打开。如图 5-1-16 所示。

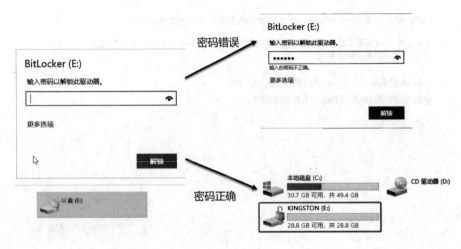

图 5-1-16

VeraCrypt 是一款免费开源跨平台的实时磁盘文件加密工具,它是基于知名的开源加密工具 TrueCrypt 项目衍生而来的。由于之前 TrueCrypt 已在官网上宣布其自身不再安全并已停止开发了,因此现在比较活跃、且同样是开源跨平台的 VeraCrypt 顺理成章成了如今大家公认的最佳文件加密工具新选择之一。但它的操作设置比 BitLocker 要更为复杂一些。

因为 VeraCrypt 并不是系统自带的软件,所以首先要去官网①下载该软件。注意下载页的界面应为图 5-1-17 所示的界面(如果不是,则要小心是否进入了钓鱼网站,不要为了给设备加密反而让设备中了病毒),然后选择与电脑对应的版本点击进入。以下为具体步骤。

▶ 下载完成后启动安装程序,选择安装期间使用的语言(默认为中文),并同意条款(勾选【I accept the license terms】),点击【下一步】后,如图 5-1-18 所示,选择【安装(I)】,然后点击【下一步(N)】。

---

① https://www.veracrypt.fr/en/Downloads.html

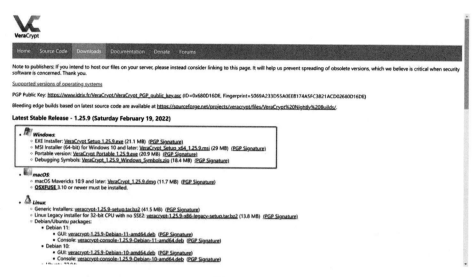

图 5-1-17

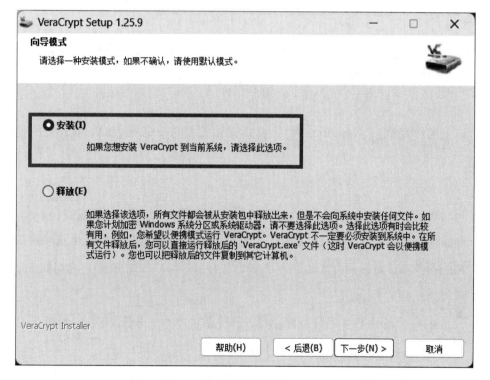

图 5-1-18

　　▶ 选择下载地址(建议直接使用默认下载地址),如图 5-1-19 所示,并勾选下方的所有选项,避免在使用 VeraCrypt 的过程中出现各类关联性的问题。

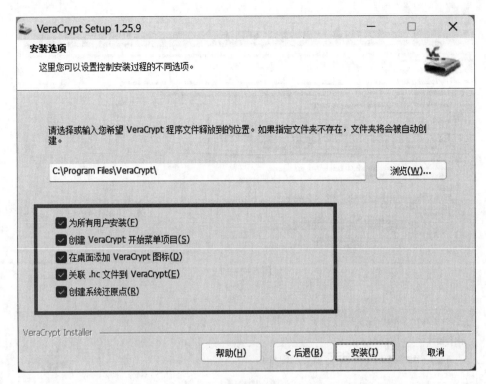

图 5-1-19

以上操作完成后，VeraCrypt 就下载并安装完成了。以下为 VeraCrypt 的使用方法：

▶ 双击 VeraCrypt 图标，在弹出的窗口中选择一个盘符，然后点击【创建加密卷（C）】，如图 5-1-20 所示。注意选择的盘符名称必须是与系统中常用的或插入移动设备的名称都不冲突的盘符，例如 A 盘或 B 盘。此处操作示例选择的是 F 盘。

▶ 因为是给 U 盘进行加密，所以选择【加密非系统分区/设备】，如图 5-1-21 所示，然后点击【下一步（N）】。

▶ 选择【标准（VeraCrypt）加密卷】，如图 5-1-22 所示。

▶ 如图 5-1-23 所示，点击【选择设备（E）】，选择想要加密的设备名称，然后点击【确定】，再点击【下一步（N）】。

图 5-1-20

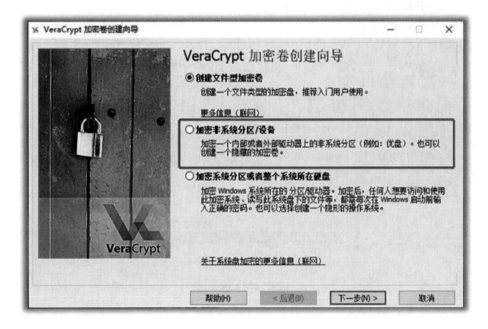

图 5-1-21

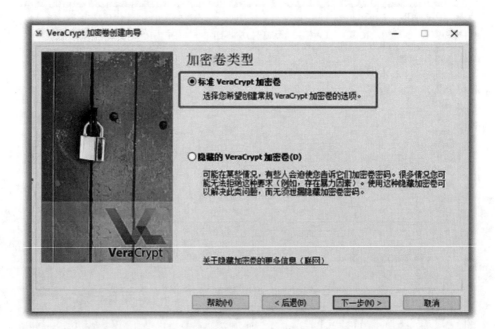

图 5-1-22

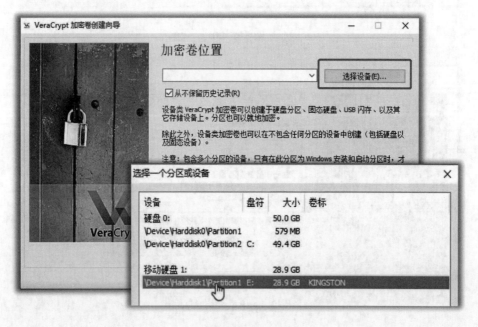

图 5-1-23

▶ 在加密卷创建模式中选择【创建加密卷并格式化】,如图 5-1-24 所示。在此操作步骤中,选择【创建加密卷并格式化】是应用于全新设备或空白设备的,并不会造成文件损失。另外一个选项【就地加密分区】则是用于设备中已存有文件的情况,在不清除设备中原有文件的基础上,对于新的文件进行加密。但选择这一选项则需要运行很长时间才能完成,因此类似上述的 BitLocker 中的操作,如果原来存有的文件不是十分庞大,最好拷贝出来之后和新的文件一同重新加密。在这种情况下,仍选择【创建加密卷并格式化】即可,会较快完成加密过程。

图 5-1-24

▶ 在【加密选项】和【加密卷大小】中保持默认选项,直接点击【下一步】即可。

▶ 进行加密卷密码的设置,如图 5-1-25 所示。与 BitLocker 相比,VeraCrypt 的密码设置要求相对没有那么严格,但是仍建议使用高强度的密码,保证密钥的有效性。

▶ 密码设置完成后,在图 5-1-26 所示的界面中,根据用户想要加密的文件大小选择【是】或【否】即可。

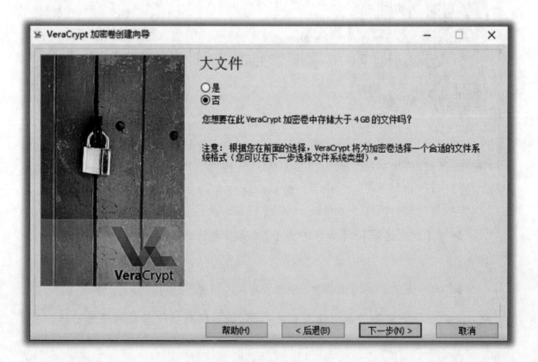

图 5-1-25

图 5-1-26

▶ 在图 5-1-27 所示的界面中,会生成一个加密卷格式化的随机数。需要将鼠标在"重要"提示与"从鼠标移动中收集的随机性"之间的空白处不断晃动,直到进度条满格。然后点击下方的【格式化(F)】按钮。

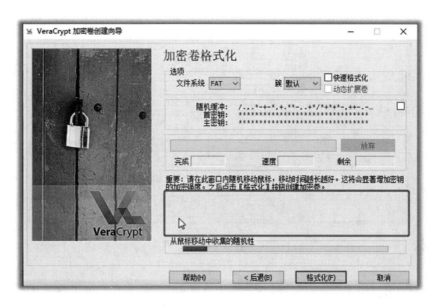

图 5-1-27

▶ 格式化完成后点击【确定】,就会弹出 VeraCrypt 加密卷已经创建完成的窗口,退出该界面即可。如图 5-1-28 所示。

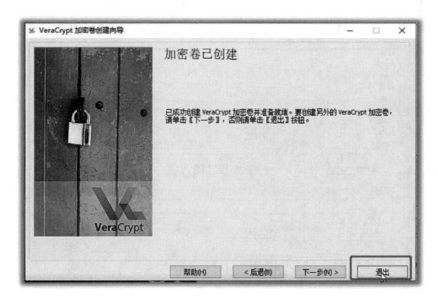

图 5-1-28

▶ 完成上述操作后,如图 5-1-29 所示,点击【自动加载设备(A)】,在
弹出的窗口中输入刚才为加密卷设置的密码,然后点击【确定】。

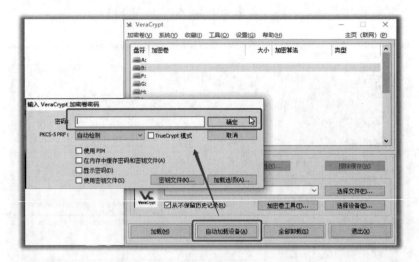

图 5-1-29

▶ 响应结束后,在图 5-1-30 所示的界面中,即可看到刚刚加密完成的
盘符。

图 5-1-30

▶ 此时打开"此电脑",如图5-1-31所示,原本的U盘——"E盘"此时已经无法打开,但是多了一个盘符"F",也就是上述操作中创立的加密卷。可以在F盘中进行文件写入。

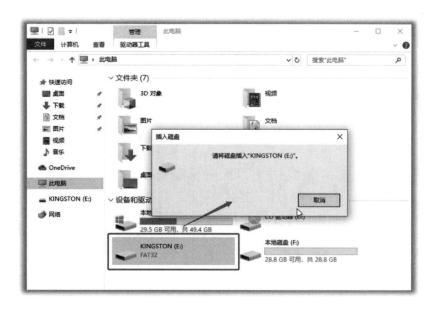

图 5-1-31

▶ 在文件写入完成后,要将U盘恢复到加密状态,则选择加密卷(操作示例为F盘),然后点击鼠标右键,在弹出的菜单中选择【卸载】,如图5-1-32所示。

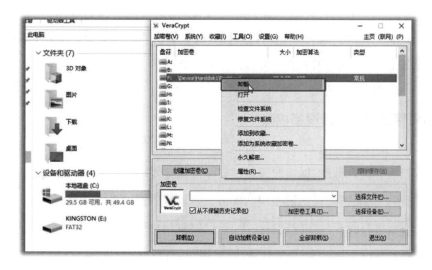

图 5-1-32

▶ 此时再点击打开 U 盘,只能进行格式化的操作,说明 U 盘中的内容已经被加密了,如图 5-1-33 所示。

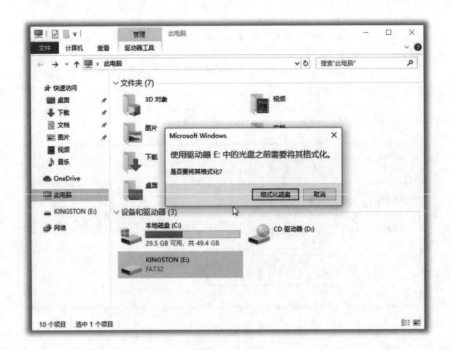

图 5-1-33

▶ 如果需要再次打开 U 盘中加密的文件,或对其中的文件进行更改,则需要再次打开 VeraCrypt,然后重复图 5-1-29 至图 5-1-31 所对应的操作。

VeraCrypt 的加密强度相当高,但是它的加密、解密使用都必须在安装有 VeraCrypt 软件的设备上才能使用,因此其兼容性不如系统自带的 BitLocker。

四、如何管理移动存储设备权限

进行权限管理,可以根据系统设置的安全规则或安全策略对用户的可访问范围进行限制,使用户只能访问自己被授权的资源。在具体管理工作中需要对控制方向和控制力度两方面进行管理。在控制方向上,可以限制用户"仅能从系统获得数据"或"仅能向系统提交数据";在控制力度上,可以对用户进行功能级管理(控制功能)和数据级管理(控制数据)。

例如,对于需要保密的项目,如图 5-1-34 所示,可以设置管理员拥有最高访问权限,并具有管理个人及他人行为的权限(可对他人权限身份进行调控)。在管理员之下,设置项目组长,可对项目文件进行修改、上传和删除,但不能控制他人权限。再低一级权限的组员,只具有读取执行的权利,想要修改文件内容则需通过组长进行,以避免错误操作。对于外部人员则应设置没有任何权限访问项目内容,以保证项目机密性。以此实现从上到下的层层控制,既保证工作正常进行,又保证整个系统的安全。

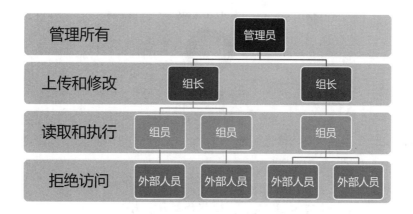

图 5-1-34

对于普通用户,最简单的方法则是利用系统提供的组权限管理功能控制设备权限,防止类似病毒等程序进行自动化的攻击。以下为控制 U 盘权限的具体操作(以 Windows10 为例):

▶ 插入 U 盘后,首先单击鼠标右键,查看【属性】窗口中是否有【安全】选项,以及 U 盘的"文件系统"是否为 NTFS,如果显示图 5-1-35 中的"FAT32",则需要对设备进行格式化,因为只有 NTFS 这一文件系统才能对权限进行管理[①]。

▶ 选择移动设备,点击鼠标右键,如图 5-1-36 所示,进行格式化。格式化成功后,再查看属性,如图 5-1-37 所示,【文件系统】应显示为 NTFS,且菜单栏中出现【安全】选项。

---

① 注意:如需格式化,需要提前对 U 盘内容进行备份。

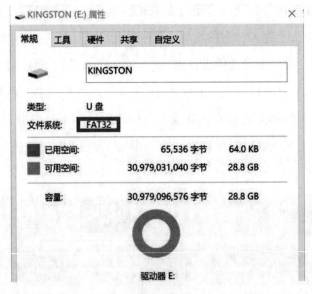

图 5-1-35

图 5-1-36

图 5-1-37

　　▶ 点击【安全】选项,在"组或用户名(G)"中会有一个 Everyone 的组(如果有其他的组或用户名,建议将其清除),如图 5-1-38 所示。点击【编辑(E)】修改用户组及权限。

　　▶ 点击【添加(D)】,然后在弹出的窗口中选择【高级(A)】,如图 5-1-39 所示。

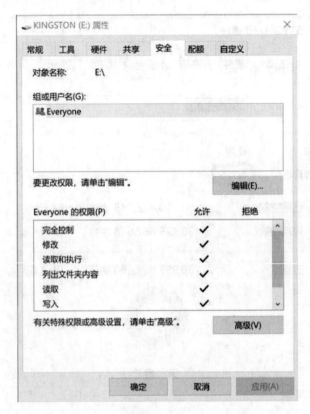

图 5-1-38

图 5-1-39

▶ 在新弹出的窗口中点击【立即查找(N)】选项后,下方的搜索结果中
会出现各个用户和组,如图 5-1-40 所示,找到现在使用的账户(示例中为
TestUser),然后双击该账户。

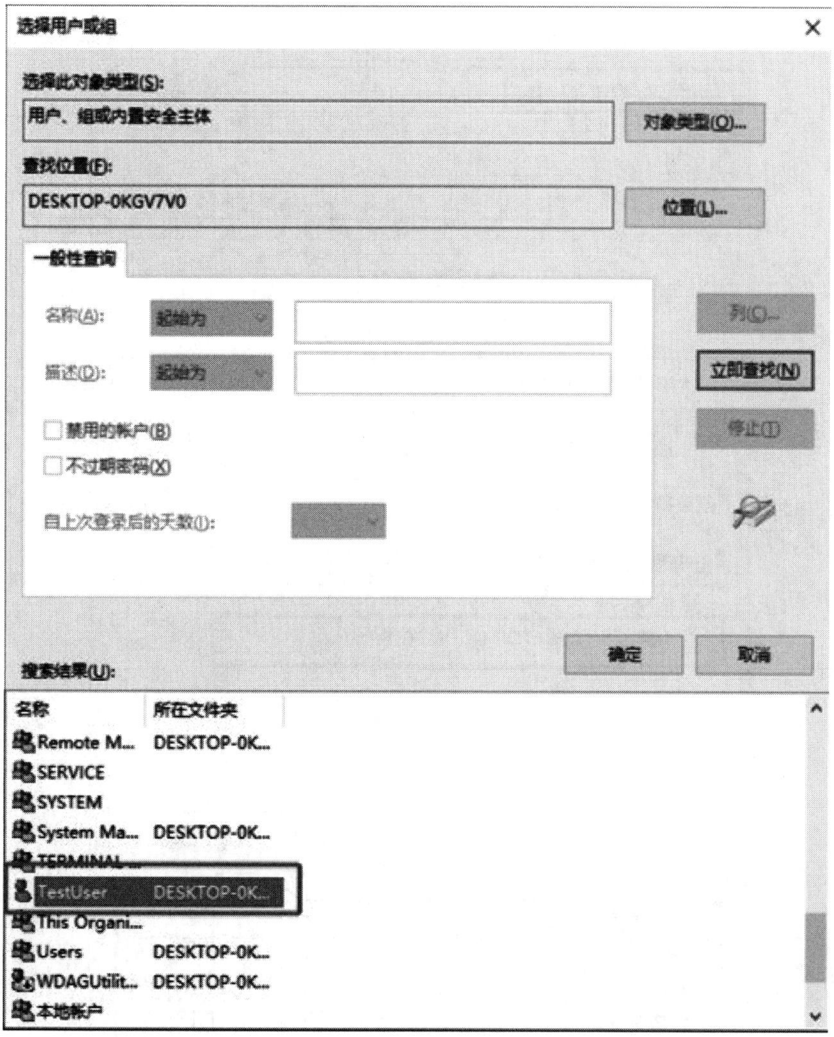

图 5-1-40

▶ 此时,在图 5-1-41 所示的界面中,会出现刚选定的 TestUser 用户,点
击该窗口的【确定】按钮,添加用户。

▶ 如图 5-1-42 所示,现在用户组中出现了刚添加的 TestUser 用户。将
这个用户设定为特权用户,勾选"TestUser 的权限(P)"中"允许"列的所有选
项,即保证该用户能写入、删除、修改 U 盘文件。

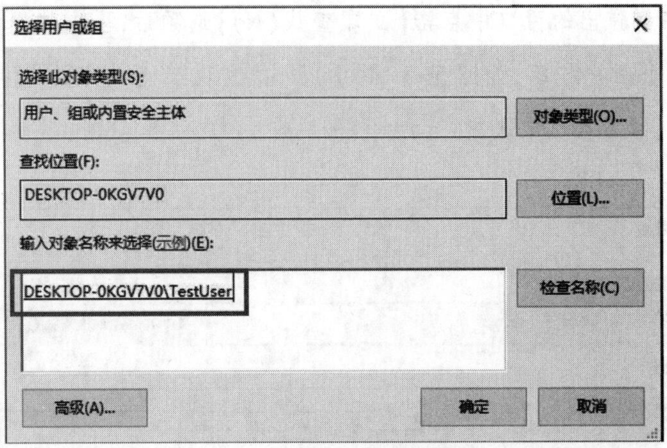
选择用户或组
选择此对象类型(S):
用户、组或内置安全主体
对象类型(O)...
查找位置(F):
DESKTOP-0KGV7V0
位置(L)...
输入对象名称来选择(示例)(E):
DESKTOP-0KGV7V0\TestUser
检查名称(C)
高级(A)...
确定
取消

图 5-1-41

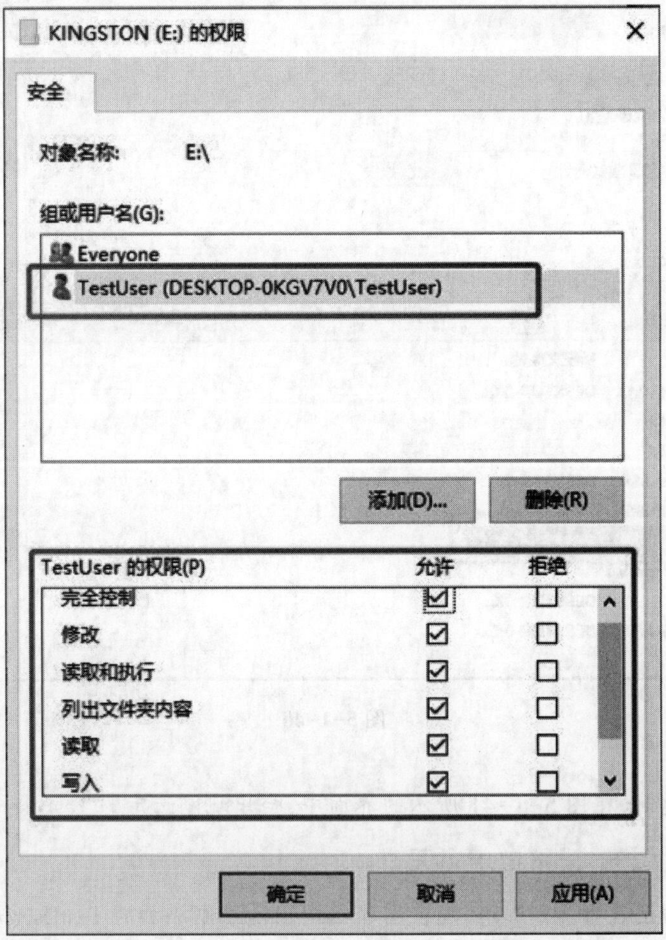
KINGSTON (E:) 的权限
安全
对象名称: E:\
组或用户名(G):
Everyone
TestUser (DESKTOP-0KGV7V0\TestUser)
添加(D)...
删除(R)
TestUser 的权限(P)
允许
拒绝
完全控制
修改
读取和执行
列出文件夹内容
读取
写入
确定
取消
应用(A)

图 5-1-42

▶ 然后将 Everyone 用户组权限设置为只读,即在【Everyone 的权限(P)】的"允许"列勾选【读取和执行】【列出文件夹内容】以及【读取】,如图5-1-43所示。此时,Everyone 用户组仍可直接执行 U 盘中的程序,如果想进一步限制,以防病毒被人手动启动,可以不勾选【读取和执行】这个选项。

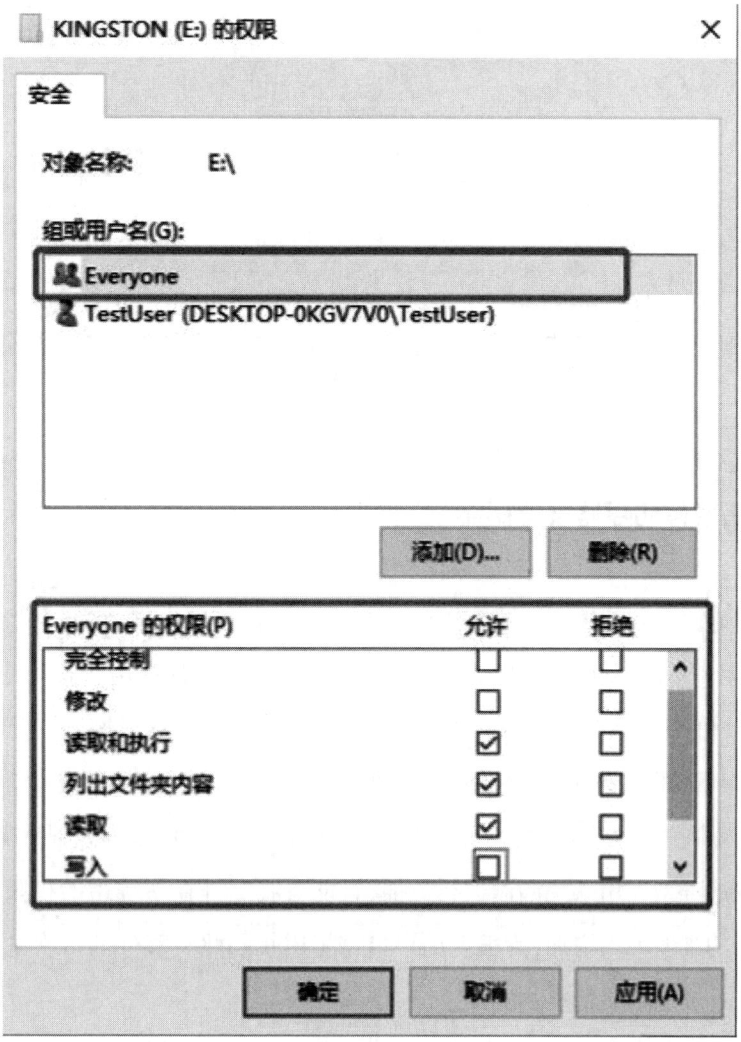

图 5-1-43

▶ 设置完成后,再将 U 盘接入其他计算机上打开时,会发现可以正常浏览其中的文件,但是一旦尝试新建或复制粘贴文件到 U 盘中,系统就会弹出如图 5-1-44 所示的提示阻止操作。至此,说明权限设置完成。

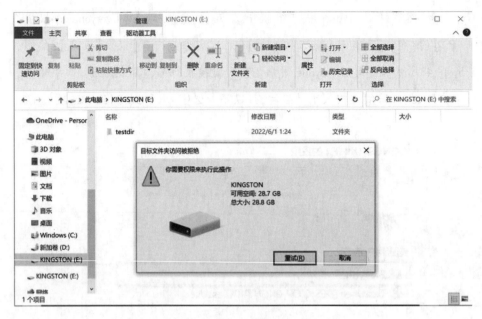

图 5-1-44

五、如何防范移动存储设备病毒

没有良好的上网习惯往往是用户的移动存储设备受到病毒攻击的根本原因。网站仿冒、利用色情赌博网站引诱、发送钓鱼邮件等都是黑客的惯用伎俩。

2021 年 11 月国内频发的 Magniber 勒索病毒攻击事件,追根溯源,是黑客团伙将植入了攻击代码的广告大量投放在了色情网站的广告位上(也存在少部分其他网站)。一旦用户访问该广告页面,无论是自主点击还是误触,都会立刻感染该勒索病毒。由于该病毒是利用系统漏洞进行传播,且能自我提升在系统中的权限,使得后期清除该病毒的难度大大增加,为很多用户带来了困扰。此类事件的多次发生,无一不在提醒我们远离色情赌博类的网站。

类似地,我们也要对过于具有诱惑力的网页标题抱有警惕心理,不要随意点击打开。即使是对所谓的"官方网站",也要认真检查网址无误后再点击,因为这也很可能是黑客精心制作的诱人上钩的仿冒网站。对于经常使用的网站,可以将官方网址保存在收藏夹中,这样既能保证安全,又能方便使用。如果遇到浏览器无法识别数字证书的网站,则一定要停止访问,因为此类网站中往往都是对设备有害的恶意网页。

除了浏览访问以外,用户使用网页的重要用途之一就是资源下载。在进行此类操作时,一定要选择官方渠道。原因一是非官方下载网站的资源来源不确定,下载到的很可能是已经被人破解、修改或增加了可攻击后门程序的甚至是包含病毒的资源或软件。二是非官方来源的版本很可能是官方放出的一个因为带有高危漏洞而被废弃的测试版本。这些都会给设备带来很大的安全威胁,甚至直接导致设备崩溃。

用户对于钓鱼邮件的防范关键点可以由黑客使用邮件钓鱼时经常使用的手段进行反向推导。比如,黑客可能仿冒发件人身份,利用用户的信任,引导用户发送敏感信息或机密文件等。常见伪装有冒充上级领导回信、官方管理员通知、邮箱系统警告、客户回信和退信信息等。再比如,在邮件中附带含有攻击程序或病毒的链接和附件,并通过邮件中的文字内容引诱用户点击或使用等。常见的例子包括:冒充公司通知,附上"xx 通知.pdf"的附件,实则是一个伪装成 PDF 的病毒程序;或者声称自己是某某网站的邮箱验证信息,要求用户点击下方链接确认等。因此,防范此类攻击,最重要的就是识破钓鱼邮件的伪装。对邮件的内容和发送方应保持基本的警惕心理,对于涉及敏感内容的邮件,要及时确认邮件的发送方是否真实正确,然后再进行下一步操作。若实在无法判别,且邮件又十分可疑,就不去下载附件或者点击其中的链接。

除了上述提到的良好的上网习惯和应当时刻保持的警惕心理以外,为了保证设备的安全,用户还应当采取一些切实的措施,以防病毒入侵,包括定期扫描存储设备、定期备份设备内容、关闭系统中自带的自动播放功能等。

1.定期扫描存储设备

一个编制精巧的计算机病毒程序,进入系统之后一般不会立刻发作,而是会悄无声息地躲在存储设备里,可能是几天,甚至是几年。在没有满足计算机病毒内部的触发条件引发触发机制时,病毒除了传染,并不会对计算机做出额外破坏。而在病毒处于"潜伏期"时,杀毒软件并不知道它是否是一个病毒。如果不进行扫描,杀毒软件很有可能就只把它当作普通文件忽略了。

但如果定期使用反病毒软件进行扫描,反病毒软件在扫描过程中就会将磁盘上所有的文件做一次检查,将文件与病毒库中的各项特征做比较,最终判断文件是否为病毒。反病毒软件一旦发现病毒文件就会对用户发出如图 5-1-45 所示的警示,使用户尽早应对。因此,定期扫描就是定期发现病毒,定期清除威胁,在病毒给我们的设备造成不可挽回的损害之前就斩断祸根。

图 5-1-45

2.定期备份设备内容

设备丢失损坏、系统崩溃出错、人为的操作失误(如误删、误改等)、非法访问者恶意破坏(如商业间谍等)、忘记系统/软件密码、病毒攻击等都会导致用户的数据丢失,进行数据备份就是为了降低数据丢失的风险。

数据备份的操作应当定期且频繁。定期,即固定每次备份的时间间隔,这样黑客的勒索攻击伤害范围就可以控制在我们确定的这一时间段内。频繁备份,即尽可能缩短备份时间间隔,使勒索病毒发作时间尽可能靠近备份的时间点,以此减少数字资产的损失。

备份策略主要有三种,分别是完全备份、增量备份和差异备份。

完全备份,即每次对备份内容进行完全备份,首先备份原始数据一次,此后所有备份都是这样全部保存,如图 5-1-46 所示。这样做的优点在于,一旦用户有恢复需求时,可以实现快速方便且完整地恢复,只需拿取最后一次备份的文件就可以简单地恢复全部数据。但缺点是,它的备份数据会有大量重复内容,占用过多内存,可能因此影响正常使用。

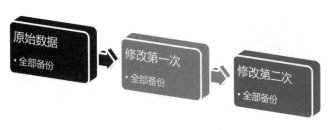

图 5-1-46

增量备份,则是仅对第一次备份进行完全备份,之后的每次备份只对更新或被修改的数据进行备份,如图 5-1-47 所示。最终进行全部恢复时,需要将所有备份步骤中的内容全部调出,一个接一个地进行恢复。例如,将原始完全备份的数据设为 A,第一次进行修改的内容设为 B_1,第二次修改的内容设为 B_2,则完整文件备份应为 $A+B_1+B_2$,以此类推。这种备份策略比完全备份策略节省了很多空间和备份时间,但是缺点也十分明显。由于对这种策略下生成的备份文件进行完整的文件恢复比较复杂,一旦其中任何一次备份失效,之后的所有备份都会出现连锁错误,无法恢复成完整、正确的文件。

图 5-1-47

差异备份,在某种程度上,实现了对增量备份策略的优化。类似增量备份的策略,差异备份也仅对最初的数据进行一次完全备份。但此后,每次备份的内容是与第一次完全备份进行比对的结果,如图 5-1-48 所示。因此在恢复时,仅需第一次备份和最新一次备份即可,不像增量备份需要每一次的备份才能完全恢复。仍设原始数据备份为 A,每次修改为 B_1、B_2…B_n,则进行恢复时,完整文件构成为 $A+B_n$[①]。可以说,在很

————————————
① B_n,即最新修改的部分。

多情况下,差异备份不仅避免了以上两种策略的缺陷,还兼具了它们的优点。但这种策略在大量多次增加文件、不修改原有文件的情况下,效率基本与完全备份相同,速度远低于同等情况下使用增量备份的策略。

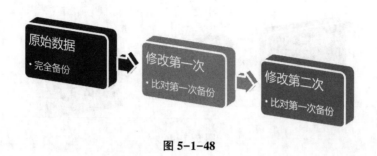

图 5-1-48

3.关闭系统中自带的自动播放功能

此处的自动播放是指 Windows 系统为用户提供的一个系统功能。当用户的移动设备接入电脑时,系统会对这个设备进行扫描,让用户选择用何种方式打开。用户选择后,系统每次就会以相同的方式打开这类文件,不再需要用户每次重新确认一遍。虽然这个功能能够为用户带来使用上的便利,但同时也给了病毒入侵的可乘之机。病毒很可能会利用这种自动播放功能,通过 U 盘内置的自动化启动脚本,自动化感染用户电脑。著名的熊猫烧香病毒的感染路径就是其中的典型案例,如图 5-1-49 所示。

图 5-1-49

关闭自动播放功能的具体操作如下:

▶ 在【系统设置】的搜索栏中,搜索"自动播放",得到图 5-1-50 所示的相关选项。点击前两个选项中的任意一个。

▶ 窗口进入自动播放的设置栏后,如图 5-1-51 所示,将【在所有媒体和设备上使用自动播放】选项关闭即可。

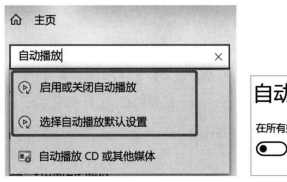

图 5-1-50　　　　　　　　　　　　　　　图 5-1-51

第 2 节　电脑设备安全意识

一、电脑设备[①]安全分类

　　在信息化社会,计算机已经成为一项促进社会发展的重要"基础设施"。它的迅速发展和广泛应用,正深刻地改变人类的思想观念、工作方式和生活方式。经常提到的计算机系统又称计算机信息系统,是指由计算机及其相关和配套的设备、设施(含网络)构成的,并按一定的应用目标和规则对信息进行采集、加工、存储、传输、检索等处理的人机系统。而计算机系统安全中的"安全"一词就是指将服务与资源的脆弱性[②]降到最低限度。安全工作的目的就是在安全法律、法规、政策的支持与指导下,通过采用合适的安全技术与安全管理措施,维护计算机系统安全。

　　保障计算机系统安全在工作内容上包括保障计算机及其相关和配套的设备与设施(含网络)的安全、运行环境的安全、信息的安全,以及确保计算机功能的正常发挥,以维护计算机信息系统的安全运行。所以电脑设备的安全保障是包含在计算机系统安全的保障工作中的。

---

① 　此处指企业的服务器这一计算机设备。
② 　脆弱性是指计算机系统的任何弱点。

计算机系统安全大体可以分为实体安全(亦称物理安全)、运行安全和信息安全三个方面。

实体安全,即计算机硬件的安全,是保护计算机设施(含网络)以及其他媒体免遭地震、水灾、火灾、有害气体和其他环境事故(如电磁污染等)破坏的措施、过程。

运行安全则侧重保障系统正常运行,避免系统的崩溃和损坏对系统存储、处理和传输的信息造成破坏和损失。保障工作包括风险分析、审计跟踪、备份与恢复、应急四个方面。

信息安全,本质上是保护用户的利益和隐私,包括保障操作系统安全、数据库安全、网络安全、进行病毒防护、访问控制、加密与鉴别七个方面。

❖ 延伸阅读:保障运行安全的具体工作

风险分析是指为了使计算机信息系统能安全地运行,通过了解影响计算机信息系统安全运行的诸多因素和存在的风险,进行风险分析,并找出规避这些风险的方法。

审计跟踪则是利用计算机信息系统所提供的审计跟踪工具,对计算机信息系统的工作过程进行详尽的跟踪记录,同时保存好对应的审计记录和审计日志,从中发现和及时解决问题,保证计算机信息系统安全可靠地运行(这就要求系统管理员要认真负责,切实保存、维护和管理审计日志)。

备份恢复和应急措施应同时考虑。首先要根据所用信息系统的功能特性和灾难特点制订包括应急反应、备份操作、恢复措施三个方面内容的应急计划,一旦发生灾害事件,就可按计划方案最大限度地恢复计算机系统的正常运行。

国家信息系统安全等级保护测评对计算机系统的安全保障工作的要求大体分为三个方面,分别是物理安全保障、网络安全保障以及主机安全保障。

在物理安全保障方面,应当注意物理位置选择、物理访问控制、防盗窃和防破坏、防雷击、防火、防水防潮以及温湿度控制等。

在物理位置选择上,机房场地应选择在能够防震、防风和防雨的建筑内,避免设在建筑物的顶层或地下室,否则应特别加强防水和防潮措施。

在物理访问控制方面,机房出入口应安排专人值守,控制、鉴别和记录进入的人员。对机房划分区域进行管理,区域和区域之间设置物理隔离装置,在重要区域前设置交付或安装等过渡区域;重要区域还应配置电子门禁系统,控制、鉴别和记录进入的人员。机房的来访人员需要经过申请和审批流程,活动范围也要受到限制和监控。

为了防盗窃和防破坏,应将主要设备放置在机房内,并将设备或主要部件进行固定,设置明显的、不易除去的标记[①];将通信线缆铺设在隐蔽处,可铺设在地下或管道中[②];应对介质进行分类标识,存储在介质库或档案室中;充分利用光、电等技术设置机房防盗报警系统,如电磁防盗门、光感报警等具体的安防设备;另外在机房设置监控报警系统,当机房有人出入时能够自动记录、拍照和报警。

为了防止雷击对计算机系统的正常运行造成影响,机房中应当使用交流电源地线[③],将各类机柜、设施和设备等都通过接地系统安全接地,并为机房建筑设置避雷装置(避雷针等)。此外,由于高强度雷击会使放电范围内 1 千米的闭环电路产生感应雷,所以还应设置防雷保安器、过压保护装置等其他避雷措施,防止由电源线侵入的感应雷[④]破坏设备。

为防止火灾,应设置火灾自动消防系统,实现自动检测火情、自动报警,并自动灭火;对于机房及相关的工作房间和辅助房间应采用具有耐火等级的建筑材料;在对机房进行划分区域管理的基础上,应在区域和区域之间设置隔离防火设施。

为防水防潮,机房应当做好防水工作,防止雨水通过窗户、屋顶和墙壁渗透进来;通过温、湿度控制和冷热风道设计等措施防止机房内水蒸气结露,并合理处理地下积水;安装对水敏感的检测仪表或元件,对机房进行防水检测和报警。

机房还应当采取合适的温、湿度控制安全措施,设置温度、湿度自动调节设施,使机房温、湿度的变化在设备运行所允许的范围之内。应按照 GB 50174—2017《数据中心设计规范》使用精密空调控制机房内的温湿度,详见表 5-2-1。

---

① 如服务器的 IP、名称、业务用途、负责人联系方式等。
② 避免线缆暴露在地板上,防止物理上的损坏。
③ 确认设备电源以及设备的机柜是否接有地线,排查设备漏电情况。
④ 感应雷,指的是非雷电直接击中设备造成的影响。

表 5-2-1

项目	温度和湿度要求	其他
冷通道或机柜进风区域的温度	18℃—27℃	
冷通道或机柜进风区域的相对湿度和露点温度	露点温度 5.5℃—15℃,同时相对湿度不大于 60%	
主机房环境温度和相对湿度(停机时)	5℃—45℃,8℃—80℃,同时露点温度不大于 27℃	不得结露
主机房和辅助区温度变化率	使用磁带驱动时<5℃/h 使用磁盘驱动时<20℃/h	
辅助区温度、相对湿度(开机时)	18℃—28℃,35%—75%	
辅助区温度、相对湿度(停机时)	5℃—35℃,20%—80%	
不间断电源系统电池室温度	20℃—30℃	

图 5-2-1 是一个比较完备的机房工程整体解决方案。图中展现出的整体解决方案包括了各种设施,如消防、空调、报警系统以及 UPS 系统、门禁管理系统等。

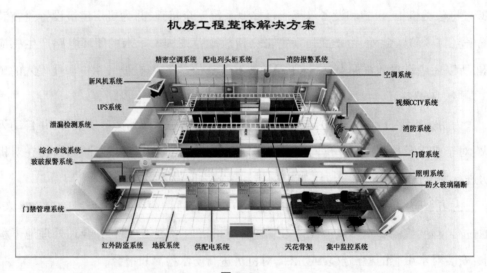

图 5-2-1

网络安全保障包括结构安全保障、访问控制以及网络设备防护。

在结构安全保障上,第一,应保证主要网络设备的业务处理能力具备一定的冗余空间,满足业务高峰期需要(网络设备的利用率在 80% 以下较为恰当);第二,应保证网络各个部分的带宽满足业务高峰期需要,一般情况下,带宽的利用率高峰时期也不应当超过 80%;第三,应在业务终端与业务服务器之间进行路由控制,建立安全的访问路径;第四,应绘制与当前运行情况相符的网络拓扑结构图;第五,应根据各部门的工作职能、重要性和所涉及信息的重要程度等因素,划分不同的子网或网段,并按照方便管理和控制的原则为各子网、网段分配地址段。

在访问控制上,第一,应在网络边界部署访问控制设备,启用访问控制功能;第二,应能根据会话状态信息为数据流提供明确的允许或拒绝访问的能力,控制粒度为端口级(如 192.168.1.1,端口为 8080);第三,应对进出网络的信息内容进行过滤,实现对应用层 HTTP、FTP、TELNET、SMTP、POP3 等协议命令级的控制;第四,在会话处于非活跃时间或会话结束后应终止网络连接;第五,应限制网络最大流量数及网络连接数;第六,对于重要网段应采取技术手段防止地址欺骗。

在网络设备防护上,首先,应询问网络管理员关键网络设备的防护措施有哪些,关键网络设备的登录和验证方式做过何种配置,以及对远程管理的设备是否已经采取了对应措施防止信息泄漏;其次,应检查边界和关键网络设备,查看是否已经具备对登录用户进行身份鉴别的功能;最后,应检查边界和关键网络设备,查看是否已经具备鉴别失败处理功能。

为了保障主机安全,应当重视身份鉴别、访问控制和入侵防范方面的工作。

在身份鉴别方面,第一,应对登录操作系统和数据库系统的用户进行身份标识和鉴别,需要进行主机登录和数据库登录时应有独立的账户密码以及密码验证;第二,操作系统和数据库系统管理用户身份标识应具有不易被冒用的特点,口令应当满足复杂度要求并定期更换;第三,应启用登录失败处理功能,可采取结束会话、限制非法登录次数和自动退出等措施;第四,当对服务器进行远程管理时,应采取必要措施,防止鉴别信息在网络传输过程中被窃听;第五,应为操作系统和数据库系统的不同用户分配不同的用户名,确保用户名具有唯一性,同时实现账户的权限分离(例如,操作系统的管理员账户和数据库管理员账户应由不同人员进行管理);第六,应采用两种或两种以上组合的鉴别技术对管理用户进行身份鉴别。

在访问控制方面,第一,应启用访问控制功能,依据安全策略控制用户对资源的访问权限;第二,应根据管理用户的角色分配权限,实现管理用户的权限分离,仅授予管理用户所需的最小权限;第三,应实现操作系统和数据库系统特权用户的权限分离;第四,应严格限制默认账户的访问权限,注意重命名系统默认账户并修改默认口令;第五,应及时删除多余的、过期的账户,避免共享账户的存在。

在入侵防范方面,应当达到的标准如下:第一,能够检测到入侵重要服务器的行为,能够记录入侵源 IP、攻击的类型、攻击的目的、攻击的时间,并在发生严重入侵事件时报警;第二,能够对重要程序的完整性进行检测,并在检测到完整性受到破坏后采取恢复的措施;第三,操作系统应遵循最小化安装的原则,仅安装需要的组件和应用程序,并通过设置升级服务器等方式保持系统补丁及时得到更新。

二、电脑设备常见攻击方式

攻击者对电脑设备使用的攻击方式有三种常见类型,分别是口令入侵、木马程序和电子邮件攻击。

其中,口令攻击是黑客最喜欢采用的入侵网络的方法,也往往以此作为攻击的开始。只要攻击者能猜测或者确定用户的口令,他就能获得机器或者网络的访问权,并能访问该用户能访问的任何资源。如果黑客获取的是系统管理员或其他特殊用户的口令,那么他就同时获得了系统的管理权,能够窃取系统信息、磁盘中的文件甚至对系统进行破坏。所以,如果被攻破的用户拥有管理员或 root 用户权限[1],可能遭受的整体损失就更为巨大。

木马程序指的是一种后门程序,能够用来盗取其他用户的个人信息,甚至远程控制对方电子设备。黑客通过各种手段骗取目标用户执行该程序,以达到盗取密码等各种数据资料的目的。和病毒相似,木马程序有很强的隐秘性,会随着操作系统启动而启动。但木马一般伪装成正常的程序,与真正病毒的一个非常重要的区别是它们不像病毒那样自我复制。

电子邮件攻击实际上包含三种类型,一是窃取、篡改数据,攻击者通过监听数据包或者截取正在传输的信息进行数据读取或修改[2];二是伪造邮件(属于社会工程学中的一种攻击方式),攻击者通过伪造的电子邮件地址可以用诈骗的方法进行攻击;三是拒绝服务,攻击者通过让目标服务器的系统或网络充斥大量垃圾邮件,使其没有余力去处理其他命令,造成系统邮件服务器或者网络瘫痪。在生活中,很多广泛传播的病毒都是通过电子邮件实现传播的。这是因为 SMTP 协议[3]极其缺乏验证能力,假冒邮箱进行电子邮件欺骗十分容易,邮件服务器并不会对发信者的身份做任何检查。所

[1] root 用户权限,类似 Windows 系统中的 Administrator,root 是 Linux 系统中的超级管理员用户账户,该账户拥有整个系统的最高权限,可方便地对系统的部件进行删除或更改。
[2] Windows 系统和 Linux 系统都配有网络监听工具,如 Wireshark 和 tcpdump。
[3] SMTP(Simple Mail Transfer Protocol)协议,即简单邮件传输协议,主要用于系统之间的邮件信息传递,并提供有关来信的通知。

以如果邮件服务器允许和它的 25SMTP 端口连接,那么任何一个人都可以连接这个端口以一些假冒或子虚乌有的用户为名发送邮件,而收件人则很难找到跟发信者有关的真实信息,通过系统 log 文件[①]能检查到的也只是信件从哪里发出,但却很难找到伪造地址的人。

　　这些攻击方式为电脑用户带来了很多安全隐患,这就要求用户采取一些对应的措施,注意在电脑使用过程中采取标准的操作方式以降低风险。

　　在文件存储方面:由于笔记本电脑硬盘可拆卸,一旦丢失,外部人员可以绕过操作系统密码直接读取硬盘上的数据。但是如果将重要数据保存到加密盘上,则只能在输入密码后才可以读取文件。所以公司的一些涉密资料、重要数据应当要求员工存储到加密盘,这样可以有效防止信息泄露。除了重要文件应当保存在加密盘上并设置复杂密码以外,由于邮箱和即时通信软件中也可能包含敏感信息,所以建议将邮箱的数据文件和聊天记录也保存在加密盘中。另外值得注意的是,个人电脑是严禁处理和存储国家秘密的。

　　在口令设置方面:由于攻击者通常会使用自动化工具来破解密码(甚至可能针对目标单位特制一个密码字典进行密码破解),所以用户一旦使用弱密码,或使用单位名称、个人姓名等公开信息作为密码,被破解的几率就非常大。为了避免此类攻击,用户应当使用高强度密码,同时混合大小写字母、数字以及特殊符号进行编写并保证密码长度大于 10 位,其中不建议包含姓名、生日、手机号码、单位名称等公开信息,并定期更换密码(例如每隔 30 天修改一次密码)。

　　在密码分级方面:由于不同系统的安全性各不相同,如果对所有系统都设置相同的密码,一旦任何一个安全性较低的系统被攻破,攻击者在利用获取到的密码尝试登录其他系统时,即使其他系统具有较高的安全性也会被攻破。所以最安全的方式是针对每一个网站或系统都设置不同的密码。如果担心忘记,可以先设置一个基础密码,再在后面加上不同网站或系统的代号,或针对不同重要程度的账号设置不同密码。另外,在日常生活中还应当关注网站或系统的相关新闻,一旦发生攻击事件,则应第一时间对使用此密码的所有位置进行密码修改。

　　在软件下载方面:用户在用搜索引擎搜索下载软件的网址时,搜索的结果中可能

---

① 　log 文件,即日志文件,记录了系统和系统的用户之间交互的信息,是自动捕获人与系统终端之间交互的类型、内容或时间的数据收集方法。

包含商业推广，因此用户不要盲目相信排名靠前的下载地址，很多靠前的下载地址很可能是恶意网站的刻意更改所得，并不是官方网站。另外，攻击者还可能会将恶意程序与正规软件捆绑，并设置恶意程序在后台运行，而用户在下载使用时也很难发现其中的问题，但是这些恶意程序却会给电脑带来很多实质性的危害。例如，如果感染挖矿恶意程序，将会严重耗费电脑的 CPU 或 GPU 资源，造成运行速度缓慢等问题。所以建议用户需要下载软件时，首先搜索软件所属的官方网站，通过官网下载正版软件。当无法确认是否为官方原版软件时，应使用在线病毒检测平台进行检测，确认无误后再进行下载使用等操作。

在安全更新方面：由于操作系统和软件不可避免存在各类漏洞，所以官方会不定期提示安全更新，通过安全补丁修补漏洞。但是在补丁发布后，部分攻击者会据此反推出漏洞的利用方法，在用户还没来得及打补丁的这段时间发动攻击。此前暴发的 WannaCry 勒索病毒就是如此，但实际上微软公司早在 WannaCry 肆意泛滥之前就已经给出了补丁，如果当初及时进行了安全更新，那些用户也可以免受 WannaCry 的勒索了。所以建议用户都开启操作系统和各类应用软件的自动更新功能，或在有更新时弹出提示。有补丁发布后，应第一时间进行更新，并确认更新是否成功。

在文件删除方面：在进行文件删除或磁盘清空时，如果仅清空回收站，或使用"快速格式化"功能，磁盘上的数据实际上并没有被完全删除，还可以使用专业工具将数据恢复。所以在删除单个重要文件时，建议使用杀毒软件附带的"文件粉碎"功能，一般在文件上点击鼠标右键可以看到（如图 5-2-2 所示）。在清空曾经保存过重要文件的磁盘时，不能仅依赖于格式化功能，还需使用专业的擦除工具（如 Eraser 软件，可免费下载，如图 5-2-3 所示），或在格式化后使用其他文件占满整个磁盘并反复多次，也可以确保数据不会重新被恢复。

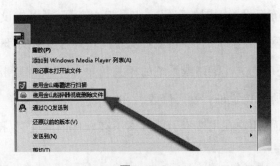

图 5-2-2

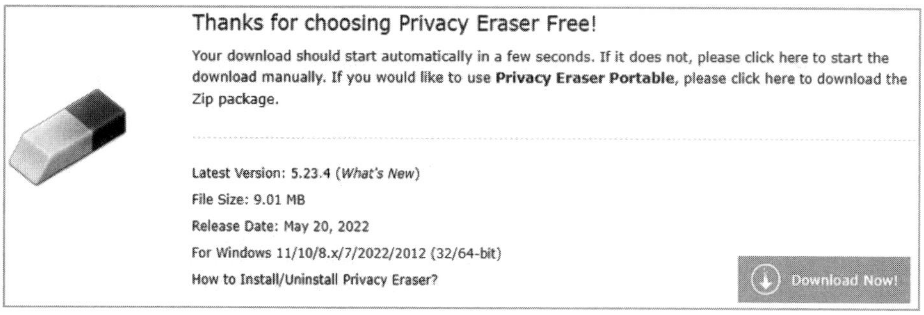

图 5-2-3

三、保护个人电脑常用方法

保护个人电脑的常用方法大体分为三个层面,分别是物理安全、系统安全、信息安全。

在物理安全的保护上,首先应当注意设备的防毁。对于大件设备,一方面应当注意对抗自然力的破坏,通过采用接地保护等措施保护计算机信息系统设备和部件;另一方面是注意对抗人为的破坏,如使用防砸外壳等。对于可移动驱动器和移动设备(包括笔记本电脑和移动电话)等小件设备,则要防止设备连同其中存储的数据被盗,尤其在咖啡厅里使用或将其留放在车里时应注意将设备存放在适当位置。一旦设备丢失(此处仅以微软设备为例),可前往微软官网(http://account.microsoft.com/devices),并使用与丢失计算机相同的 Microsoft 账户登录。登录后,点击"查找我的设备",在列表中选择想要查找的设备,然后点击"查找",缩小寻找范围。其次应当注意对电源的保护。一方面是对工作电源工作连续性的保护——可采用不间断电源 UPS(uninterruptible power supply),另一方面是对工作电源工作稳定性的保护——可通过纹波抑制器、电源调节软件等实现。最终达到为计算机信息系统设备的可靠运行提供能源保障的目的。

在系统安全方面,可以从以下几个方面着手。

(1)开启 Windows Defender①,以保护系统免遭未经授权的访问

具体操作步骤(示例图以 Windows 10 为例)如下:

---

① Windows Defender 是杀毒程序,为微软官方出品,不仅可以扫描系统,还可以对系统进行实时监控。但只支持正版的 Windows 用户,有很多最新技术只在 Windows 11 平台展现,Windows 7 及以下正版用户建议使用 MSE 防御威胁。

▶ 选择【开始】按钮,在【Windows 设置】中,点击【更新和安全】,如图 5-2-4所示。

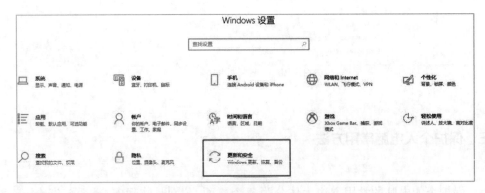

图 5-2-4

▶ 在【Windows 安全中心】中点击【打开 Windows 安全中心】,如图 5-2-5 所示。

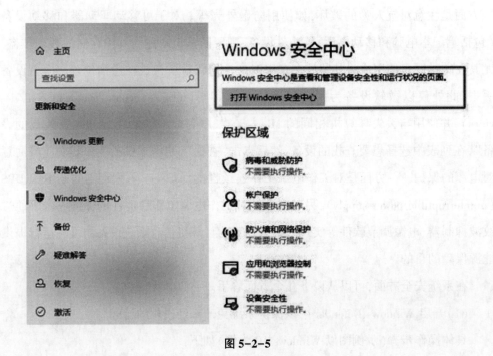

图 5-2-5

▶ 然后在弹出的窗口中选择【防火墙和网络保护】,如图 5-2-6 所示,出现【域网络】【专用网络】以及【公用网络(使用中)】三个选项。

图 5-2-6

　　▶ 为保证安全,最好将【域网络】【专用网络】以及【公用网络(使用中)】都分别点击打开,将其中的【Microsoft Defender 防火墙】设置切换到"开",如图 5-2-7 所示(以【专用网络】中的设置为例)。

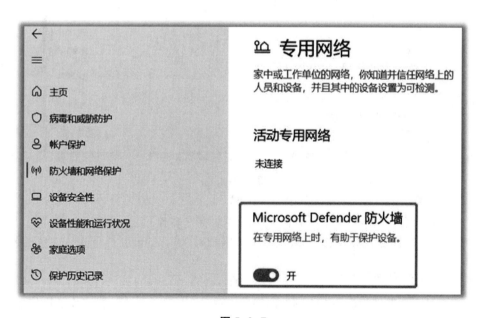

图 5-2-7

（2）打开核心隔离①安全功能

核心隔离安全功能能够将计算机进程与操作系统和设备隔离,针对恶意软件和其他攻击提供加强防护。由于内存完整性是微软系统对核心隔离给出的唯一功能,所以内存完整性的开启和关闭,即代表核心隔离功能的开启和关闭。

具体操作步骤如下:

▶ 重复上述图5-2-4和图5-2-5的步骤,依然在【Windows安全中心】中进行设置。此次选择【设备安全性】,然后点击【内核隔离详细信息】,如图5-2-8所示。

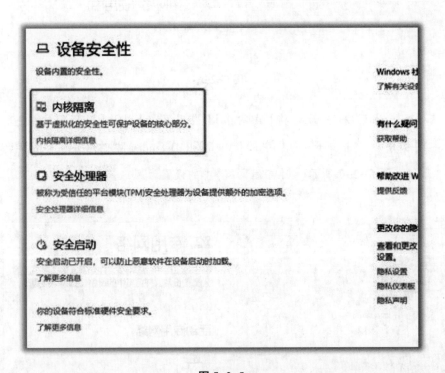

图5-2-8

▶ 在图5-2-9所示的界面中,打开【内存完整性】的开关即可。

（3）使用安全处理器

安全处理器能够为设备提供额外加密。查看安全处理器是否正常工作的操作如下:

---

① 核心隔离,在不同的Windows版本中也译作"内核隔离"。

图 5-2-9

▶ 在【Windows 安全中心】的【设备安全性】界面中找到【安全处理器】，如图 5-2-10 所示①。

▶ 点击【安全处理器详细信息】即可找到有关安全处理器制造商和版本号以及有关安全处理器状态的信息，如图 5-2-11 所示。在图 5-2-11 中安全处理器的状态应为"就绪"。否则，可以选择【安全处理器疑难解答】链接以查看任何错误消息和高级选项。

(4) 及时更新系统

官方一般会在发现漏洞后，立即发布针对性的"补丁"。用户可以通过及时更新系统的方式，获取该补丁，对漏洞进行修补，保护设备安全。虽然"及时更新系统"听起来是老生常谈，但是确实是许多用户都会忽略的操作。曾在国内外泛滥的勒索病毒 WannaCry 所利用的漏洞其实在泛滥之前就已经被微软官方发现并发布补丁，但黑客就是利用用户不及时更新系统的错误习惯，成功进行了攻击。

---

① 如果在此界面上看不到【安全处理器】条目，则可能是您的设备没有此功能所需的 TPM（受信任的平台模块）硬件，或者它未在 UEFI（统一可扩展固件接口）中启用。需要与设备制造商联系，查看您的设备是否支持 TPM，如果支持，请执行启用该功能的步骤。

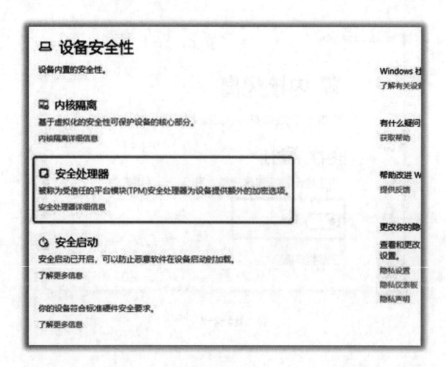

图 5-2-10

图 5-2-11

其实进行系统更新的操作十分简单:

▶ 如图 5-2-12 所示,在【开始】菜单的【系统和安全】中找到【Windows 更新】,发现有"更新可用"时,点击【立即安装】即可。

图 5-2-12

(5)离开电脑时注意锁屏或使电脑进入休眠状态

▶ 既可以通过【开始】菜单中的【电源】键找到【睡眠】,如图 5-2-13 所示,也可以直接通过 Windows 系统锁屏快捷键【Win+L】实现。

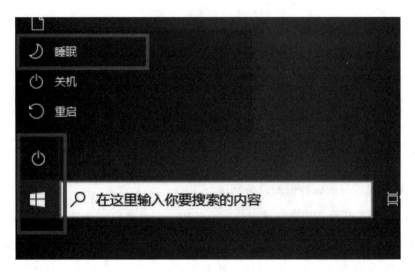

图 5-2-13

为保障信息安全,应当做到以下几点。

(1)设置登录密钥

在【开始】菜单的【账户】中可以找到【登录选项】,打开【登录选项】即可进行设备的密码设定,如图5-2-14所示,可以选择任意形式作为电脑密钥。值得注意的是,如果选择采用传统的密码形式,应设置强密码(10个字符及以上,包含大小写字母、数字和符号)。另外,还可以通过手机或其他可连接蓝牙的电子设备与电脑进行蓝牙配对,然后在【登录选项】界面中,选中【动态锁】下方的【允许Windows在你离开时自动锁定设备】。这样,已配对的设备与电脑离开一定距离断开蓝牙连接时,电脑就会自动锁定了。

图 5-2-14

(2)对任何带有敏感数据的设备都进行加密

首先,应当打开设备加密。此操作需要使用管理员账户登录Windows系统。登录后选择【开始】按钮,然后依次点击【设置】>【更新和安全】>【设备加密】,可得到类似图5-2-15所示的界面。如果设备加密处于关闭状态,应点击滑块打开该功能。但是如果【设备加密】未显示,则此选项不可用。可以改用标准BitLocker进行加密。

图 5-2-15

打开标准 BitLocker 加密,也需要使用管理员账户登录 Windows 系统。然后如图 5-2-16所示,在【控制面板】中选择【BitLocker 驱动器加密】,然后点击【管理 BitLock-er】。也可以直接在任务栏的搜索框中输入"管理 BitLocker",在结果列表中找到该条目①。此后操作可参考本书第 5 章第 1 节的"三、如何加密移动存储设备"中的"开启和使用 BitLocker 的具体操作说明"。

图 5-2-16

———————————

① 注意:仅当设备配备 BitLocker 时才会显示此选项。Windows 家庭版不可用。

（3）安全存储数据

在进行数据存储时，一方面可以通过 USBKey 实现便携电脑的强身份认证；另一方面如果确实需要将涉密文件存放在便携电脑中，则应将涉密文件存放在加密文件夹中，由主机监控审计软件实现涉密文件的自动加密。另外，涉密文件使用完成后应及时删除。当然，如果公司提供了用于存储工作的资源［例如 OneDrive for Business（如图 5-2-17 所示）或 SharePoint（如图 5-2-18 所示）等］，则应尽可能使用该资源，而不是仅在本地计算机上存储工作。通过将文件保存在公司资源中，可以更加确信它们已进行安全备份且始终可用，即使本地设备损坏或被盗也不例外。

图 5-2-17　　　　　　　　　　　　　图 5-2-18

四、保护企业电脑的常用方法

对企业现存的各类安全风险和安全问题追根溯源，是没有建立起一套完善的信息安全管理体系。尤其是传统行业的企业，在信息化转型过程中往往更偏重信息化系统的建设、开发和使用，却忽视了信息安全管理体系的同步建设和运营。这会极大增加日后服务器被入侵、数据泄密、遭受勒索病毒等严重安全事件发生的可能性，最终导致业务遭受重大甚至不可挽回的损失，乃至企业形象受损。

因此，基础安全体系的建立与完善工作对企业的正常运行起着至关重要的作用。体系建立工作的关注点主要包括网络安全（重要网段隔离和访问控制、无线网络安全、远程访问 VPN 安全等）、服务器、终端安全（准入、病毒查杀、补丁管理、基线检查），以及必要的安全管理规范和流程（个人电脑、服务器、数据库、代码库的安全规范，权限申请流程等）。在信息安全防护体系构建过程中，除了对安全技术和安全产品的部署外，还应当关注"人"的因素在整个安全体系中的重要性，注意技术和管理相结合。一旦缺失对个人行为的管理,操作人员缺乏安全意识(如使用弱密码)、操作工程中出现安全违规(机密文件非授权外发)同样会导致重大安全事件的发生。因此,应当加强员工安全意识培训,提高员工安全意识对于筑牢安全防线十分必要。另外,企业信息安全防护体系中的各类安全技术和安全设备还需要进行运维以保证技术、设备及安全策略的有效。需要特别关注的是,对于所有安全技术及安全设备所承载的安全数据①,包括其他来源的安全数据,都需要进行统一的收集、分析和持续运营,从而使其反映企业当前的安全漏洞、安全风险和安全趋势。

类似地,保护企业电脑的方法也可以大致分为三个方面:物理安全保护、系统安全保护以及信息安全保护。

物理安全保护方面,可根据本节"一、电脑设备安全分类"中的物理安全保障要求采取对应措施。

系统安全保护方面,应当注意使用正版软件(尤其是常用软件,如 Office 等),对于无法识别的软件,可通过联系 IT 部门解决,不要选择下载地址不明的盗版软件;及时更新系统;开启 Windows Defender② 等。

信息安全保护方面,类似对个人电脑的保护,可通过打开设备加密、BitLocker 加密等方式对存有敏感数据的设备进行加密;通过 USBKey 进行强身份认证、将涉密文件存放在加密文件夹中等方式实现数据的安全存储③。此外,还应当对数据进行备份并建立容灾系统。

❖ **延伸阅读:备份与容灾的定义与区分**

规范的数据备份应遵循"3—2—1"原则,即至少要有 3 份数据备份,并将这些备份存放在 2 种不同的存储设备上,至少异地备份 1 份。

容灾系统,指在相隔较远的异地,建立两套或多套功能相同的 IT 系统,不同系统之间能够互相监视健康状态并实现功能切换。当一处系统因意外(如火灾、地震等)停止工作时,整个应用系统可以切换至另一处,使该系统功能不受影响。

---

① 需要运营的安全数据包括:防火墙、IDS、防病毒等安全设备的统计数据、报警数据和安全日志、日常漏洞扫描、渗透测试、安全检查、安全审计数据、漏洞修复数据、安全考核数据等。
② 更新系统以及开启 Windows Defender 的方法可参见本节"三、保护个人电脑常用方法"中的具体说明。
③ 详细步骤及说明可参见本节"三、保护个人电脑常用方法"。

　　容灾技术是系统的高可用性技术的一个组成部分，更加强调处理外界环境对系统的影响，特别是灾难性事件对整个 IT 节点的影响，提供节点级别的系统恢复功能。目的在于保证系统数据和服务的"在线性"，即当系统发生故障时，仍能正常向网络系统提供数据及服务，以免系统停顿。而备份则是"将在线数据转移成离线数据的过程"，目的在于应付系统数据中的逻辑错误和保存历史数据。

　　因此，容灾与备份并不是可以相互替换的关系。容灾系统会完整地把生产系统中的任何变化都复制到容灾端去（包括不想让它复制的工作）。例如，若操作人员不小心将计费系统内的用户信息表删除了，那么同时容灾端的用户信息表也会被完整删除。（如果是同步容灾，那么容灾端同时就删除了；如果是异步容灾，用户信息表在数据异步复制的间隔内也会被删除。）但是如果建立了完善的备份系统，此时就可以从备份系统中取出最新备份，用以恢复被错误删除的信息。因此容灾系统的建设不能替代备份系统的建设。

第 3 节　DoS 攻击与防范

一、DoS 攻击的概念

　　DoS 攻击（Denial of Service），即拒绝服务攻击，是黑客常用的攻击手段之一。攻击者可以通过多种手段占用目标机器的资源，包括磁盘空间、内存进程、网络带宽等，甚至还可以直接使目标机器停止提供服务。

　　举一个形象的例子，比如一个街头混混想给一家餐厅捣乱，他可能就会派自己的手下或者朋友都去那家餐厅假装就餐，把所有的位置都占满，但是点餐的时候却问各种问题刁难服务员，也不真正点餐，只是赖在位置上不走。这样，其他人见到餐厅没有位置，也没有服务员能为他们服务，就不会进入餐厅就餐，餐厅也就无法正常营业了。DoS 攻击其实大概就是这样一个过程。

二、DoS 攻击的防范

防范 DoS 攻击主要有两个方法，一是定期扫描，二是配置防火墙。

骨干节点的计算机因为具有较高带宽，往往是黑客利用的最佳位置。因此要定期扫描现有的网络主节点，清查可能存在的安全漏洞，并及时处理新出现的漏洞，以防受到攻击。每个电脑都自带杀毒软件，只要打开杀毒软件并开启防病毒的开关，定期扫描即可。如图 5-3-1 所示，以联想电脑为例：

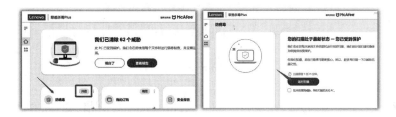

图 5-3-1

防火墙除了本身就具有抵御 DoS 攻击甚至 DDoS 攻击[①]等各类攻击的功能外，还可以在发现设备受到攻击的时候，阻断部分攻击行为，最大限度地保护主机不被攻破。开启防火墙的具体操作如下所示：

▶ 打开电脑上的控制面板，并点击【系统和安全】选项，如图 5-3-2 所示。

图 5-3-2

---

① DDoS 攻击是黑客进行 DoS 攻击时的常用方法，具有攻击成本低，但攻击性、破坏性非常强的特点。近几年，很多企业都受到了 DDoS 攻击的威胁，蒙受了巨大的损失。

▶ 点击【Windows Defender 防火墙】选项,如图 5-3-3 所示。

图 5-3-3

▶ 点击左侧的【启用或关闭 Windows Defender 防火墙】选项,如图 5-3-4 所示。

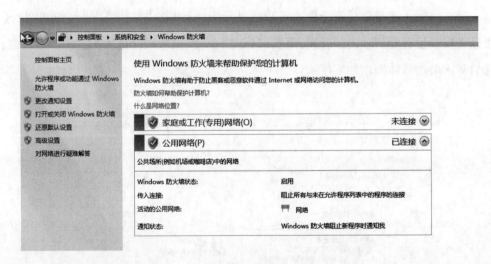

图 5-3-4

▶ 在专用网络设置和公用网络设置中点击【启用 Windows Defender 防火墙】即可开启防火墙,如图 5-3-5 所示。

图 5-3-5

第6章　远程办公安全

第1节　远程工作风险与风险规避

一、远程工作兴起与场景分析

1.远程工作兴起

从 2020 年新春开始,远程办公的企业规模和人员规模越来越大。在家远程办公的企业至少有 1800 万,远程办公人员至少有 3 亿[①]。

从 2011 年到 2019 年,远程办公的搜索指数平稳进行未曾发生增减,2019 年年底、2020 年年初疫情发生后,远程办公的搜索指数迅速增长(如图 6-1-1 所示)。在新冠疫情下,远程办公飞速兴起且深入人们的生活。

泰雷兹(Thales)发布《2021 年数据威胁报告》称:新冠肺炎大流行迫使企业发生了许多变化,在整个安全行业产生了连锁反应。向远程工作的转变以及基于云的基础设施建设对安全团队产生了深远的影响。只有 1/5 的受访者(20%)表示,他们的安全基础设施已经为应对中断做好了充分准备。几乎 82% 的受访者有些或非常担心远程员工大幅增加带来的安全风险和威胁。几乎一半的受访者(44%)不相信他们的安全

---

① 数据来源:艾媒数据中心(data.iimedia.cn)。

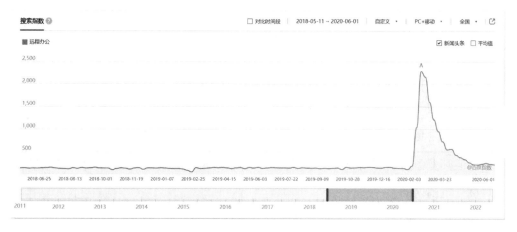

图 6-1-1

系统可以有效地保护远程工作。可见,大部分人都没有做好准备应对远程办公的安全问题。

2.远程办公场景分析

不同于传统的 OA 系统和企业的信息系统,在远程办公的影响下,企业需要远程完成人、任务、结果的有机串联,而不能因为空间的离散而影响企业运转。因此,根据企业管理的需求场景不同,诞生了不同类别的远程办公工具,具体可分为综合管理类、远程会议类、文档协作类以及云存储四大类。

第一类是综合管理类工具:以钉钉和企业微信为头部应用,在疫情下 WeLink(华为)、飞书(字节跳动)加速拓展企业用户群体,用户数量快速增长。综合管理类工具可帮助企业完成内外部沟通、协作办公以及业务管理。具体实现即时通信(如企业通信录、即时消息、组群消息、电话会议、视频会议等)、协作办公(如考勤打卡、工作日志、企业邮箱等)、业务管理(客户管理、数据分析、企业报表等)等工作。该类办公软件提高了企业整体协作效率和业务管理质量。

第二类是远程会议类工具:以腾讯会议、Zoom、小鱼易连为代表,提供音视频会议。这类专门软件的突出特点是稳定性好,如腾讯会议能同时容纳 300 人在线开会,比综合管理类软件更稳定,不容易出现噪音、掉线等情况。

第三类是文档协作类:分为笔记类和文档类两大阵营。笔记类以有道云笔记、印象笔记为代表,重视文档的记录管理和分享功能。文档类则呈现三足鼎立之势,石墨、金山、腾讯文档分割市场,重视在线和多人协作与编辑。

第四类是云存储类:以阿里云、百度云、腾讯云、华为云为代表,提供了数据存储处理技术,从基础设置到行业应用对应不同产品。

一般微型企业由于公司规模较小,专业性不强,未形成体系化电子办公流程,其信息系统建设仅为满足办公区 Wi-Fi 覆盖,没有专门的安全投入。这类企业只使用日常社交通信工具,如 QQ、微信等 App 进行办公,直接向互联网开放企业网络以便员工访问。但其业务简单、专业性低、数据价值低,远程办公不规范产生的信息安全问题是在可接受范围内的。

而中小型企业则往往拥有核心技术竞争力,对信息化建设和信息安全有一定需求和理解,其电子化办公建设主要为提高效率,但并没有为了大规模远程办公做出相关系统改造。工作中主要使用企业微信、腾讯会议、钉钉、WeLink 等,虽然有 VPN 但不支持高并发。这类企业的安全责任主要由第三方软件运营方承担,一般数据会直接存储在云上,存在信任问题,而且存在远程办公应用覆盖不全面的问题,无法覆盖所有的远程办公场景。

中大型企业一般依赖某领域核心技术或者业务领先产生盈利,办公高度电子化对信息安全理解程度高、对信息安全要求高,在远程办公安全上具有重投入、大产出的特点。它们了解并重视信息资产的重要性,愿意在系统建设和信息安全方面进行较高的投入。这些企业会使用 VPN+自研办公通信软件+业务系统+VDI 云办公远程办公。同时,业务数据做到了绝对自主,系统运营由企业自身进行,业务系统的安全性问题由企业自己承担,运维和安全方面任务重。

通过前面的内容,可以了解到远程办公主要可以分为两种情况,即采用第三方线上办公软件和自建远程办公系统(如图 6-1-2 所示)。采用第三方线上办公软件,其IT 架构就是直接应用程序访问架构,也就是办公人员可以直接访问单个应用程序,应用程序本身就提供一些安全保障,比如通信加密、用户身份认证等。但是也存在一些问题——数据全部都是存储在云存储上面的,所以其安全性主要取决于这个运营商的安全性,办公人员对于数据的安全性没有绝对的把握。

自建远程办公则主要是两种 IT 架构,一种是隧道架构,一种是远程桌面访问架构。隧道架构就是企业会架设自己的专用网络 VPN,这种方式可以保证传输的过程是加密的,没有直接在互联网上传输。但它在传输过程中的安全问题是 VPN 无法做

图 6-1-2

到对数据内部的保护。远程桌面访问架构则是通过远程客户端访问云服务器上的虚拟桌面,通过设置保证了数据只能够停留在虚拟机内,可以保证数据不外传,数据不落地。但是这种方式在通信的过程中没有加密,容易在通信的过程中遭遇数据泄露之类的安全问题。总之,远程工作的系统架构也存在很多安全问题,在选择和使用时需要加以防范。

二、远程工作中的权限控制

在全民战"疫"的非常时期,许多单位以居家办公的特殊形式复工,这一举措对减少人员流动和疫情防控有着非常重要的意义。企业单位人员,尤其是涉密人员,一定要注意结合居家办公的环境和特点,强化保密意识,转变方法手段,既保证工作顺利开展,又确保党和国家秘密安全。

为此,推荐"居家办公保密'六要'"。

第一,密与非密要分清。居家办公必须首先划清密与非密的界限,涉密项目(含项目合同、方案、图纸等文件资料及各类存储介质)绝不带回家中处理,做到"涉密业务不回家,居家办公不涉密"。

第二,脱密处理要彻底。居家办公如果确实遇到涉密项目亟须处理而无法回避时,应当先行脱密,彻底避开该项目中的密点内容。要特别提醒,处理业务、制作信息不能简单用字母或符号代替脱密。

第三,存储传递要合规。居家办公必然借助某种方式、手段、渠道来制作、存储、传递信息,而最常用的微信、微博、QQ、电子邮件和快递是泄密的多发途径和关口,必须严把。同时,要严禁在非密存储设备中制作、存储涉密信息。

第四,接打电话要慎言。居家办公常常会用到手机或家用普通电话联络沟通、了解情况,但接打电话要严格遵守保密法规,涉及敏感事项应当谨慎,不得在无安全措施的通信设备中谈论涉密内容。

第五,家人聊天要有度。在居家隔离期间,有更多与家人聊天交流的机会。但办公要遵守办公的规矩,聊天要掌握聊天的分寸。涉密资质单位的许多业务信息比较敏感,不宜也不需要让家人知悉,办公时应告知家人回避,并提示家人对相关信息不问、不听、不传。

第六,涉密办公要稳妥。居家办公的涉密资质单位人员处理涉密业务,无论情况多么特殊、事情多么紧急,都不可违规犯纪。最稳妥、最保险的办法和路径,就是到单位涉密场所按照保密标准要求和规定进行工作。

为了确保在家办公和安全保密两不误,首先员工需要做到在家办公不涉密:严禁在家开展涉密工作;严禁将涉密文件、涉密计算机、涉密移动存储介质等带回家;严禁将涉密文件拍照存储于私人手机、相机等设备中带回家;严禁在普通手机通信中涉及涉密信息;严禁在私人计算机、存储设备中存储、处理涉密信息;严禁使用 QQ、微信、邮件、网盘等存储、处理、传输涉密信息;严禁通过普通邮政、快递等无保密措施的渠道传递涉密信息。

其次,单位的保密监督工作也要跟上:开展疫情期间保密宣传教育,多提醒、严要求;严格监管在家办公人员的工作内容与工作方式;及时发现可能存在的泄密隐患,坚决杜绝泄密事件发生;严肃追责违反相关保密规定的工作人员。

疫情之下,企业和单位的微信工作群的安全也要格外注意。

第一,建群前需要严格把关,建群先审批,并坚持非必要不建立的原则。

审批后才能建群,部门依据工作需要提出申请,写明用途、准入范围、建立时间以及负责人,报经有关领导和保密工作机构审批同意后建立。建群时规范群名,名称统一为"xx 部门 xx 工作群",名称变更及时报告。对于群聊要建档备查,建立《微信工作群管理台账》,注明群名称、群主、成员姓名、建群目的、时间以及解散日期等。

第二,建群后需要严格做好群内记录,日常工作中需要严格审核,坚持谁建群谁负责、谁管理谁负责的原则。

确定群主为管理员,签订《微信工作群管理员保密责任书》,落实保密管理主体责任。明确群内要求,发布群公告,明确保密要求,包括限定群内信息发布范围,如通知公告、制度规定、工作动态等;要求群成员自觉遵守不传密、不转密、发现泄密情况及时报告等行为规范。对于群内成员要加强管理,验证成员身份,落实群内实名、注明部门科室,不得擅自拉人入群或退群。需要对群内信息进行监督,监督群内信息发布情况,发现群成员发布违规内容及时教育提醒。如果发现群内聊天内容涉及国家秘密或工作秘密,必须第一时间提醒撤回并向本单位保密工作机构报告。

第三,需要对微信工作群严格管控,做到工作项目结束就把群聊解散,坚持从建立到解散全程管控的原则。

定期对微信群进行检查,要将微信工作群管理情况纳入保密检查重点内容,排查风险隐患;对微信工作群情况做到心中有数,定期更新台账,检查群内信息发布情况。需要严格管控微信群的数量,及时解散僵尸群、临时群,对一些必要的工作群进行整合,做到防患于未然。对于专项工作群等非日常工作群,工作结束后立即解散。

◇ **案例**:2020 年 3 月 26 日,美国科技公司 Motherboard 指出,Zoom 的 IOS 客户端内嵌的 Facebook SDK 会向 Facebook 传送用户的手机型号、时区、城市、运营商等信息;此外 Zoom 自身还存在其他安全漏洞,导致目前至少 15 000 名用户的视频记录在网上被公开。

案例解析:热门视频会议平台 Zoom 已承认正对其软件中的安全漏洞进行紧急处理,该公司的首席执行官已集中所有资源来提升其隐私保护能力和安全性。这是因为该平台发生了大量被称为"Zoom 轰炸"的事件。在此类事件中,未受邀请的人可以访问他人的视频会议,并进入会议对其他用户进行骚扰和恐吓(很多用户都已遭遇这种情况)。用户所面临的风险是,如果视频会议遭到入侵或监视,有关业务或客户的敏感信息将有可能被泄露,员工也有可能遭受来自黑客的人身攻击和可能造成精神创伤的攻击。

美国联邦调查局发布了一系列建议,帮助用户在使用视频会议时保护自己。专家建议用户通过要求进入会议时输入密码或控制从等候室进入的访客,使会议的私密性得到保证,并且企业在选择供应商时,需要考虑安全需求。作为用户,还需要通过安装最新的补丁和软件,确保视频会议的软件为最新版本。

◇ **案例:**《黑镜》第三季第三集《黑函之舞》中,主人公的隐私被电脑摄像头偷拍,之后收到了一连串的指令,主人公被胁迫做非法的事情,否则个人隐私将会被全网公开。最终主人公完全执行了黑客的命令,但依然没有迎来一个美好的结局。

案例解析:虽然在现实生活当中,这种极端案例并不多见,但并不意味着我们的摄像头是 100% 安全的。也许我们在日常工作和生活中不注意地访问了某个网站,或是下载的某个程序当中附带了一些恶意代码,导致我们的隐私泄露。切忌认为现在的操作系统完善了,病毒也不多见了,从而放心地让自己的电脑"裸奔",这是非常危险的。

那么,应如何解除摄像头带来的安全危机呢?

如果网络摄像头和电子设备是分开的,那么用户应该在不使用摄像头时拔掉电源,断开摄像头和电脑的连接。但如果使用的是笔记本电脑自带的网络摄像头,那么就应该采取另外的措施来保护自己,比如购买滑动的摄像头盖等。用户可以根据自己的需求在商店里搜索适合设备的摄像头盖,它的安装也十分简单。在使用视频会议的软件时,如果使用的视频会议平台有模糊背景、虚拟背景这样的功能,也最好将其打开,这样就可以防止开会的时候,用户身后的背景被他人窥探。

三、远程工作数据安全风险

◇ **案例:Zoom 接连曝出数据泄露事件**

Zoom 在 2020 年 4 月频繁登上新闻,共有四起安全和隐私相关事件被媒体曝出:先是擅自将用户数据通过 SDK(软件开发工具包)共享给 Facebook("SDK 共享信息事件");后又因用户分组功能的缺陷,把用户邮箱地址、头像暴露给使用同一邮箱域名的其他陌生用户("用户分组事件");又被发现有一万五千多个 Zoom 用户会议视频在亚马逊云服务器上处于公开可浏览状态("视频泄露事件");还被黑客撞库攻击,使黑客获取了五十多万个

Zoom 账户的账户名和密码("黑客撞库事件")。

事实上,这些事件反映出了多种远程系统的安全风险。

首先,是 SDK 接入的风险。多项研究也证实了一些第三方的 SDK 确实存在隐私泄露的问题。除了会侵犯用户的隐私之外,有一些第三方的 SDK 还会采用不安全的方式扩大其宿主应用程序的攻击面,从而对用户安全造成威胁,甚至一些信用比较好的软件公司的 SDK 也被发现存在严重的安全漏洞。

其次,是远程系统自身有一些漏洞。在 Zoom 的视频泄露事件中,部分会议主持人将会议视频上传到云端且不设置访问密码,是相关视频和个人信息泄露的主要原因。用户分组事件和黑客撞库事件也都暴露出 Zoom 在产品功能设计和安全保障措施方面的漏洞。

网络传输中的数据安全风险还包括 VPN 传输的安全风险。

VPN 传输的安全指数较低,无意间的行为可能会带来很严重的安全问题。VPN 单靠防火墙的防护策略暴露了其在安全上的短板,一般企业在数据中心的边缘设置防火墙和 VPN 设备来满足远程用户登录的需求。但是黑客随便选一种设备冒充访问,就可以轻而易举地进入企业数据中心进行破坏。员工一些正常操作也可能会带来数据泄露,或者引入恶意程序。

所谓公司内网,就是公司内部建立的一个局域网。这个网络是封闭的,公司外面的黑客无法访问这个网络,这样公司内部的资料数据就是安全的。如果说因特网是一片广阔的天地,那公司内网就是被四面墙围起来的一个小房子,只有处在这个房子里的人才能够使用它的资源。那在家远程办公,处于因特网中的用户,要如何使用房子里的资源,又不泄露房子里的秘密信息呢?那就要悄悄地建立一条只有员工和公司知道的"秘密隧道"了,这就是 VPN。

VPN 全称 Virtual Private Network,中文意思是虚拟专用网络,可以在员工和公司之间搭建一条"秘密隧道"。当员工通过 VPN 访问公司内网时,数据传递全部通过"秘密隧道"悄悄进行,这样就保证了员工和公司之间的网络通信是安全私密的。但是这条隧道并不是真实存在的,而是通过数据加密技术封装出来的一条虚拟数据通信隧道,实际上它借用的还是互联网上的公共链路。VPN 会对员工和公司之间传递的数据进行加密处理,加密后的数据会在一条专用的数据链路上进行安全传输,如同架设了一个专用网络一样。所以 VPN 被称为虚拟专用网络。

开启 VPN 后,员工访问公司内网的办公网站时,不再直接访问公司内网的服务器,而是去访问 VPN 服务器,并给 VPN 服务器发一条指令"我要访问办公网站"。VPN 服务器接到指令后,就会代替员工访问办公网站。在收到公司办公网站的内容后,会再通过"秘密隧道"将内容回传给员工,这样员工就可以通过 VPN 成功获得需要的内网资源了。

通过数据加密,VPN 可以防止数据在互联网传输中被窃听和篡改。一般数据在互联网中是明文传输的,黑客可以通过抓包工具截获数据内容,而数据加密技术则提高了数据的安全性,降低了公司机密信息在远程通信中被泄露的风险。此外,VPN 应用灵活,具有良好的可扩展性。如果企业想扩大 VPN 的容量和覆盖范围,只需改变一些配置,或增加几台设备、扩大服务范围。而且,VPN 好用不贵,采用 VPN 可以达到与租用专线相同的效果,但所需费用要比租用专线低 40%—60%。

另外,针对不同的需求,VPN 还能提供更有针对性的应用场景。比如:异地办公的员工可以通过远程接入 VPN 的方式访问公司内网;内联网 VPN 可以将企业总部和外地分公司通过虚拟专用网络连接在一起;外联网 VPN 则可以将一个公司与另一个公司的资源进行连接,与合作伙伴企业网构成外联网。VPN 就像是连接公司内网和外部因特网的一个通道,扩大了公司内网的边界,使远程办公的员工也能安全放心地访问公司内网资源。

随着黑客攻击技术的水平越来越高,SSL VPN 产品本身的安全漏洞也给 VPN 的安全使用造成隐患,如 2019 年 6 月某安全公司旗下的 SSL VPN 产品某接口存在注入漏洞,攻击者可以构造特殊参数来利用此漏洞非法登录控制台。

对于企业来说,应该持续加强漏洞挖掘和系统防护;需要积极与外界安全同业沟通合作,建立协同机制;通过加强内网监控提升主动发现漏洞的能力;对于新发现的漏洞及时组织评估和整改,通过加强主动防御有效应对黑客攻击。

对于个人来说,养成良好的个人安全习惯也可以有效对抗 VPN 安全攻击。一是注意环境场合,保护好隐私信息,不要在公共场合随意接入公共 Wi-Fi,不需要接入时要及时关闭手机蓝牙功能;二是个人密码要科学使用,尽量做到不同系统和资源使用不同密码,保证密码有足够的长度和复杂度,并定期修改密码;三是电脑文件妥善管理,重要文件要加密,接收文件要杀毒;四是电脑要常打补丁,定期杀毒,黑客往往利用电脑漏洞进行入侵,因此,我们要确保系统安装了最新补丁并进行了更新,每周运行杀毒软件发现和清除隐藏在系统中的病毒。

当然,用户使用过程中也可能引来数据安全风险。

◇ **案例**:2020 年 2 月 23 日晚间,微信头部服务提供商微盟集团旗下 SaaS 业务服务突发故障,系统崩溃,生产环境和数据遭到严重破坏,导致上百万商户的业务无法顺利开展,遭受重大损失。根据微盟 25 日中午发出的声明,此次事故系人为造成,微盟研发中心运维部核心运维人员贺某,于 2 月 23 日 18 点 56 分通过个人 VPN 登录公司内网跳板机,因个人精神、生活等原因对微盟线上生产环境进行恶意破坏。目前,贺某被上海市宝山区公安局刑事拘留,并承认了犯罪事实。由于数据库遭到严重破坏,微盟长时间无法向合作商家提供电商支持服务,此次事故必然给合作客户带来直接的经济损失。作为港股上市的企业,微盟的股价也在事故发生之后大幅下跌。

从案例中可以看到,用户在使用过程中就会存在一些安全风险。例如内部的员工故意泄露数据,在远程办公的环境下企业需要为大部分的员工提供内网和相关数据库的访问权等,都会增加数据泄露的风险。根据 Verizon 发布的《2020 数据泄露调查报告(DBIR)》显示,员工误发送或误配置被列为数据泄露的前四大威胁之一。在远程办公过程中,还会有用户使用第三方软件发送机密数据或者随意连接钓鱼 Wi-Fi 导致数据泄露。

在风险应对上,从企业的角度,应重视供应方和远程办公系统的选择,重点考虑供应方的安全能力,包括数据保护、个人信息保护等方面;充分评估远程办公系统的安全性,按照相关安全要求选用远程办公系统,重点考虑远程办公系统与网络安全相关标准的符合性、数据存储位置、弹性扩容能力等;选取通过云计算服务安全评估的云计算平台,用于部署远程办公系统等。

对于员工数据权限的管理,应注意制定远程办公或移动办公的管理制度,区分办公专用移动设备和员工自有移动设备,进行分类管理;建立数据分级管理制度,例如根据数据敏感程度制定相应的访问、改写权限;对于核心数据库的数据,禁止员工通过远程登录方式进行操作或处理;另外,应根据员工工作需求,依据必要性原则,评估、审核与限制员工的数据访问和处理权限，例如禁止员工下载数据到任何用户自有的移动终端设备等。另外，还应当建立数据泄露的应急管理方案，包括安全事件的监测和上报机制、安全事件的响应预案等；组建具备远程安全服务能力的团队，负责实时监控员工对核心数据库或敏感数据的操作行为和数据库的安全情况。

总之，为了应对数据安全风险，企业应当建立数据泄露的应急管理方案，组建具备远程安全服务能力的团队。

对于员工自身，也应对数据安全风险采取一定的应对措施，包括使用安全的家庭Wi-Fi；不要重复使用密码且密码需要定期更换；对企业账户采用双因素身份验证；使用专用的 VPN 连接网络；将可信网站列入白名单；永远不要打开陌生人的电子邮件；定时更新安全防护软件等。

四、远程工作网络传输安全风险

远程办公的网络模式主要有互联网模式和虚拟专用网络（VPN）模式。互联网模式，也就是利用公网的模式。它主要是通过 SSL 来保障数据传输的安全，需要受网络带宽和资源服务的影响。多租户云办公就是远程办公的一种新形式，要求企业所有的资源都部署在云端。企业可以租赁云 SaaS 运营商提供的服务，也可以租赁 IaaS 运营商提供的虚拟机部署自己的资源。

虚拟专用网络也就是 VPN 模式。这种模式是资源还在企业内部，不用调整，直接通过构建虚拟专用网络的方式接入外部的访问。这种模式对于网络带宽的要求不高，所以对资源服务几乎是没有影响的，但是会有链路的安全和隐蔽风险。正常情况下要保证数据的传输安全的话，终端要安装 VPN 的客户端，而且还需要知道 VPN 服务端的地址和登录用的用户名和密码，其实很多企业都会使用这种模式来实现远程办公的协同。

不同的远程访问场景对应的传输风险其实并不相同。

比如，部分单位或企业将内网的访问权限开放到互联网，并未部署 VPN、堡垒机等基础安全工具，无可靠的远程访问方式。而远程访问通道的开放会大大增加远程访问及运维的风险，存在访问控制不足、运维链路不安全、无审计留痕等风险。

还有一种远程访问场景，是企业使用了远程访问服务器，也就是 VPN 直连内网，员工电脑可以通过 VPN 直连公司内网访问内网的资源。这样也会存在一定风险。首先,VPN 网关自身可能存在一定风险,例如服役年限过长,没有进行升级和维护等。其次,在 VPN 的操作上,也存在一些诸如使用人员误操作造成的密码丢失、证书文件丢失等不可控的风险。再次,还有可能存在 VPN 性能问题,因为部分防火墙产品自带的 VPN 服务是无法满足大规模远程办公的需求的。最后,如果 VPN 部署的位置不合适,则会导致数据访问不受控制(一般来说,VPN 应该部署在防火墙的外侧)。

在使用远程桌面连接内网的情境下,当使用私人电脑连接到公司的终端服务器或个人电脑,再访问内网资源时,如果设置的密码强度过低,黑客可以通过暴力破解的方式进行入侵,可能导致远程桌面的权限丢失;但当使用私人电脑连接终端服务器,由远程桌面服务器连接公司的个人电脑,再访问内网资源时,如果补丁更新不及时或者应用软件存在漏洞,也可能导致服务器被攻陷。所以,无论是使用私人电脑连接到公司的终端服务器或个人电脑,再访问内网资源,还是使用私人电脑连接终端服务器,由远程桌面服务器连接公司的个人电脑,都会有不同的风险。

除了上述的远程访问安全风险外,还存在网络钓鱼安全风险。

在新冠疫情流行的特殊时期,涌现了大量与疫情相关的钓鱼邮件。一些黑客组织会利用疫情等相关题材通过邮件进行钓鱼攻击。一旦钓鱼攻击成功,攻击者就可以窃听电脑通信、窃取文件然后造成企业及个人的信息泄露,严重情况下还会导致电脑直接被损坏无法开机。

为了应对风险,使用 VPN 访问内网时,应在部署 VPN 系统之前对其进行安全测试和安全加固;VPN 连接要采用双重认证;独立部署 VPN,选择性能高的设备;将 VPN 部署在防火墙之外。总之,使用 VPN 访问内网时要对其进行安全测试并采取安全措施。在远程桌面连接内网时,要使用最新版本的远程桌面软件;服务器要及时更新安装补丁,同时使用终端防护软件进行防护;设置端口收敛,避免企业遭受端口攻击;计算机密码长度至少设置为 10 位,且密码由大小写字母、数字和特殊符号组成;对远程桌面设置 Windows 安全策略,禁止剪切板、驱动器、打印机等的重定向,防止数据传输;在终端服务器或公司的个人电脑上部署 IP-guard 客户端,禁止通过网络发送文档。另外,为了防范网络钓鱼风险,家用电脑远程办公时应尽量只访问办公相关地址;查看邮件时,一定要注意识别不明链接,不要打开来历不明的电子邮件或下载其邮件附件文件;也不要轻易打开与疫情相关的可执行文件,如".exe"".bat"".csr"等后缀的文件;并注意关闭 Office 中的宏功能。

五、远程工作系统与终端安全风险

对于直接采用应用程序访问架构的,即直接采用第三方软件(如钉钉、微信、腾讯会议、石墨文档等)进行办公的,其安全完全依赖于云服务厂商。但是目前来说,提供远程办公系统的供应方的安全能力其实参差不齐。一些供应商在安全开发的运维、数据保护、个人信息保护等方面能力比较弱,难以满足使用方开展远程办公的安全需求。类似在线会议、即时通信、文档协作等软件的安全系统功能也不够完备,系统可能有自身的安全漏洞。另外,一些用户自身错误的安全配置等问题也会影响使用方的远程办公安全。为了规避这些风险,最首要的就是不在这些第三方平台上传重要的文件,也尽量不发布一些机密的信息;另外,应当尽量选择安全性能好的云平台,并配置一定的安全模块。

当然,在供应方和远程办公系统选择上,应重点考虑供应方的安全能力,包括但不限于安全开发运维、数据保护、个人信息保护等方面;充分评估远程办公系统的安全性,按照一定的安全要求选用远程办公系统,重点考虑远程办公系统与网络安全相关标准的符合性、数据存储位置、弹性扩容能力等;选取通过云计算服务安全评估的云计算平台,用于部署远程办公系统。

远程办公的终端风险有四种。其一,是已知或未知病毒威胁,一些老旧的电脑和系统可能会受到一些病毒威胁。员工使用这些终端,就会给办公安全带来风险。其二,是补丁更新不够及时,不法分子利用没有更新补丁的远程办公主机对企业内部的网络进行攻击。其三,是移动存储缺乏管控。如果存储介质进行数据交换时没有受到管控,容易带来数据泄露风险。其四,终端的操作行为缺乏管控,例如员工在进行文件打印或其他终端操作时,如果操作不当,也会带来病毒植入、数据泄露等风险。

应对风险的措施可以从五个方面入手。

(1)终端设备安保

它是防范设备丢失被盗的保护措施,包括防盗锁、防窥屏、防拆标签、物理存放要求、使用环境要求等物理安全要求。此外,BIOS 加密、磁盘头加密、磁盘加密、定位追踪、远程擦除等也有助于设备被盗后的止损。另外,应当禁止工作终端设备被带出工作场所或者遗留在未上锁的不安全区域。

（2）桌面安防，主要包括补丁和杀毒两种

安全补丁是操作系统厂商和软件研发厂商针对已发现的操作系统和软件安全漏洞发布的更新程序，它不同于功能性补丁，安全补丁建议全部进行及时的更新安装。但是实际上，很多企业都拒绝更新补丁，理由包括"使用盗版系统更新补丁会出现需要重新激活的问题"，或"更新补丁后系统会变卡顿，以及企业级设备因处于内网环境无法入外网获得更新补丁"，还有认为"内网隔离区域的系统不需要更新补丁"等。但是显然，这些理由在面对补丁更新不及时导致的病毒攻击事件时是站不住脚的。企业安全从业者应当认识补丁更新的必要性，即使因为某些原因无法实行及时的补丁更新策略，也应当清楚其带来的风险，并采取适当的风险规避措施。

在杀毒方面，有观点认为"桌面系统不需要杀毒软件，只要用户注意不上非法网站、不运行未知程序就不存在感染病毒的可能性"。但显然这是错误的，曾经很多病毒确实依赖于用户的误操作。而如今很多的蠕虫等恶意程序并不需要借助用户，只要连网，甚至只连了局域网，都逃不脱感染的魔手，更不用说实际上非常多的用户其实缺乏基本的安全意识，导致电脑经常被置于病毒的攻击范围之内。因此，对于企业来讲病毒防护是必要的，并且有必要利用企业级专用病毒防护系统来进行统一的管理。此外，也有一些厂商提出了 EDR 的概念，但实际上它的本质还是终端安全防护。

（3）桌面级的数据防泄漏措施

桌面级的数据防泄露措施指的是对于数据的操作（尤其是数据外泄操作）进行审计和控制。根据企业需要选择事中控制（比如拷贝时识别，对涉密文件进行阻断或者触发审批，待审批通过后放行）还是事后追溯（对部分涉密程度不高的文件一律放行并记录操作行为甚至原文件以待后续审计）。对于蓝牙等特殊接口，目前技术很少能做到控制信息泄露，所以一般都是直接禁止。

（4）加密

加密分为文档加密、磁盘加密、环境加密。文档加密是应用比较广泛的企业级加密技术。磁盘加密则可以直接将整个磁盘分区加密，如 Windows 的 BitLocker 技术。环境加密是指对一个环境（比如一个分区或者几台电脑）内所有的文件进行加密（可能会筛选文件类型）。

（5）管控上网行为

对于上网行为的控制,公司内网的上网行为可以通过传统网关型系统进行精细的管控审计;内网之外的上网行为可以利用桌管软件进行补充,桌管软件自带上网行为管理功能,可以做到简单的上网行为控制(禁止或允许部分 URL 或 IP 协议等)以及上网行为记录。

除此以外,对于个人而言也有必要采取一定的防护措施。一是尽量使用公司配备的电脑办公;二是将家里的 Wi-Fi 密码改为强口令,不使用外部的公共网络上网办公;三是安装防病毒等安全终端防护软件,定期杀毒;四是对设备设置开机密码防止数据泄露;五是及时更新系统和补丁程序;六是通过官方渠道下载并安装移动 App。

六、远程工作运维安全风险

远程办公运维模式是从内网运维变为远程运维。为了提供良好的用户体验、满足不同区域的合规性要求,大型企业往往采用就近部署服务的方式,远程运维成为基本需求。同时,在新冠疫情冲击下,依托内网运维的企业,也不得不通过远程接入运维管理平台进行日常维护操作。

远程工作运维安全风险可以分为六个方面。

一是端口开放,开启服务器 3389、22 等端口用于远程运维,将服务关键端口暴露在互联网上,成为黑客组织、勒索软件、蠕虫病毒攻击的重点。

二是由于多数单位没有好的运维机制,无 VPN、堡垒机等基础安全技术手段,远程运维时无法限定运维人员及其动作,无法审计运维人员的操作。

三是由于运维模式的变化,对于运维人员没有系统的管理,存在运维人员非法破坏网络的风险。

四是资产暴露增多。远程办公环境下,数字资产暴露面激增,主机、IP、网站、公众号、小程序、源代码、数据等资产,都可能因为漏洞、弱口令、敏感端口、数据泄露等安全隐患形成新风险。

五是全程无法追踪。在针对核心数据库、服务器、存储、机密文档的远程访问和运维管理中,存在事前身份不确定、授权不清晰,事中操作不透明、过程不可控,事后结果无法审计、责任不明确等问题,最终导致整体业务及 IT 运维工作面临安全风险。

六是可能造成病毒乘虚而入。远程运维不仅在网络传输过程中存在被不法分子篡改、盗取的风险,更有可能出现终端感染病毒,将恶意代码传播回公司内网的风险,这包括了管理员以及第三方外包服务人员的终端。

因此,针对以上风险,企业应当采取有效措施,包括:指定专门人员或团队负责远程办公安全;开展远程办公系统配置管理,对安全策略、数据存储方法、身份鉴别和访问控制措施的变更等进行管理;制定远程办公安全事件应急响应流程以及应急预案,定期开展应急预案演练;根据业务和数据的重要性,制定备份与恢复策略;要求供应方提供运维服务,如在线技术支撑、应急响应等,以保障远程办公系统稳定运行。

此外,为了保障运维安全,还可以使用运维审计系统。运维审计系统(堡垒机),即在一个特定的网络环境下,为了保障网络和数据不受来自外部和内部用户的入侵和破坏,运用各种技术手段实时收集和监控网络环境中每一个组成部分的系统状态、安全事件、网络活动,以便集中报警、及时处理及审计定责。这个系统主要用于服务器、网络设备、安全设备的权限分离和安全管控。

运维审计系统具有访问控制、操作审计、身份认证、资源授权、账号管理以及登录等多种用途。

访问控制,即设备支持为不同用户制定不同策略,严防非法越权访问事件的发生。操作审计,能审计字符串、图形、文件传输、数据库等全程操作,通过设备录像方式实时监控运维人员的各种操作,还能够对终端指令信息进行精确搜索。同时,设备提供统一的认证接口,对用户进行认证,支持身份认证模式(包括动态口令、静态密码、硬件Key、生物特征等),设备具有灵活的定制接口,可以与其他第三方认证服务器结合;安全的认证模式,有效提高了认证的安全性和可靠性。设备还提供基于用户、目标设备、时间、协议类型 IP、行为等要素实现细粒度的操作授权,最大限度保护用户资源的安全。另外,设备支持统一账户管理策略,能够实现对所有服务器、网络设备、安全设备等账号进行集中处理,完成对账号的整个生命周期监控。其登录功能还支持对 X11、Linux、Unix、数据库、网络设备、安全设备等一系列授权账号进行密码的自动化周期更改,简化密码管理,让使用者无须记忆众多系统密码,即可实现自动登录目标设备,便捷安全。

七、远程办公人员的安全意识

人员安全意识风险有八类。一是使用未经授权的个人设备办公;二是设备突发情况没有及时上报;三是使用家庭 Wi-Fi 风险加剧;四是系统软件更新不及时;五是使用社交媒体带来的信息被收集;六是使用微信等即时通信工具造成数据泄露;七是云盘传输资料造成数据泄露;八是钓鱼风险激增。

为了防范以上风险,企业应重视对员工个人安全意识的培训。

一是要求员工注意个人电脑安全加固,具体方式主要包括电脑病毒查杀、及时更新补丁以及关闭高危端口三个方面。首先,员工在接入 VPN 前,应安装公司统一要求的查杀软件进行病毒查杀(如图 6-1-3 所示),使用期间也要保证防控软件开启,同时保证病毒库的更新;其次,员工要及时更新补丁(如图 6-1-4 所示),因为有一些补丁不只是新增功能,更多的是进行一些漏洞的修复,由于微软已经停止了对 Windows7 的更新,所以建议大家的工作电脑还是尽量都使用 Windows10;最后,一定要关闭高危的端口。如图 6-1-5 所示,这是一个关闭高危端口的步骤。电脑的高危端口就是 135、139、445 和 338,应当把这些端口关掉,并且开启系统的防火墙功能,这就是个人 PC 安全加固的一些操作。个人的电脑采取了上述的加固措施,就能很好地抵御风险。

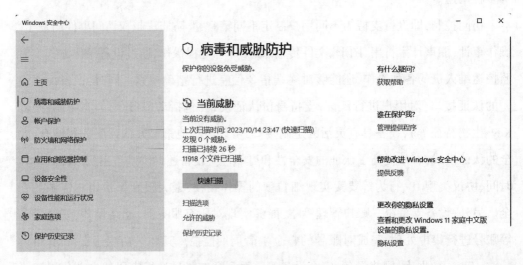

图 6-1-3

二是使用安全的无线网络上网办公。员工无论是通过手机还是电脑远程办公,一定要采用安全的无线网络连接,比如尽可能使用家里的 Wi-Fi 网络,在外就使用手机热点,尽量减少或者是不使用公共的网络。不管是家里的 Wi-Fi 还是个人的手机热点,一定要设置密码,而且密码的难度要高,有大小写字母、特殊符号、数字等,至少是 14 位,可以易于记忆,但是也尽量排除个人生日等特征。

图 6-1-4

图 6-1-5

三是只在信任的网站或者邮件中点击链接。很多网站都提供第三方的跳转链接，但是并不能保证链接网址的安全可信，甚至有些跳转的网站还挂了木马病毒。攻击者会通过这些恶意链接获取我们的个人信息、控制电脑等。如果是公司的相关网站，一定要通过加密网络连接公司网站，而且还要核实网站的真实性，必要的时候可以联系公司的 IT 技术人员协助，不要为自己的私人账号和公司的系统账号设置相同的密码。

四是注意使用不容易被破解的密码。在使用公司账号、个人账号、公司的系统账号的时候，一定要采用复杂的密码，而且还要定期更换，绝对不可以使用简单的密码，也不要把密码以任何形式放置在明显的地方（如将记录了密码的便签粘贴在笔记本、台式机上等）。另外，还应注意在离开电脑时锁定屏幕。

五是一定要安全地分享网络信息。平时工作时,可能会通过微信群等方式共享信息,一定要注意分享信息链接的正确性以及可信度。一般来说,公司微信群内部分享的消息都会被大多数人认为是可信的信息,应注意不要轻易分享公司的信息。如果一定要分享公司的信息,一定要取得相关的授权,而且要监督公司信息的使用范围。

六是不要轻易回复来源不明的信息。员工不经意间就会对外提供公司的信息。培训中应要求员工回复信息时注意分辨,不向任何人轻易提供个人与公司的信息。必须提供信息的时候也一定要再三与对方确认身份,核实信息使用的范围,并上报公司监督信息使用是否已超过已知的范围。我们在提供信息的时候,一定要按照最小范围的原则提供,不额外提供不需要的信息。

第 2 节　电子邮件安全意识

一、电子邮件安全概述

电子邮箱在我们的生活中扮演着重要的角色。由于电子邮件的使用十分便捷,因此一直以来都是个人、企业和政府等用户通信、传输文件的重要工具。尽管微信、钉钉等应用在企业中越来越普及,但是在较为正式的商务交流中仍以电子邮件的形式为主。一旦电子邮箱受到攻击且防护不当,就可能导致机密文件或敏感数据泄露,造成严重后果。此外,许多其他应用都将邮箱作为账户安全的最后一道防线,用户可以通过之前关联的邮箱找回被盗账号。但是如果攻击者也获取了邮箱的密码,就可以基于此密码更换其他应用的密码,这就大大增加了用户遭受经济损失的可能性。因此保障电子邮件安全十分必要。

近几年中,垃圾邮件数量一直在不断增加。由于疫情的影响,在居家办公的工作形态下,依赖于心理学和社会工程学的钓鱼邮件攻击也变得日益猖獗。如图 6-2-1 所示,在 2022 年第一季度的所有邮件中,非正常邮件与正常邮件数量几乎各占一半。其中,普通垃圾邮件在所有的垃圾邮件①中占比最多,但是这类邮件是指具有宣传性

---

① 垃圾邮件包括普通垃圾邮件、色情赌博邮件以及谣言反动邮件。

质的邮件,即常见的广告邮件。但这类邮件并不会窃取用户隐私或造成财产损失,所以危害性相对较低。但是由于其总体数量很多,所以会影响网络负荷——网络传输速度、过多占据邮件服务器空间。垃圾邮件的另外两类——色情赌博邮件和谣言反动邮件,在总体数量中占比较小,且通常可以通过关键词识别进行过滤,所以对用户的影响也比较小。因此,在所有的非正常邮件中最值得注意和需要防范的就是占比5%的钓鱼邮件。虽然它的占比不高,却是所有邮件攻击中危害最大的。钓鱼邮件会通过诱导性内容使用户点击其中包含的恶意链接或运行其中的恶意附件,一旦用户进行了此类操作,其电脑中的重要信息就会被窃取,使用户利益受损。

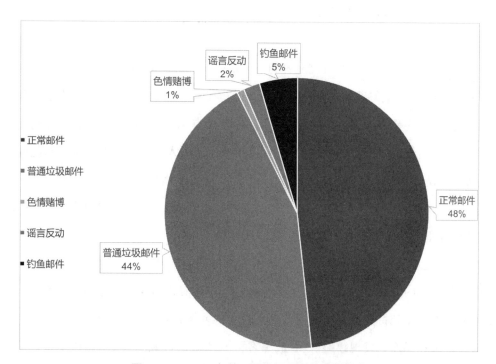

图 6-2-1　2022 年第一季度识别邮件类型分布

人们对于钓鱼邮件的印象往往是虚假中奖邮件或者优惠券邮件,但实际上,攻击者现在惯用的套路是利用国内热点内容伪造钓鱼邮件,从而获取用户的隐私信息。例如,在国家推广新冠疫苗鼓励人群接种时,黑客就会仿冒政府向群众发送钓鱼邮件进行诈骗。而根据数据显示,通过追溯这些钓鱼邮件的 IP 地址,发现约有八成来自境外,这使得进一步的溯源工作变得相当困难。

那么为什么电子邮件攻击会如此普遍呢?

这源于电子邮件的三个性质：一是便捷性，电子邮件在设计之初协议比较简单，邮箱客户端可以在上层进行个性化设置。因此黑客发送邮件非常容易，动辄就能发送几万封邮件。二是易伪造，电子邮箱仅通过一个账户、一个密码就可以登录，所以它的安全性特别低，攻击者只要破解密码就可以直接登录。因此他们通常先盗取少量电子邮件账户，然后再伪装成熟人进一步攻击。三是普及性，目前电子邮件的用户规模已经达到 40 亿人，在所有用户中，总有部分人群安全意识比较淡薄。攻击者就通过"广撒网"的方式找到那些易受骗人群然后实现攻击。

二、电子邮件中的社会工程学

社会工程学是一种针对被攻击者的心理陷阱（好奇心、信任、贪婪等）采取危害手段（欺骗、伤害等）最终获取非法利益的行为。电子邮件中的社会工程学，攻击者采取的具体方式可能是发送含有中奖通知、优惠券等具有诱惑性的邮件、可能是冒充好友骗取用户的信任，也可能是发送一些带有比较奇怪或引人注目的主题的邮件勾起好奇心，进而引诱用户进入陷阱。在专业的社会工程人员和黑客的眼中，社会工程学是一门艺术；对于普通安全技术人员来说，这是一种高级渗透手段；而在我们普通大众的眼中，这些都不过是骗子设置的陷阱罢了。

上文"电子邮件安全概述"中提到的钓鱼邮件就属于社会工程学中的一种。攻击者会利用伪装的电邮欺骗收件人，使其将账号口令等信息回复给指定的接收者或引导收件人点击链接到特制的网页。这些网页也会伪装得和真实的网站几乎一模一样，使受害人很难在界面上发现蹊跷。例如，黑客可能伪造银行或者理财的网页，如果登录者信以为真，在该网页上输入了自己的银行卡号、账户密码等，他的账号就会被盗取。

但钓鱼邮件也不是毫无破绽的，用户可以通过以下几种方式对收到的邮件进行检查，避免受到钓鱼邮件的攻击。

（1）看发件人地址

如果是公务邮件，发件人一般会使用工作邮箱。若发现对方使用的是个人邮箱账号或邮箱账号拼写很奇怪，那么就需要提高警惕。因为钓鱼邮件的发件人地址经常会进行伪造，如伪造成单位域名的邮箱账号或系统管理员账号等。图 6-2-2 所显示的就是一封钓鱼邮件。

图 6-2-2

（2）看发件日期

公务邮件通常接收邮件的时间在工作时间内,如果收到的邮件是非工作时间发出的,就需要提高警惕。例如在非约定情况下凌晨 3 点收到了一封公务电子邮件,那么它的可信度就非常低。

（3）看邮件标题

大量钓鱼邮件的主题都会涉及"系统管理员""通知""订单""采购单""发票""会议日程""参会名单""历届会议回顾"等看到就会立刻引起收件人重视的关键词。因此,在收到带有此类关键词的邮件时,一定要提高警惕,因为用户可能收到的并不是来自可靠联系人的邮件,而是诱惑用户掉入陷阱的钓鱼邮件。

（4）看正文措辞和目的

由于攻击者在进行"广撒网"式地"钓鱼"时,可能并没有掌握用户本人具体的身份信息,所以在邮件中会使用泛化的问候语,诸如"亲爱的用户""亲爱的同事"等。因此,收到带有此类泛化问候的邮件时应当保持警惕。另外,如果正文中带有索要敏感信息(如账号登录密码等)的内容或特意营造紧张氛围的文字,也应当特别注意。尤其是邮件中还带有链接的,更要核实电子邮件的安全性后再进行下一步的操作,如图 6-2-3 所示。

图 6-2-3

(5)看正文和附件内容

特别当心邮件内容中需要点击的链接地址。如果包含"&redirect"字段则很有可能就是钓鱼链接。另外,有些垃圾邮件正文中的退订按钮可能是虚假的,一旦点击,就会跳转到黑客预先设置的第三方浏览器界面。此外,也不要随意点击下载邮件中的附件,Word、PDF、Excel 等文件都可能已经被植入木马或间谍程序。尤其是对后缀为 .exe、.bat 的可执行文件更要保持警惕,谨慎操作。

以上的钓鱼邮件就是通过电子邮件仿冒实现攻击的。而实际上,电子邮件仿冒正是电子邮件中社会工程学的主要攻击形式,其具体施行方式大致分为三种。

一是攻击者利用电子邮件协议内的漏洞仿冒发送人,使用受害者朋友的邮箱地址向受害者发送攻击邮件,利用受害者对朋友的信任诱导其在收到的邮件中输入自己的账号密码或其他关键信息。如果受害者安全意识淡薄,没有与朋友核实真伪,就会被攻击者欺骗,造成经济上的损失。

二是攻击者利用邮箱地址字母间的相似性进行相似字符的替换,以此欺骗不细心的受害者。可能是相对明显的字母 v 和 y,也可能是很难察觉的小写字母 l 与大写字母 I 以及数字 1①。

三是创建相同的邮箱名称。有些受害者为了方便,在电子邮箱设置上隐藏了发件人的邮箱地址,只显示邮箱名称。这样一来,虽然邮箱看起来整洁,但也出现了容易被攻击的漏洞。攻击者可以通过创建相同邮箱名称的方式骗过受害者,然后进行攻击。虽然攻击者创建的邮箱名称附带的邮箱地址与原本发件人的邮箱地址并不相同,但是由于受害者隐藏了发件人的邮箱地址,在收到具有相同邮箱名称的邮件时就很容易被骗。

由此可见,电子邮件仿冒的具体攻击手段其实也是"以人为本",主要利用的就是人的疏忽或其他心理弱点,然后进行攻击。

◇ 案例:经典的电子邮件仿冒方式

小陈喜欢使用 QQ 和朋友聊天。一天,他收到一封显示来自 QQ 安全中心的邮件,声称他的 QQ 账号受到黑客攻击。官方检查到小陈的密码过于简单,建议更换密码,并在邮件中提供了可进行密码更改的链接。于是小陈立刻点击链接更换密码。但当小陈输入旧密码的那一刻,出现了密码错误提示,并出现了填写密保找回密码的弹框,小陈按提示进行了操作后完成了密码的修改。结果几日后,小陈的 QQ 账户被盗。

案例分析:在这个案例中,攻击者是通过冒充 QQ 安全中心的官方邮件对小陈进行欺骗的。小陈在收到这封"官方"邮件后,没有第一时间验证邮件的真伪,盲目相信了邮件中的内容,最终导致其受骗。

案例提示:当使用 QQ 邮箱接收到显示来自 QQ 安全中心的邮件时,邮件名称旁边应有明显的官方标志。在收到邮件时,我们可以通过是否存在官方标志来辨别真伪。

除了骗取钱财以外,电子邮件仿冒还可能会造成受害人的设备中毒(邮件中附带恶意链接或病毒附件)、重要信息被窃取(要求受害者发送公司或政府机密文件)等多种危害。而电子邮箱平台又不能帮助我们防御所有的电子邮件仿冒。因此,用户在使

---

① 因此在电子邮箱中会强制将大写字母 I 转换成小写字母 i 的形式,避免使用户在视觉上难以区分字母 I 和数字 1,但是仍存在一些类似的、难以区分的字符造成用户的混淆。

用电子邮件时应当提升自身的安全防护意识,并通过做到以下几点尽可能地防范电子邮件仿冒。

第一,在接收邮件时应仔细核查邮箱地址,并通过其他手段向发送方确认该邮件是否真实;第二,对邮件内类似转账、传送机密文件等涉及敏感信息的行为,一定要保持警惕和谨慎态度,要通过手机或其他方式与发件人确认,并确认邮箱地址是否正确;第三,可以通过查看邮件头获取发送者的 IP 地址以识别邮件真伪,若发件人 IP 地址与往常 IP 地址不同则要提高警惕;第四,不要随意点开邮件内的链接或随意下载附件,即使是熟人发送来的邮件,我们也应先确认链接和附件的安全性再考虑进行下一步操作;第五,为个人电脑安装杀毒软件并保持更新。

◆ 操作步骤示例:Outlook 桌面版查看邮件头

▶ 双击电子邮件以在阅读窗格外部打开它;

▶ 单击【文件】,选择【属性】;

▶ 邮件头信息显示在【Internet 邮件头】框中(可以得到类似图 6-2-4 的信息);

```
Received: from smtpi.msn.com (jwe-irissmtp04.msn.com [20.63.210.195])
          by newxmmxszb1-7.qq.com (NewMX) with SMTP id A0B1C897
          for                            ; Fri,
```

图 6-2-4

▶ 通过在线工具①查询 IP 地址(如图 6-2-5 所示)。

| 20.63.210.195 | 查询 |

您的IP信息

| 您查询的IP: | 20.63.210.195 |
| 所在地理位置: | 美国 微软 |

图 6-2-5

---

① IP 地址查询工具:https://ip.cn。

◇ **案例：**

　　某外贸公司财务部门职员王先生经常使用邮箱工作，某次与一国外客户的商业洽谈很成功，王先生承诺三天内向其付款。而后客户通过邮件的形式向王先生发送了付款链接，王先生如约通过该链接向客户付了 120 万美元。三天后，客户询问为什么还没有付款，王先生突然意识到可能遭遇了邮箱诈骗。后来经查，客户邮箱账号与王先生付款的邮箱账号仅有一个字母的区别，但是后悔为时已晚。

　　黑客基于电子邮件仿冒进行的还有一类特别的攻击，即商业电子邮件诈骗。

　　商业电子邮件诈骗（Business Email Compromise），又称 BEC 诈骗，指的是攻击者将自己伪装成受害者的同事或者公司的供应商，以钱财为目的的电子邮件攻击（要求付款或发送敏感数据等）。这类攻击的本质是依赖假身份欺骗受害者。在实行攻击之前，攻击者一般会先密切监视将要仿冒的账号与受害者之间的邮件往来，进而采取有针对性的邮件攻击。

　　从上述案例中，可以推测出商业电子邮件诈骗的大致过程。

　　第一步，攻击者通过某些手段获得受害者的邮箱密码，进而监控邮箱信息。在王先生与客户进行商务邮件往来时，攻击者已经获得了王先生的邮箱密码，并监控往来的商务邮件；第二步，攻击者对公司人员的邮箱设置自动转发，并删除关键往来邮件。王先生还没意识到邮箱被监控，攻击者在设置自动转发时需要删除关键邮件，防止被王先生察觉。第三步，攻击者创建了与国外客户相似的邮箱账户，当客户发送涉及支付链接的邮件时，攻击者会伪造相同的邮件并更改支付链接，使钱款打入自己的账户。在客户向王先生发送含有支付链接的邮件时，由于攻击者提前设置自动转发，所以攻击者仅需复制该邮件内容，替换支付链接，之后利用相似邮箱账号仿冒客户进行诈骗。而王先生没有检查发件人邮箱地址是否正确，导致其向黑客付了 120 万美元。

　　为了避免掉入商业电子邮件诈骗陷阱，应当尽量避免在社交平台分享隐私信息，避免被攻击者获取。对于常用账号，尤其是重要的账号，应当设置双重身份验证。以 QQ 邮箱为例，如果仅使用 QQ 账号和密码就可以登录对应邮箱，则邮箱的安全性只能依赖 QQ 的安全性。但现实情况是 QQ 被盗号的事例屡见不鲜，因此只依赖 QQ 的安全性显然是不可靠的。但如果设置了双重身份验证，则登录邮箱不仅需要 QQ 密码，还需要自定义的邮箱密码,这会极大地提升邮箱的安全性。但需要注意的是,密码也应当定期更换。虽然我们无法检测自己的邮箱是否处于安全状态,但是定期更换密码可以很大程度上保护我们的账户。另外,如果涉及使用电子邮箱汇款,则应制定严格的汇款过程规则。例如,在与客户产生交易往来时,可以通过电话等其他通信设备对交易过程进行严格监控。

❖ **延伸阅读:英国国家安全中心对电子邮件安全使用的建议**

英国国家安全中心提醒居家办公的员工除了注意日常泛滥的网络钓鱼诈骗之外,还应当采取以下措施保护电子邮件安全:

一是确保只能通过公司的 VPN 安全地访问电子邮件。VPN 会创建一个加密的网络连接,通过它对用户和设备进行身份验证,并加密用户与服务器之间传输的数据,可以避免数据被黑客中截取。对于已经使用 VPN 的用户,则要确保所使用的 VPN 已安装所有补丁。

二是确保已经为设备中的数据加密。当员工离开办公室或家中时,设备可能会面临被盗风险。但如果数据已经被加密,即使设备丢失,其中的电子邮件数据也可以受到保护。虽然现在大多电子设备已经自带内置的加密功能,但员工仍应主动开启、配置加密设置。

三、安全使用电子邮箱

为了规避电子邮箱使用风险,用户应当保持谨慎、提高警惕、加强防范。具体可以采取以下七种措施(以 Outlook 为例)。

1.加密发送邮件并设置邮件签名

加密发送邮件可以保护邮件内容,保证邮件的机密性。即使黑客窃取了该邮件,由于没有对应的密钥解密也无法获取邮件内容。邮件签名则可以保护邮件完整性,一旦黑客对邮件进行了篡改就会被发现。具体操作如下:

▶ 要对邮件进行加密设置或使用邮件签名,首先要获得数字安全证书。可以通过网址 https://www.trustauth.cn/ ①进行注册,按操作提示填写信息免费下载安全证书,如图 6-2-6 所示。

图 6-2-6

▶ 新建电子邮件并填写相关内容,如图 6-2-7,然后最小化该邮件。

图 6-2-7

---

① 此处仅为参考网址,亦可自行通过其他渠道获取数字安全证书。

▶ 点击【文件】,打开【信任中心】,进行【信任中心设置】,并点击【电子邮件安全性】,如图 6-2-8 所示。此时,可以看到【加密待发邮件的内容和附件】以及【给待发邮件添加数字签名】的选项。如果未导入安全证书,则应先导入安全证书,然后选择加密或者签名,完成以后,打开之前最小化的邮件并发送。

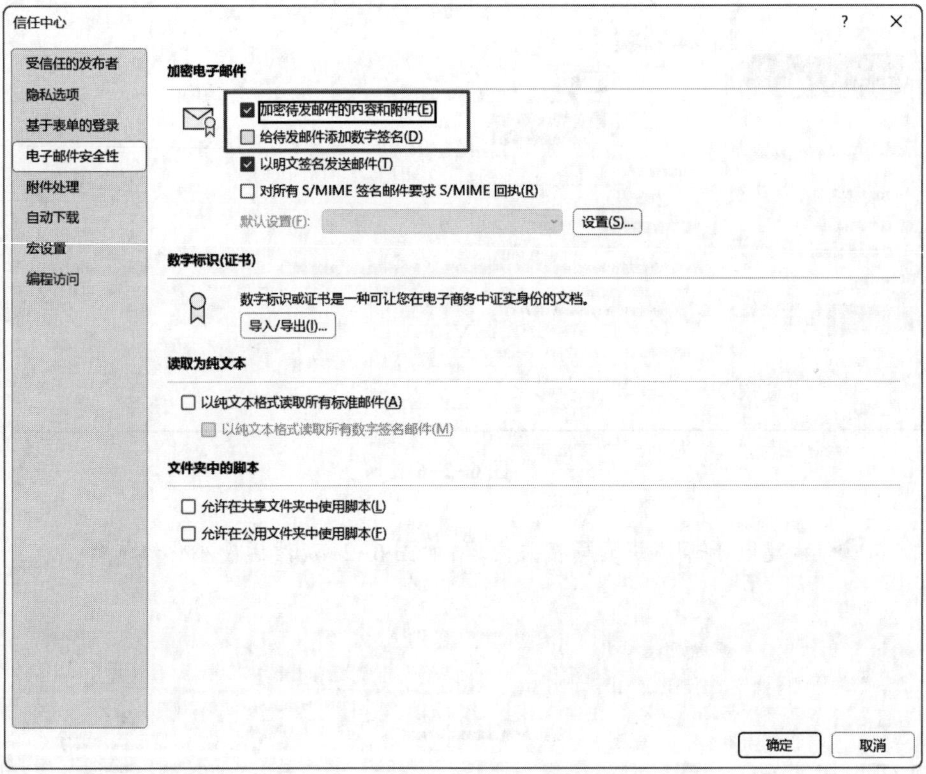

图 6-2-8

2.纯文本格式查看邮件

通过纯文本格式查看邮件可以防止邮件追踪及其他一些来自邮件内容的攻击。具体操作如下:

▶ 在 Outlook 主页点击【文件】,然后点击【选项】,如图 6-2-9 所示。

▶ 打开【信任中心】,点击【信任中心设置】,然后选择【电子邮件安全性】,勾选【以纯文本格式读取所有标准邮件】,如图 6-2-10 所示。然后点击【确定】即可。

图 6-2-9

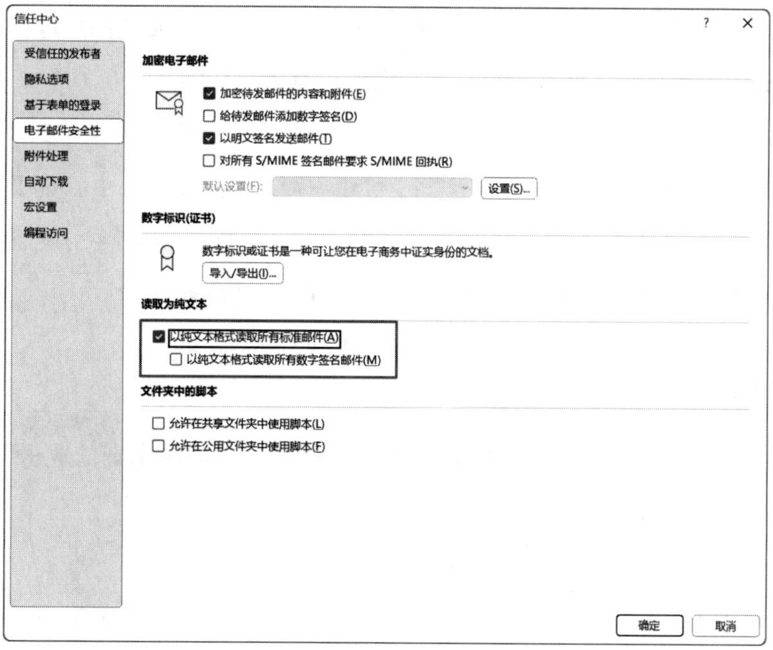

图 6-2-10

▶ 在完成以上设置后,就可以在邮件中看到"已将此邮件转换为纯文本格式"的提示了,如图 6-2-11 所示。

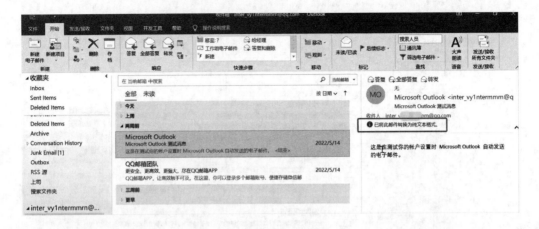

图 6-2-11

3.禁止图片自动下载

禁止电子邮件中的图片下载可以保护用户的隐私,防止邮件追踪。HTML 电子邮件①中的图片会要求 Outlook 从某个服务器下载图片,如果以此方式与外部服务器通信,可以向发件人验证用户的电子邮件地址的有效性,但也可能使用户成为更多垃圾邮件的目标。用户可以根据实际情况进行设置。具体方法如下:

▶ 类似地,仍在 Outlook 中打开【信任中心】,点击【信任中心设置】,然后选择【自动下载】,最好勾选其中的全部内容(一般 Outlook 中对此的默认设置为全选),如图 6-2-12 所示。最后点击【确定】即可。

4.宏设置

由于很多病毒是利用宏进行攻击的,所以禁用宏可以防御病毒的攻击,提高电子邮箱的安全性。具体操作如下:

▶ 类似前面的操作,打开【信任中心设置】后,选择【宏设置】,根据安全需求的不同,可以选择不同的设置。一般而言,选择【不提供通知,禁用所有宏】或【为有数字签名的宏提供通知,禁用所有其他宏】,如图 6-2-13 所示。

---

① 所谓 HTML 格式的邮件,是指一类像网页一样的邮件,含有 HTML(超文本)链接,单击链接可以转到其他页面,可以有图片、声音等。

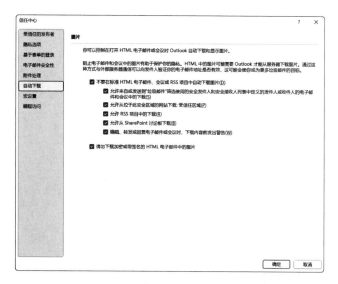

图 6-2-12

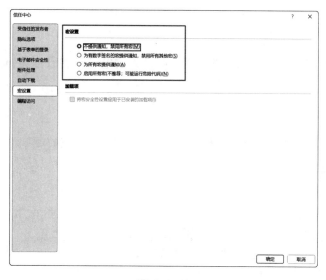

图 6-2-13

5.附件预览

关闭 Outlook 邮件附件预览功能可以防止附件中可能存在的病毒快速传播,如果要查看附件,最好先对其进行杀毒。关闭附件预览功能的具体方法如下:

▶ 仍打开【信任中心设置】,在【附件处理】中,勾选【关闭附件预览】即可。如图 6-2-14 所示。

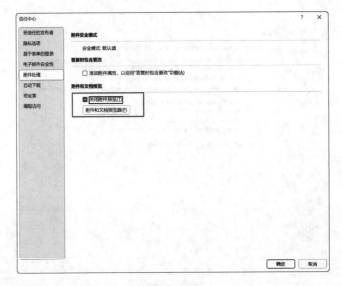

图 6-2-14

6.邮件跟踪

对邮件进行跟踪可以确认邮件已送达收件人的电子邮件服务器，确认其已查看该邮件。具体操作如下：

▶ 在 Outlook 主页的【文件】>【选项】中，点击左侧的【邮件】，在【跟踪】中进行勾选设置，如图 6-2-15 所示。

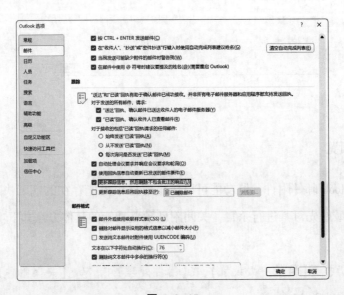

图 6-2-15

7.查看邮件头

通过查看邮件头,用户可以了解邮件的传输相关信息及发送者的 IP 地址,帮助鉴别邮件是否安全,防范电子邮件仿冒。如果好友或常用联系人的常用 IP 地址突然发生了变化,或查询到邮件来源 IP 所属地非常奇怪,就要提高警惕,确认该邮件是否为仿冒邮件了。具体操作如下:

▶ 双击打开想要查看的邮件,点击【标记】旁边的按钮,如图 6-2-16 所示。打开【邮件选项】。

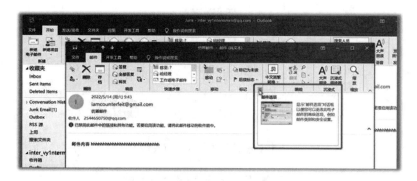

图 6-2-16

▶ 在弹出的窗口中可以看到【Internet 邮件头】,复制其中的 IP 地址,如图 6-2-17 所示。

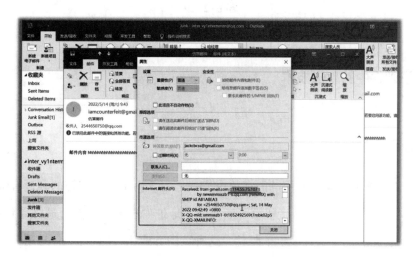

图 6-2-17

▶ 打开浏览器,使用在线 IP 地址查询工具进行查询,如图 6-2-18 所示(图中展示仅为示例网址,亦可通过其他在线工具进行查询)。

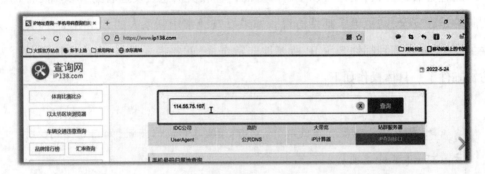

图 6-2-18

▶ 通过查询即可得到该 IP 的所在地,如图 6-2-19 所示。

图 6-2-19

四、电子邮件中的攻击技术

1.电子邮件炸弹

电子邮件炸弹是黑客使用的匿名攻击方式之一。由于电子邮箱的容量有限,最多在 10MB 左右,攻击者设置一台机器不断向同一地址发送大量邮件会最终导致该用户的邮箱崩溃,无法再收到其他电子邮件。这种攻击方式比较简单,十分易用,只要获取目标用户的电子邮件地址,就可以对该用户的电子邮箱进行攻击。在办公过程中,一旦受到电子邮件炸弹攻击,用户就无法及时收到新的正常邮件,严重影响办公效率。

相比其他类型的攻击,电子邮件炸弹并不会造成隐私泄露或直接的财产损失,最多导致用户邮箱瘫痪、网络堵车、服务器瘫痪等问题,其危害性相对较低。但由于其终归具有一定的危害性,还是应当采取有针对性的防范和解决措施。

用户可以通过在邮件软件中安装过滤器的方式对此类攻击进行防范。过滤器在收到任何电子邮件之前会对发件人的资料进行查看,一旦符合过滤条件就会自动删除该邮件。但值得注意的是,在进行过滤条件设置时需要谨慎,一旦条件设置不当很有可能会造成对正常邮件的误删。

如果电子邮箱已经不幸"中弹",并且用户还希望继续使用这个邮箱,可以使用一些邮箱工具软件对垃圾邮件进行清除,也可以请安全部门专业的技术人员对"炸弹"进行清除。切忌事后对攻击来源进行"反击"或报复,因为攻击者施行攻击所使用的一般并不是私人账号,对"炸弹"来源进行攻击很可能会使自己的网络和邮箱再次遭受伤害。

另外,为避免造成非故意性质的电子邮件炸弹,用户需要谨慎使用邮件自动回信功能[①]。如果对方也设置了这一功能,双方都没有及时查看邮件,就会导致双方之间不断重复发送"自动回信",直至双方的信箱撑爆。

2.电子邮件追踪

邮件追踪功能既可以实现阅读反馈也可以进行行为追踪。在阅读反馈上,对于普通的用户来说,进行电子邮件追踪只是用于及时了解收信人是否已经阅读了邮件;但是对于攻击者来说,却可以通过这种方式测试邮箱地址的活跃性和有效性。在行为追踪上,电子邮件追踪可以获知收件人在何时何地阅读邮箱,还可以了解对方使用何种设备阅读邮箱以及查看邮件的次数。

那么攻击者是如何实现电子邮件追踪的呢? 一般采取的方法是在邮件正文中插入一幅很难察觉的小图片。但是没有看到并不代表不存在,用户在阅读该邮件时就会自动渲染图片并与服务器进行交互,攻击者即可获得阅读者的相关信息。如图 6-2-20 所示,表面上这封邮件只有文字,但通过查看源代码就会发现,在"李老师你好"之

[①]　邮件自动回信功能:对方发送邮件时,如果用户没有及时收取,邮件系统就会按照事先设定的格式向发信人回复一封确认收到的信件。

前其实有一个 img 标签,所以这封邮件被插入了图片。一旦收信人阅读了这封邮件,就会被攻击者追踪,获取到其相应信息。

图 6-2-20

为了防范电子邮件追踪,用户可以设置通过纯文本的方式查看邮件,在这种模式下,邮件中即使有图片也不会被加载,攻击者也就无法得到用户的信息。另外,还可以在邮件客户端上设置禁止图片下载功能,或直接使用防追踪的客户端(如 Gmail 邮箱)等,这些方式都可以防范此类攻击。(纯文本查看邮件、禁止图片下载的具体操作可参见"三、安全使用电子邮箱"中对应内容)

虽然电子邮件追踪可以被攻击者作为一种攻击手段,但也可以作为用户检查自身邮箱账户是否安全的一种策略——在自己的邮件中插入图片,通过查询是否存在非本人的查看记录的方式,反向利用电子邮件追踪了解自己的邮箱是否安全。具体操作如下(以畅邮软件操作为例):

▶ 对电子邮箱进行配置,添加电子邮箱账号,如图 6-2-21 所示。

▶ 在正文处随便输入一些字符后,设置一个比较吸引人的主题(如"银行卡密码"),并勾选【邮件追踪】,如图 6-2-22 所示。然后点击【发送】,发送邮件。

图 6-2-21

图 6-2-22

　　▶ 在邮件客户端,即可看到阅读者的相关信息,包括阅读该邮件的时间、地点以及阅读设备等,如图 6-2-23 所示。如果非本人查看了邮件,则很容易通过时间、地点等信息发现。一旦发现异常,则说明本人的邮箱账号已经泄露,需要立即更换密码。

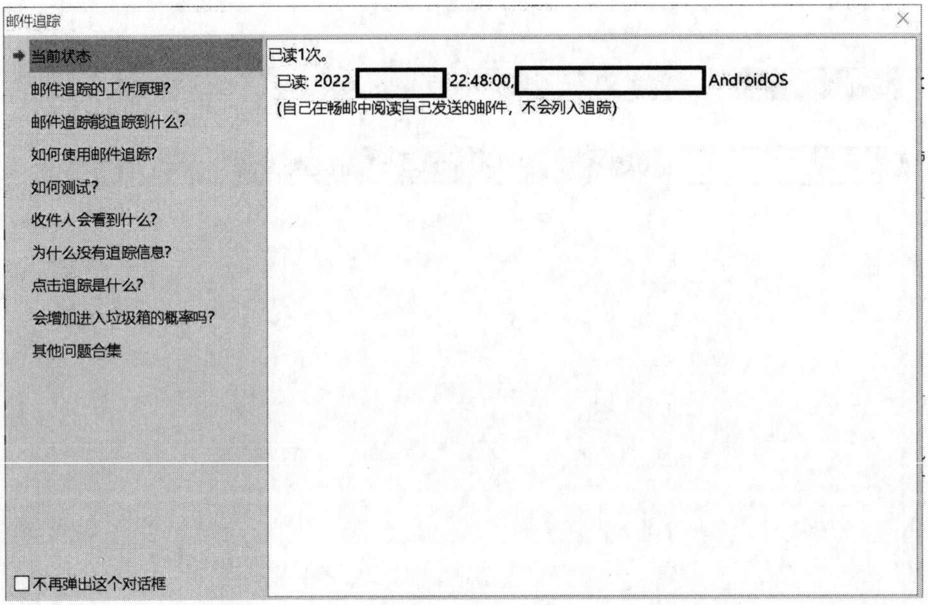

邮件追踪 ✕

当前状态
邮件追踪的工作原理?
邮件追踪能追踪到什么?
如何使用邮件追踪?
如何测试?
收件人会看到什么?
为什么没有追踪信息?
点击追踪是什么?
会增加进入垃圾箱的概率吗?
其他问题合集

☐ 不再弹出这个对话框

已读1次。
已读: 2022 ____ 22:48:00, ____ AndroidOS
(自己在畅邮中阅读自己发送的邮件,不会列入追踪)

图 6-2-23

第7章 日常办公安全

第1节 环境安全

一、办公软件环境安全

保证办公软件环境安全需要员工做到谨防盗版和恶意软件、慎用远程控制、避免通用密码、警惕计算机病毒四个方面。

1.谨防盗版和恶意软件

攻击者可能会将恶意程序与正规软件捆绑制成盗版软件发布在各类网页中,并使用具有迷惑性的文字鼓励用户下载(诸如"汉化版""免破解版"等)。用户下载使用时,很难发现其中的问题,但软件中的恶意程序却极有可能造成主机挖矿卡顿、文件被勒索、泄密等情况,如果使用的是破解版软件还会给使用者个人甚至公司带来一定的法律风险(如被原作者告侵权等)。

因此建议用户下载软件时,首先搜索软件所属的官方网站,再从官网下载正版软件使用。如果直接在搜索引擎中搜索软件名称进行下载,很可能受到商业推广对搜索结果的干扰。搜索结果排名靠前的下载地址并不一定保证安全,也有可能是攻击者刻意为之。软件下载之后,可以使用工具计算文件的哈希值①,并与官方提供的值比对,如果不一致则应立刻停止安装。另外,为保证安全,电脑应当运行安全软件,不要随意关闭,以防电脑受到隐藏的恶意程序的攻击。

2.慎用远程控制

为了方便,许多用户会把远程控制软件设为固定验证码。但如果在远程支持之后没有及时更换密码,这一固定验证码被不怀好意的远程控制人员或其他黑客利用就会为该用户的个人电脑和企业内网带来威胁。

为了防止上述情况出现,公司内部对远程控制软件应当采取一定的限制措施,并不是所有的远程控制软件都可以使用(至少必须使用官方正版软件)。同时,个人在接受第三方远程支持后,应注意及时更改验证码,使远程控制者无法进行下一次远程操作。另外,如果员工在下班后没有远程控制的需求,应立即关闭远程控制功能、关闭个人电脑,并断开网络连接,以防电脑文件、数据等受到远程窃取。

3.避免通用密码

在现代办公环境中,由于使用的办公平台极多,需要用户记忆大量账户和对应密码,有时人们为了方便记忆,就会在所有平台使用同样的密码。但这类通用密码极容易受到撞库②攻击的威胁。为避免受到此类攻击,最安全的登录方式就是针对每个网站都设置不同的密码。如此,即可避免由于一个网站密码泄露,其他网站也同时受到安全威胁的情况。如果担心自己会忘记密码,用户可以先记住一个基础密码,然后在设置其他密码时都在这个基础密码之上进行小小的改变。例如,针对不同的系统网站,在密码的尾部加上不同代号,或针对不同重要程度的账号设置不同密码,等等。同时,在日常生活中还需要关注重要网站或系统的相关新闻,一旦有报道攻击事件的发生,就要在第一时间对使用此密码的所有位置进行密码修改,防患于未然。

"密码通用"除了上述在使用范围上的限制,还应当对知者范围进行控制。在当前办公形式中,视频会议已经成为一种十分常用的远程实现工作讨论的方式。对于常规的、不会涉及泄密的视频会议,通过邀请码、链接、简单验证码等常规的登入方式尚

---

① 哈希值类似软件的身份证,具有唯一性。
② "撞库"是黑客通过收集已泄露的用户和密码信息,生成对应的字典表,然后依次尝试批量登录其他网站的网络攻击行为。

可。但对于重要会议,由于前述登入方式无法有效确认和控制参会人的身份和行为,就可能存在无关人员也被允许参会以及参会者录屏、拍照等导致会议内容泄露等风险。因此,对于此类会议,会议发起人应当设置用户使用"会议号+强密码"的形式申请加入在线会议,并在会前通知时仅将会议号和密码发放给需要参加的同事,并告知会议纪律(例如,要求参会人必须实名登录,不得将登录凭据发送给其他人员,不允许其他人员未经允许线下旁听等)。尤其是对于敏感会议,会议发起人在会议正式开始前应再次强调会议纪律,确保视频会议软件中自带的录屏功能关闭。为特别防止参会人偷偷录屏的情况,可以使用带多排水印功能的视频会议。这样,即使会议的录屏泄露也能查到泄露人是谁。

4.警惕计算机病毒

感染病毒和木马会造成 CPU 明显占用过高、持续消耗大量的电力和网络资源、系统运行速度变慢的问题,甚至无法通过重启来解决。为避免此类事件发生,计算机和服务器应安装正版操作系统和应用软件,同时定期使用杀毒软件和主机防护软件进行病毒查杀、检查 CPU 的利用率和能耗情况。对于公司内已经停止使用或者已经废弃的计算机服务器,应该断网断电。一旦发现个人使用的计算机或公司的服务器已经被计算机病毒感染、不受控制,就应当立即重新安装操作系统。遇到无法自行处理的情况,则应立刻与公司的技术部门联系,让专业的人员处理。

二、办公网络环境安全

保护公司的办公网络环境安全既要从设施设置方面着手,保障办公网络和通信安全,也要从人员管理着手,规范员工的行为,使其做到安全文明地上网办公。

首先了解一些概念,常见的办公网络包括内网、外网以及接入无线网络三种,如图7-1-1 所示。

内网,亦称局域网,是指在某一区域内由多台计算机互联组成的计算机局域网,可以实现文件管理、应用软件共享、打印机共享等功能。它可以通过数据通信网络专用的数据电路与远方的局域网数据库或处理中心相连接,构成一个信息处理系统。

外网,又称广域网,是连接不同地区局域网或城域网计算机通信的远程网络。通常跨越很大的物理范围,覆盖的范围从几公里到几十公里,可以连接多个地区和国家甚至横跨几个洲,还能提供远距离通信,形成国际性的远程网络。

而无线网络办公则可以使员工通过无线网络在办公区域内随时随地接入企业网络和互联网来完成各种工作。另外,无线网络还可以解决有线端口接入局限、硬件维护工作烦琐、线路过多等问题,在使用上更加方便,能够满足公司发展的需求。但是以此种方式进行办公安全性也是最低的,由于缺乏安全防护措施,很容易被黑客攻破。

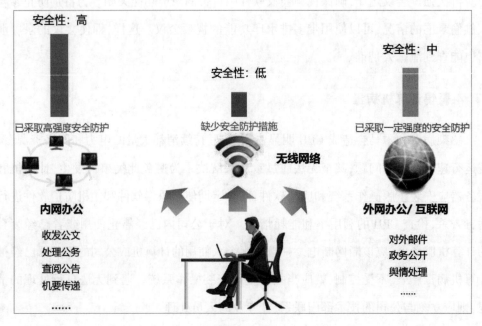

图 7-1-1

常见的办公无线网络安全问题大致有如下几个方面:公司搭建与私自搭建的无线热点混用;办公无线网络随时连接,不需要用户认证;办公无线网络存在弱密码,极易被攻破;可能同时存在各种钓鱼热点;无线网络基础设备被任意摆放;等等。

这些问题为网络办公及通信带来了诸多风险。一是上网行为被窃听:由于公司的业务系统均以数据为核心,而有别于有线网络,无线网络的所有数据都在空中传输。一旦被窃听和破解的话,单位机密极有可能被泄露。二是通信信息被篡改:攻击者可能会监听用户与 Wi-Fi 接入点的通信,并在合适的时机发送伪造的数据或劫持用户与 Wi-Fi 接入点的连接,篡改正常的通信内容,导致用户访问交互的数据中途被篡改,最终导致个人及单位蒙受经济损失。三是通过发送欺骗链接导致信息泄露:攻击者很可能将具有诱惑性的邮件发送到办公邮箱,诱使员工点击钓鱼链接,进行注册登记;或者打开附件,自动运行附件中的恶意程序,这些都会导致个人敏感信息或者公司的机密信息被泄露。四是感染病毒和木马:员工办公如果连接的是不安全的网络,就会很容易导致计算机感染病毒和木马,而已经感染病毒的计算机如果再次接入办公网络,就可能导致整个办公网络的瘫痪,影响单位业务的正常开展。

为此,单位应当设置最基本的办公网络信息安全管控要求。例如:在没有经过单位信息技术中心的认可之前,所有单位或个人不得私自在网络内新增与互联网的连接;只有安装了单位统一的网络准入控制软件和内网安全软件的计算机终端才可以进入办公内部网络;一般不允许外部人员进入生产网和办公网,如果因为维护等需求的确需要接入网络的,必须得到公司相关人员的批准,并在单位员工监控陪同下才可以接入,等等。

另外,员工也应当主动对自己的上网办公行为负责,做到安全文明地上网办公。《网络安全法》第十二条规定,任何个人和组织使用网络应当遵守宪法法律,遵守公共秩序,尊重社会公德。

员工不得浏览不良网站和非法网站。浏览不良网站不仅是对工作作风的败坏,更会造成一系列安全隐患。此类网页大多含有病毒,用户一旦浏览,网页病毒就会被悄悄激活,并利用系统的一些资源进行破坏。轻则使用户的首页、浏览器标题改变,重则关闭系统的很多功能、使计算机染上病毒,使用户无法正常使用计算机系统,甚至可能将用户的系统进行格式化。

因此,员工应当遵循安全文明上网的信息安全管控要求:安装杀毒软件,并保持更新;尽量使用安全浏览器 IE 6.0 以上版本;对超低价、超低折扣、中奖等诱惑提高警惕;收藏经常访问的网站,避免受到仿冒网站欺骗;识别色情、赌博、反动等非法网站,避免访问等。同时应当做到在上网办公期间言论得体;不在办公期间使用办公电脑、办公网络做与工作无关的事;等等。

第 2 节　敏感信息安全

一、敏感信息概述

敏感信息的定义是所有不当使用或未经授权被人接触或修改即会不利于国家利

益或政府计划实行或不利于个人依法享有个人隐私权的所有信息。类似地，对于企业来说，各类重要的档案、光盘、纸质文件以及存放在电脑中的文件数据等都是企业的敏感信息。

在分类上，企业的敏感信息可以分为内部敏感信息和外部敏感信息。内部敏感信息主要包括企业各类重要文件及知识、技术财产等，包括重大决策、合同、主要会议纪要、服务器的用户名及密码、开发的项目应用程序及文档、对客户的定价方法及销售策略等。外部敏感信息则主要指企业负面声誉、负面经营结果等，包括品牌传播、产品、高管、投资、经营等的负面信息。

其中，企业的核心信息是敏感信息中最重要的部分，往往涉及企业最重要的机密，一旦泄露即会造成不可挽回的损失。因此，员工有义务在日常办公中保护好企业的核心信息。那么企业的核心信息具体包括哪些呢？

企业核心信息的通俗表达其实就是商业机密，包括核心技术、核心客户、核心战略以及核心人才。

核心技术往往具有不可复制性，是企业基于对产业、市场和用户的深刻洞察，在企业环境下长期孕育才形成的、具有独特的市场价值。以华为为例，麒麟处理器、5G通信技术和通信设备、鸿蒙操作系统等都属于该企业的核心技术，也是其作为行业领头企业的"核心法宝"。

核心客户则指与企业关系最为密切、对企业价值贡献最大的客户群体，如企业的供应商、分销商、经销商、代理商等。仍以华为为例，富士康作为全球最大的电子产品代工厂，为华为终端设备生产了关键组件，如果缺少富士康的支持，华为就会很难打造尖端产品。因此，富士康就是华为的核心客户。

企业的战略虽然在不同阶段可能有不同程度上的调整，但是企业战略的核心往往是恒定的，是企业长远发展的立根之基，例如商业模式以及产品定位等。

在企业发展过程中，通过高超的专业素养和优良的职业操守为企业作出或者正在作出卓越贡献的员工就是企业的核心人才。例如，华为的核心人才孟晚舟，"在她的带领下，华为财经已成为世界领先的数字化和智能化的财经组织，为华为公司打造了坚实可靠的经营底座，助力公司在新时代的战略实现。"华为官网如是描述。这就是核心人才为企业带来的价值。

现代企业已经离不开网络办公。为保障企业核心信息的安全，完备的网络安全技术是必不可少的,包括保证数据安全、云安全以及开发安全的技术。

保证数据安全包括数据备份与恢复、数据防泄密、数据脱敏、勒索软件防护等;云安全方面,包括云网络架构安全、云原生安全、云访问安全以及云应用安全等;开发安全上则应注意进行引用安全测试、软件成分分析、安全开发流程管控,并保证源代码安全,等等。

曾经发生的无数案例都在不断警示着企业负责人和企业员工,应当妥善保管企业敏感信息。一经泄露,会给企业带来名誉、金钱、发展等方面的一系列损失,企业甚至可能因此受到法律指控。上述已经提到过的企业外部敏感信息一旦泄露,则必会使企业名誉受损。例如,一些突发的生产安全事故、营销翻车等,一旦处理不当,舆论发酵,则定会给企业的名誉带来严重损害。消费者一旦因此对企业降低了信任度,则企业的业绩也会迅速下降。而企业的内部敏感信息,例如核心技术、机密数据等一旦泄露,则会直接对企业产品销售造成不可逆的损失。企业很可能会因此丧失在市场中的独特价值,导致收益大大下降。而以上这些也可能会同时导致该企业的上下游合作伙伴对其信任度降低,那么企业的相关业务也会受到阻碍,影响企业的长远发展。此外,企业的机密数据一旦发生泄露,则必会出现受害者。受害者可能是数据来源者本身,也可能是企业的下游客户或遭受数据泄露影响的其他合作者,等等,他们也很可能因此对企业提出法律指控。因此,保管好企业的敏感信息,无论对企业的现有经营还是长远发展都至关重要。

◇ 案例 1:"老干妈"配方遭泄露

案例经过:2016 年 5 月,"老干妈"工作人员发现,本地另一家食品加工企业生产的一款产品与老干妈品牌同款产品相似度极高。11 月 8 日,老干妈公司到贵阳市公安局南明分局经侦大队报案,称公司重大商业机密疑似遭到窃取。经查,涉嫌窃取此类技术的企业从未涉足该领域,绝无此研发能力。老干妈公司也从未向任何一家企业或个人转让该类产品的制造技术。由此,可以断定,有人非法披露并使用了老干妈公司的商业机密。

案例提示:企业的核心技术一旦泄露,会影响企业产品的销量,进而影响企业的发展。若顾客误以为仿制品是正品,才进行购买,而仿制品味道不正宗,甚至出现食品安全问题,则也会影响正品的名誉。

◇ **案例 2:瑞士 Swissport 遭受 BlackCat 攻击**

案例经过:2022 年 2 月,瑞士国际空港服务有限公司 Swissport 遭受 BlackCat 勒索攻击。该公司部分全球 IT 基础设施受到攻击,不仅对公司运营造成严重影响,导致多趟航班延误,还导致了该公司 TB 级用户数据①泄露。BlackCat(又名 ALPHV)勒索软件组织还发布了该组织从 Swissport 获得的一小部分示例文件。威胁参与者宣布他们愿意将整个 1.6TB 的"数据转储"出售给潜在买家。这些被泄露的数据包含护照图像、内部业务备忘录以及求职者的详细信息,例如姓名、护照号码、国籍、宗教、电子邮件、电话号码以及职位等隐私信息。

案例提示:公司的敏感信息一旦泄露,不仅会影响本公司的业务,还会牵连到与本公司相关的人员。

二、物理办公材料

进入移动互联网时代,几乎所有人都在关注网络空间安全,尤其是进入了后疫情时代,这种现象更为明显,办公环境安全一直是一个不容忽视的问题。22% 的网络黑客攻击涉及滥用物理访问。平均来说,这些黑客攻击小型企业的成本约为 38,000 美元,而攻击大型企业的成本则高达 551,000 美元。这些黑客的攻击行为通常会对企业的声誉和运营状况造成严重的损失。注重办公环境安全,将有助于防止这些事件的发生,让办公室成为一个安全、高效的工作场所。要达到这个目标,需要做到以下几点。

第一,应当注意门禁安全。

在各类尾随进入的案例中,不难发现,大门其实是保护办公区的第一道屏障,可以防止黑客、商业间谍或者任何别有用心的人进入工作区后产生的物理风险。当攻击者进入了办公区以后,合理的物理安防措施也可以对他们的攻击行为起到一定的抑制作用。

为此,注意门禁安全需要做到:所有的员工进入工作区域需要佩戴本人的工卡;进入大门时,需要观察是否有人尾随;对于不可以自动闭合的大门,需要随手关门;在离

---

① TB 级数据库是指存储数据量为 1TB 以上的数据库,1TB 相当于万亿字节,是很大的容量了。

开工位时,需要将工位上所有的电子屏幕锁屏;在办公区内部,需要安排专人监控和巡逻,如果发现可疑人员需要及时上报处理。外卖和快递是日常生活中经常接触到的两类人员,应该在办公室门外进行物品的交接。外部人员进入办公区域时需要登记,并且最好有专人全程陪同。

但是,在实际生活中,黑客绕过保安和隐藏自身的方法有很多。因此,除了要加强门禁管理,让攻击者"进不来",还要加强公司内部人员的安全意识建设,即使黑客能进来也"带不走"任何东西。可以通过对办公楼和物业成员进行访谈了解办公楼除了大门以外的进入方式,并对这样的漏洞进行填补,采取合适的预防措施;还需要加强办公室 Wi-Fi 的安全和物理安全的教育和建设,让攻击者即使通过漏洞进来了之后,也无法盗取更多的信息,无法对内部的网络进行破坏。

第二,应当注意桌面安全。

桌面或者便签本记录待办事件和密码一直是人们常常采用的一种备忘方式,但是很容易被无关的人员看到,在无意间就泄露了个人甚至公司的信息。

为了避免这类情况发生,办公桌上不应有任何记录敏感内容的介质,包括便签、笔记本等。同时,加强员工的安全意识建设。如果日常工作涉及敏感文件,需要注意加强安全防范,及时把敏感文件放入带锁的抽屉或柜子,并上锁,避免在桌面上放置敏感文件、门禁卡钥匙以及写有密码的便签等物品。另外,可以使用密码管理工具来管理密码,这样就不用在便签上进行记录了。同样,还可以使用办公软件或手机的备忘录功能来记录敏感事件,这样更加私密,更不容易被他人窃取。

第三,应当注意人员安全。

近年来的泄密事件主要涉及笔记本电脑、U 盘、打印机、扫描仪、电子邮件、电话、短信、磁带等办公常用的信息传播载体。所以在平常办公的时候,一定要提高保护工作数据的意识,防止数据丢失或者被盗。

◇ 案例 1:

2012 年,东阮公司前副总经理李某为牟取暴利,伙同公司 CT 机研发部负责人张某、采购负责人岳某等人,以许诺高额经济利益为手段,诱使 CT 机研发部 17 名核心技术人员窃取公司核心技术资料,并在窃取资料后相继离职。犯罪嫌疑人窃取技术总价值达 2,400 余万元,造成公司研发项目延迟,损失高达 1,470 余万元。

◇ **案例 2:**

2011 年,前苹果员工 Paul Devine 泄露苹果公司的机密信息,包括新产品的预测计划蓝图、价格和产品特征,还有一些为苹果公司的供应商和代理工厂提供的关于苹果公司的数据。Devine 获取了暴利,而苹果公司直接亏损了 240.9 万美元。

我们一定要具备职业精神,不能随便泄露甚至出卖公司的机密信息。那么具体应该如何做呢?

1.纸质资料处理

日常办公中,纸质文件随处可见,比如业务表格、审批单、客户清单、行内文件等。其中不少会涉及客户的信息、业务资料甚至行内的商业秘密等,如果不妥善处理随便丢弃的话,一旦落入商业对手或者不法分子的手中,将导致行内信息泄露,造成许多不必要的损失。那么该如何处理废弃的纸质资料呢?

第一,可以使用非常方便的碎纸机,用机械将纸质文档破坏成纸条或碎片。对于小批量的材料能够采用机械破坏,保证信息不外流。这种处理方法的优点是非常方便,能够实现随手销毁。然而这种方法也存在不足,如果不法分子在碎纸机上安装了扫描设备,纸张上的秘密信息就会被盗取。其次,逐份销毁纸张效率比较低,而且在销毁过程中容易产生遗漏。

第二,就是集中销毁。对日常废弃纸质资料进行袋装收集,由办公室集中通过保密局进行销毁,这种方法适合所有文件。优点就是确保销毁工作的安全彻底,也能减轻员工日常销毁工作的负担,避免遗漏。员工就可以把更多的时间用在工作上,工作效率也能得到提高。这种方法的缺点就是经济成本比较高,因为集中销毁需要委托保密局才能进行,花费了大量的人力和财力。

2.保证办公设备的安全

第一是警惕陌生人。工作人员都必须提高警惕,防止不法分子闯入室内。重要的文件资料要准时送到档案室保存,个人资料也要妥善保管,不要乱放乱丢,严防泄密。

第二是电脑的设置。下班或者长时间离开办公桌,要及时关闭电脑,不要长时间待机。这样做一方面可以防止电脑上的资料丢失,另一方面经常关机让电脑休息,也能延长电脑的寿命。如果需要锁屏,在电脑上面点击 Windows 键,再点击关机就可以了。

3.防止 U 盘泄密

首先插入 U 盘,点击注册 U 盘,填写 U 盘的信息,然后再开启密码保护设置密码。当然注册和取消注册都会先格式化 U 盘,请提前将 U 盘内重要数据进行保存,操作未完成前不要随意拔插 U 盘,否则有可能会造成文件丢失或者磁盘损坏。

功能位置:控制中心【防护策略】—【信任设备】—【注册 U 盘】(第一次使用要先下载安装火绒企业版)。如图 7-2-1 所示。

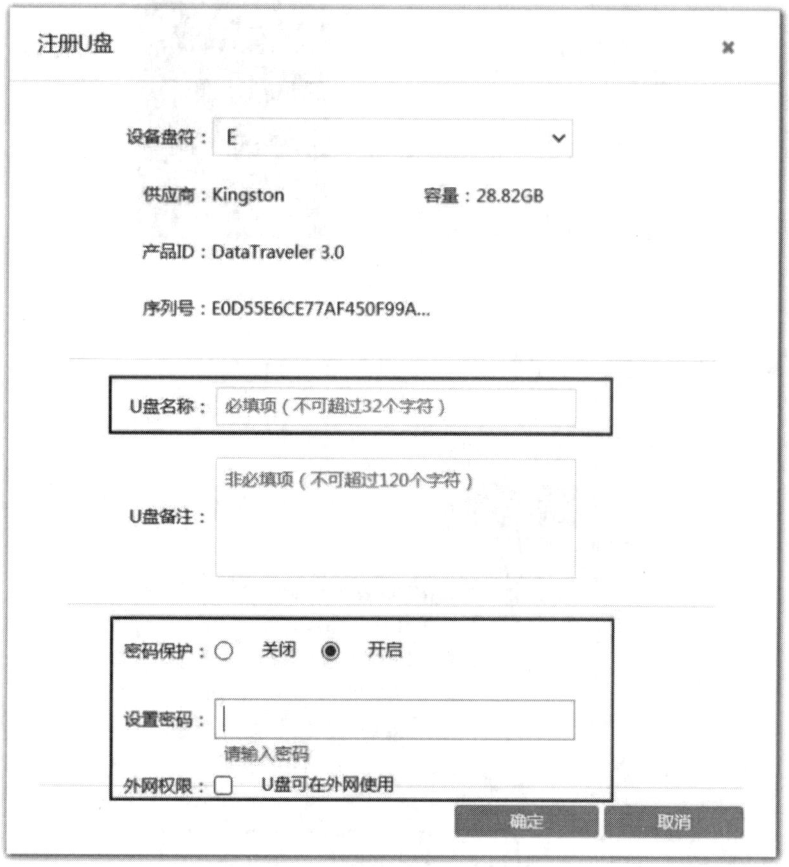

图 7-2-1

4.安全打印

我们需要启用打印服务日志,日志记录是了解网络上发生事情的必要部分,启用打印服务日志记录,启用后即可在 WFH 情况下查看打印作业,捕获新打印机的安装进程,甚至是尝试行为,还可以为 PrintNightmare 提供可靠的检测。

启用方法:

► 点击左下角的【开始】菜单,选择【设备和打印机】。如图 7-2-2 所示。

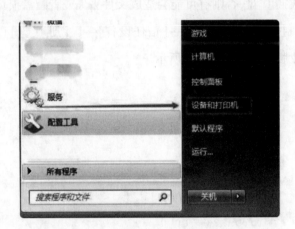

图 7-2-2

► 右击打印机,选择【属性】。如图 7-2-3 所示。

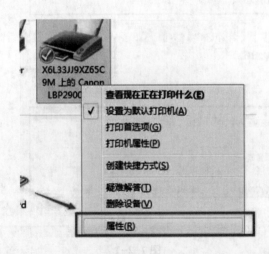

图 7-2-3

▶ 切换到【端口】,点击【配置端口】。如图 7-2-4 所示。

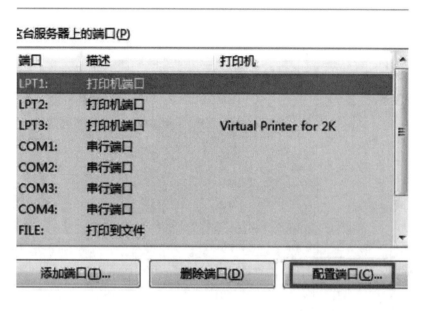

图 7-2-4

▶ 在弹出的对话框中出现 IP 地址,复制该地址。如图 7-2-5 所示。

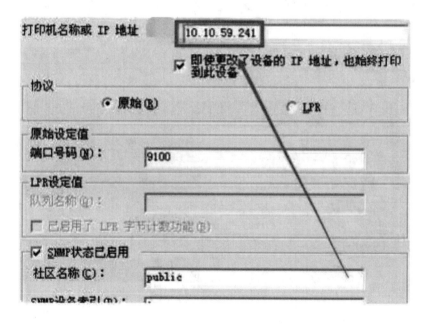

图 7-2-5

▶ 打开浏览器,将复制好的 IP 粘贴进地址栏。如图 7-2-6 所示。

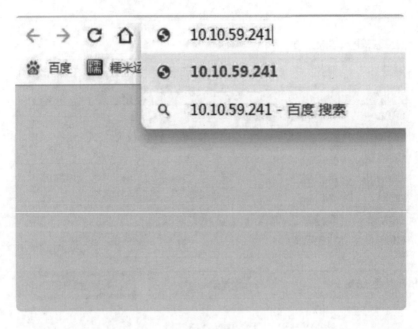

图 7-2-6

▶ 打开后在【首页】点击【彩色使用日志】。这时就可以看到详细的打
印记录了(打印时间、张数、是否彩色、文件名等)。如图 7-2-7 所示。

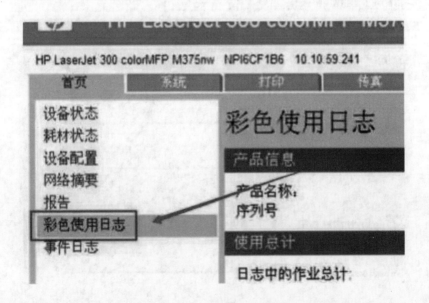

图 7-2-7

此外,除了员工以外,第三方人员(包括前台、物业、保安、保洁人员等)也能够进出办公区域。他们也很容易被黑客利用,使公司的信息被获取从而使公司受到攻击。因此,需要对所有有权限进入办公区的人进行安全意识教育,提升企业内部人员的安全意识。

第四,注意防火安全。

办公室中有许多电器设备,如空调、电脑、打印机、办公桌下方的插线板和充电器等,一旦使用不当,就会产生许多安全隐患。因此,应该重视办公室的消防安全,我们有义务为自己和同事营造安全的办公环境。

例如,如果利用插座供电,应该注意一个插座不应该插太多的电器,否则会引起发热导致接触不良,如果温度过高,很容易引起火灾;便携式电器的体积一般很小,散热性能比较差,因此在使用便携式电器时,表面不能有遮盖,方便其散热,同时周围还不能有易燃物品,以防火灾的发生;智能电器的电源管最好设成省电模式,降低功耗,减少发热量,不使用时及时关闭电源,不要长时间待机;下班时及时关闭办公室中的所有设备电源,以免夜晚用电负荷过高,引起火灾等。

◇ **案例 1**:2015 年 3 月 17 日,云南华天物流有限公司一栋两层办公楼突发火灾。一名员工从二楼飞身跃下逃生,造成双腿粉碎性骨折。被困的其他三名公司员工则不幸遇难。据统计,该办公楼过火面积 400 平方米左右。起火原因是办公楼一楼大厅里废弃的易燃物品——沙盘模型。

◇ **案例 2**:2017 年 12 月 1 日,天津市河西区友谊路与平江道交口城市大厦 38 层发生火灾,造成 10 人死亡,5 人受轻伤。查获涉案人员 11 人,均已采取刑事拘留强制措施。起火物质为堆放在电梯间内的杂物和废弃装修材料。

三、电子办公材料

1.注意清理电脑"桌面"

首先,看两个错误示例。

如图 7-2-8 所示,所有的图标都显示在桌面上,任何人都能够清楚地看到这台电脑上安装了哪些软件,存放了哪些文件。这就暴露了我们的工作数据,如果被人窃取的话,就会导致工作上的信息泄露。

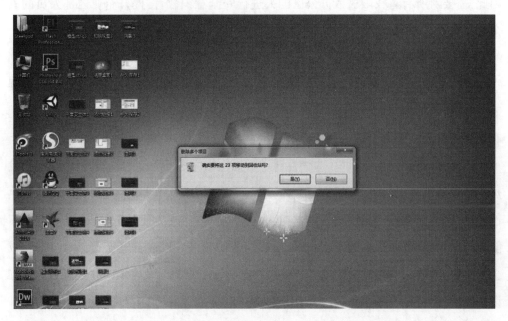

图 7-2-8

图 7-2-9 所示的桌面上,文件非常多,且排列得杂乱无章,可能暴露隐私的同时还容易误删某些重要的文件,影响工作进度。

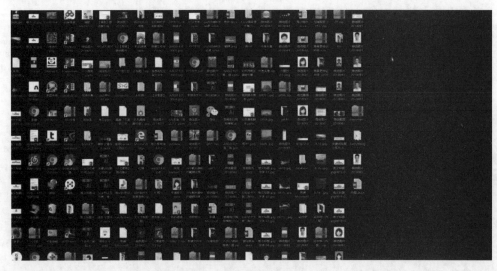

图 7-2-9

所以我们要设置既安全又能提高工作效率的电脑桌面,尤其是在公共场所,更应注意保障信息安全。

(1)隐藏快捷图标

在公共场所办公的时候要将桌面的图标隐藏起来。

首先,在桌面的空白处右击,然后将鼠标滑动到【查看】这个按钮,就会出现一个小界面,然后在【显示桌面图标】这里打钩(如图 7-2-10 所示),桌面上的图标就能够隐藏起来。此时,就只能看到桌面的壁纸,看不到图标了。等到一个人办公时,如果想看桌面都有哪些内容,再用同样的方法,取消勾选【显示桌面图标】,之前的图标就会显示出来了。

图 7-2-10

(2)隐藏任务栏

步骤如下:

▶ 将光标放到任务栏这里右击,然后点击【任务栏设置】。如图 7-2-11 所示。

▶ 打开【在桌面模式下自动隐藏任务栏】开关。如图 7-2-12 所示。

图 7-2-11

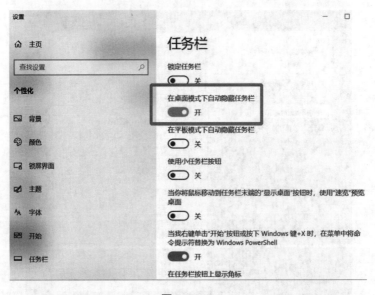

图 7-2-12

此时,任务栏上的固定的图标就能隐藏起来。如果想要其重新显示,也是按照这个方法,只要把这个按钮关掉,任务栏上的图标就又会出现。

2.养成锁屏的好习惯

如果在办公室里忘记锁屏的话,同事就能看到你桌面上的文件或者重要资料。应当注意的是,因为大家的工作内容并不一样,所以对同事也要警惕。在日常工作中,应当设置屏保程序,并勾选【恢复时显示登录屏幕】,以免离开时忘记锁屏。而如果需要长时间离开电脑,则应当直接将电脑关机。

设置锁屏的步骤如下：

▶ 在电脑桌面的空白处右击,然后点击【个性化】。如图 7-2-13 所示。

图 7-2-13

▶ 进入设置页面之后,点击【锁屏界面】,再点击【屏幕超时设置】。如图 7-2-14 所示。

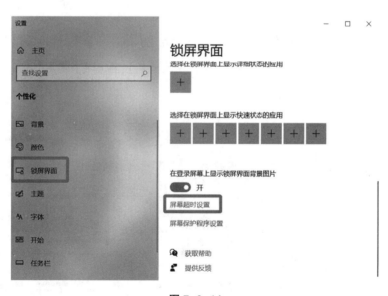

图 7-2-14

▶ 也可以点击【电源和睡眠】,在【屏幕】和【睡眠】这里都将时间设置得尽量短一些。(如果睡眠的时间是 10 分钟或者 15 分钟,其实已经过长了。因为如果用户离开电脑 15 分钟,别人已经有足够时间窃取重要的数据了。)如图 7-2-15 所示。

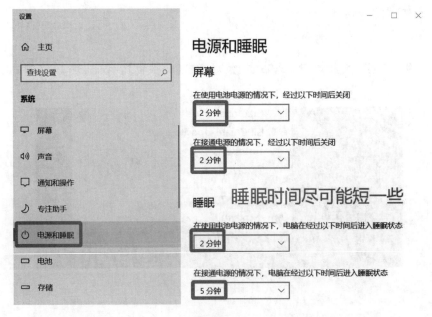

图 7-2-15

如果想要设置屏幕保护程序,则应进行如下操作:

▶ 仍然选择【个性化】进行设置,然后点击【锁屏界面】,再点击【屏幕保护程序设置】,最后勾选【在恢复时显示登录屏幕】,再点击【确定】就可以了。如图 7-2-16 所示。

图 7-2-16

3.设置强密码

简单的密码(如自己的生日、手机号码或 12345 等)非常容易就会被别人识破。这样的密码形同虚设,因此要学会设置复杂的密码,才能保证隐私安全。设置高强度的密码应遵循的最基础的原则就是:使用字母与数字的混合,且无明显规律。为电脑设置密码的具体操作步骤如下:

▶ 依次点击【开始】>【设置】>【账户】>【登录选项】>【Windows Hello PIN】。如图 7-2-17 和图 7-2-18 所示。

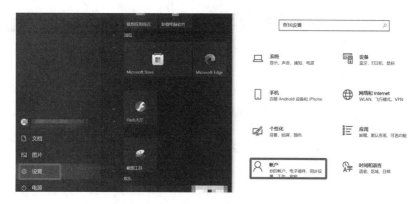

图 7-2-17

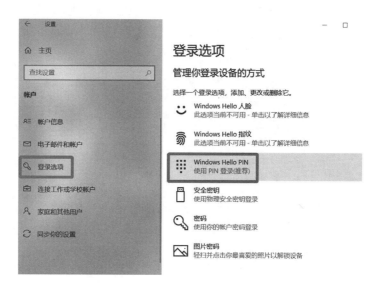

图 7-2-18

▶ 点击【更改PIN】,勾选【包括字母和符号】,然后设置强密码即可。如图7-2-19所示。

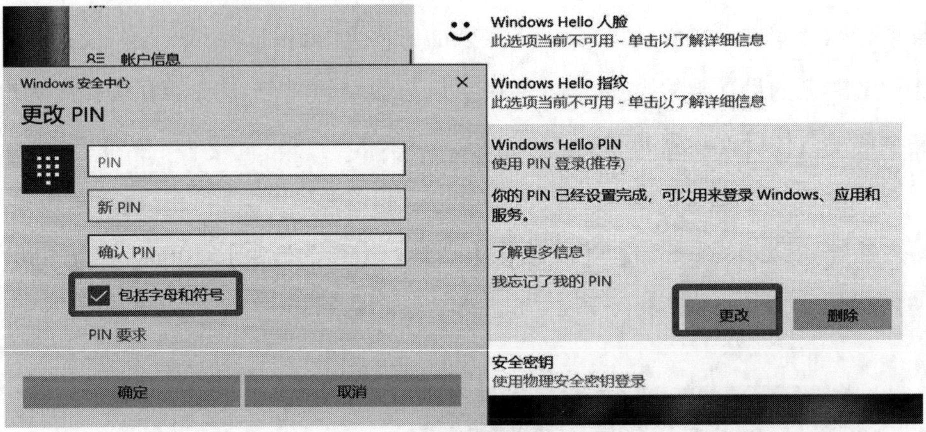

图 7-2-19

第8章　个人信息安全意识

第1节　物理环境中的个人信息安全

一、身份证复印件滥用

常用到身份证复印件的场景包括银行、移动或联通营业厅;各类考试报名、网校学习班;打印店、复印店等。

◇ **案例**:2020 年 8 月,湖北的陈女士本想将自己黄冈市黄州区的住房作为自己女儿的陪读房,在装修之前却得知此时的房主另有其人。在陈女士的多方调查之下,得知是其前夫拿着自己的身份证复印件,再找来一位女士冒充自己,进而将这套房子卖掉。

案例提示:仅凭一张陈女士的身份证复印件和一位冒牌的女士就把一套价值近百万的房子给卖了,由此可见身份证复印件的作用之大。因此,一定要妥善保管和使用自己的身份证复印件。

除了以上的财产损失之外,还可能存在其他风险。

第一,盗用他人账号。身份证复印件可以用来注册各种平台上的账户。如果自己的身份证复印件丢失了,就很有可能被不法分子利用,给自己带来麻烦。第二,伪造入职手续。有些小公司,为了逃避企业的纳税义务,会拿别人的身份证复印件走歪路、钻空子。他们通过身份证复印件来伪造入职证明,然后发放员工工资,用这样的方式来逃避税收。第三,办理贷款和信用卡。冒用他人的身份证件贷款的,跟贷款机构说明原件已丢失,对方为了能尽快贷出款项,往往不认真核对,由此,给不法之徒可乘之机,可能给身份证件主人招来一些麻烦。第四,注册公司。注册公司的程序中,只需要身份证复印件。所有提供给工商机关的证明材料的真实性,由申请人负责。这样有的人就冒用他人的身份证复印件注册公司。以上就是身份证复印件被滥用的风险,都有可能发生。

为此,可以通过以下方法防止身份证复印件被滥用:第一,在提供身份证复印件时,要在含有身份信息区域注明"本复印件仅供××用于××用途,他用无效"和日期;第二,复印完成后要清除复印机缓存。

二、快递单、火车票等单据

生活中存在种种单据,有几种常用且会泄露个人信息:快递单含有网购者的姓名、电话、住址;火车票、机票上印有购票者姓名、身份证号;购物小票上也包含部分姓名、银行卡号、消费记录等信息。如果不经意扔掉这些单据,可能会落入不法分子手中,导致个人信息泄露。

那么应当如何处理这些单据保护个人信息呢?在丢弃快递包装袋时,一定要注意姓名、电话号码、家庭住址等个人信息的擦除;丢弃火车票、机票、购物小票等相关票据时做粉碎处理。

总之,我们可以通过改变处理这些单据的习惯来保护个人信息。

三、外出入住酒店

◇ **案例:由酒店员工泄露的信息**

2022 年 4 月 20 日,李先生和女友来奉化某酒店住宿,女友随后收到陌生人微信好友申请。通过验证后,发现该陌生人为酒店一名男性员工。李先生称,该员工见其女友长得漂亮,通过前台住宿登记信息,查找到其女友的手机号码。投诉后,当地市场监管局调查该涉事酒店。反映情况属实,酒店承认引发本次消费纠纷系内部管理制度不严所致。执法人员责令酒店改正消费者个人信息保护上存在的错误。酒店对该员工也做出了内部处分。

在酒店,除了有员工泄露客户信息之外,还存在在某些房间利用摄像头偷拍导致隐私泄露的问题。不法分子可能在酒店房间内安装多个针孔摄像头,偷拍客户在酒店房间内的活动,并将隐私信息放在视频网站,或是卖给其他机构。因此,在外入住酒店,我们应当提高警惕,并采取相应措施预防个人隐私信息的泄露。例如,在正式入住房间前,可以对房间内的各个装置以及装饰品,如电视机、台灯、插孔、纸巾盒、花洒等区域进行仔细检查。

四、流调过程中的纸质登记

在疫病流行期间的部分场所和卡口,疫情防控人员会采取手写登记的方式来记录访客的个人信息。这样做虽然可以让手机没电或不使用手机的访客都能成功登记到访信息,但也存在风险,如果对记录信息的纸张保管不善,易丢失或被他人拍照获取信息,造成不必要的信息扩散。

针对这类情况,我们建议相关场所和机构指定专人负责,将登记本妥善保管,防止丢失,严禁他人拍摄登记内容。

第 2 节　移动互联网中的个人信息安全

一、移动 App 滥用权限

手机上有各种各样的 App。每个 App 在安装时都会要求获得各种各样的权限,以此来维持 App 的正常使用。这些权限通常包括访问用户的通信录、相册等。但只有部分要求是合理的，有些则是没必要的。甚至有些 App 会使用霸王条款来强迫用户授权应用程序，不授权就无法正常使用，以此来获取相关个人信息。这样的行为就给用户带来了个人信息泄露的风险。基于各种 App 的现状，用户的个人信息总是会在不经意间泄露。

根据《全国移动 App 风险监测评估报告》（2021 年 3 季度版）发布的内容来看，56.87% 的应用存在"违规收集个人信息"的情况；55.60% 的应用存在"超范围收集个人信息"的情况；19.16% 的应用存在"App 强制、频繁、过度索取权限"的情况；有 3.99% 的 App 频繁地自启动或者关联启动；1.82% 的应用程序存在违规使用个人信息的现象。如图 8-2-1 所示。

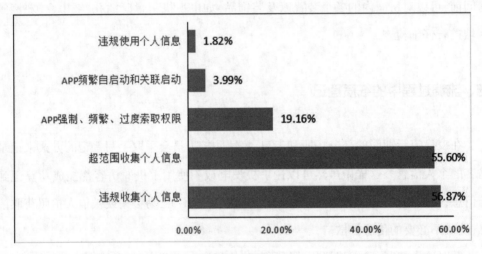

图 8-2-1

在生活中，我们时常会遇到这种情况，刚说到需要买什么东西，就有一些 App 开始给我们推荐刚刚说要买的东西；或者是有时在网上搜索一款商品，很快也会在一些 App 上收到相关广告推送。这些 App 就像长着"眼睛"和"耳朵"一样，对我们的日常生活"了如指掌"。那么对于这样的信息泄露，用户应该采取哪些保护个人信息的措施呢？

第一，谨慎授权。在安装各类 App 时，对其所获权限谨慎选择，对于与 App 无关的权限，就选择不同意获取。比如下载安装一个阅读类的 App 时，如其要求获取访问相册的权限，或显示位置信息权限，就可以点击不同意获取。

第二，彻底退出。大部分手机用户退出手机应用程序时，只是回到手机桌面，并未真正退出应用程序,这样就会给一些后台运行的恶意程序留有可乘之机,不合理地访问手机中存储的各种信息。

第三,拒绝自动登录。要定期更换 App 的密码,不要把各类 App 设置为"自动登录"。

二、App 下载

由于现在很多热门正版应用程序都需要付费才能安装使用,不少用户会选择"越狱"去下载经过破解的应用程序,或者到其他未经严格审查的应用程序平台去下载,而这些应用程序往往可能被植入了恶意代码。用户下载后,恶意代码就会进行一些非法的行为。这些盗版软件会带来很多的危害,例如,导致用户的手机受到病毒或者木马的攻击;推送不良的、低俗的信息;甚至盗取用户的个人信息,包括隐私信息等。

因此,在下载 App 时,一定要在官方网站或者官方的应用商店下载。

三、公共 Wi-Fi 环境

"手机不离身,Wi-Fi 到处蹭。"这句话在某种程度上就是现在大多数人的真实写照。一些商场、饭店为了吸引顾客,都会提供免费 Wi-Fi。在外出吃饭、休息时,大多数人第一件事就是连接所在位置的 Wi-Fi,或者使用某些破解 Wi-Fi 密码的 App 自动连接 Wi-Fi。但是需要注意的是,Wi-Fi 虽然免费,在使用过程中却要保持谨慎态度。因为存在不少黑客利用免费 Wi-Fi 窃取手机用户的个人信息,甚至会盗取账户密码,在用户不知不觉中转移用户的钱财。

◇ **案例**:2019 年,中央电视台"3·15"晚会报道,天津某科技公司研发一款名为"TZ 盒子"的电子产品,该产品可以收集手机用户设备的 MAC 地址(Media Access Control Address,媒体存取控制位置)。当用户手机连接到 Wi-Fi时,该产品能迅速识别出用户手机的 MAC 地址,经系统后台大数据匹配,就可以转换出用户的手机号码,继而拨打骚扰电话等。

案例提示:收集手机用户的个人信息应当经过用户授权同意。该案例中的电子产品通过提供免费 Wi-Fi 的方式获取手机用户的 MAC 地址,进而获取其个人信息的方式是不合法的。

针对在公共 Wi-Fi 环境下泄露个人信息的情况,有以下几种保护个人信息的方法:

首先,如果没有必要应当尽量减少连接公共 Wi-Fi,以避免信息泄漏。如确实需要接入公共场所的免费 Wi-Fi 时,需要在连接前确认 Wi-Fi 的准确名称,避免连接到钓鱼 Wi-Fi。钓鱼 Wi-Fi 就是一个假的无线热点,当用户的手机、平板电脑连接上去时,会被对方反扫描,如果这时用户的设备正好在一些网站上进行了数据通信,且涉及了用户名或密码等数据,对方就会获得该用户的信息。另外,如果使用公共 Wi-Fi 上网,应避免填写个人账号、密码等敏感信息,并关闭位置、蓝牙等功能。

其次,就是改变手机使用习惯。携带手机、平板电脑等移动电子设备出门时,建议将 Wi-Fi 连接方式设置为手动,或者直接关闭 Wi-Fi 自动连接功能,在需要使用时才打开,避免自动连接一些免密 Wi-Fi。

四、流调中个人信息的线上填写

部分街道、社区、学校在开展疫情防控相关调查和统计工作时,会通过微信小程序共享文档方式由公民自主在线填写个人信息。这样可以充分利用微信普及率高、便捷性强的功能,提升收集信息的效率。然而这样做也存在一定的风险。此种处理方式传播信息范围广,一旦被不法分子发现和获取,可能损害当事人权益。

因此对于这种情形下的风险防范,建议尽量不使用共享文档方式登记;有条件的可利用其他信息化手段,由公民填写本人信息后提交,由后台统一汇总;无其他信息化手段时,可在相关群体中征集志愿者或安排专人,由需填表人员点对点提供个人信息,由专人汇总后点对点提交相关人员处理;已使用微信小程序共享文档的,应在个人信息统计完成后,由共享文档发起人及时删除线上相关内容。

此外,很多地区都设置了抗原自测方式,提升疫情排查的效率。抗原自测后,社区往往要求居民将个人身份证号、检测盒等一同拍照上传微信群。但疏忽了信息上传过程中的信息安全,这样做的风险是极易使个人信息在无必要掌握信息的群体中扩散。

对于这种情形,建议社区指定专人负责,点对点接收反馈信息,公民不在微信群中发送个人信息;坚持信息收集的必要和最小化原则,只收集检测异常人员信息,检测正常的人员只需提供住所、人数等基本信息。

还应注意的是,在后疫情时代,我们的手机短信可能有时会收到关于疫情流行病学调查的短信,要求我们点击链接自行填报个人信息。虽然这种方式可以使公民参与流调过程,加速流调的效率,但这样做也存在风险。不法分子可能会冒用有关机构的名义发送短信,获取个人信息实施诈骗,或诱导用户点击后在无意间下载病毒,危害手机中的个人信息安全。因此,建议在遇到此情况时,一定要谨慎判断,最好通过官方渠道进行求证;如未求证,不要点击短信链接,防止受骗。

第 3 节　社交媒体中的个人信息安全

在现阶段的生活中,每个人、每一天都离不开社交平台,大家热衷于在社交平台上联络感情、开展工作等。而这其中某些行为,可能就会导致个人信息的泄露。

◇ **案例**:Facebook 是著名社交平台,它的体量、用户量都非常之大。2018 年,有一家第三方公司通过一个应用程序收集了 5,000 万 Facebook 用户的个人信息,5,000 万的用户数接近 Facebook 美国活跃用户总数的三分之一、美国选民人数的四分之一,波及的范围非常大。后来,5,000 万用户数量上升至 8,700 万。

　　案例提示:即使是 Facebook 这样级别的社交平台,对于用户个人信息的保护也并不是万无一失的。因此,在个人信息保护方面,每一个人都该保持谨慎的态度。

本节主要从注册信息、用户行为以及第三方程序链接三个方面展开,说明其中可能存在的个人信息泄露的风险,以及用户可以使用的保护个人信息的方法。

一、注册信息

每个人可能都会有很多个不同平台的社交账号。在使用 QQ、微信、微博等社交网络时,都需要先注册账号,这时,平台方就会收集我们的个人信息。这个过程中就会存在信息泄露的风险。

在注册信息时,可以有以下做法来规避风险。首先,非必要信息不填;其次,可以设置个人信息权限,如不允许陌生人查看自己的信息等;再次,设置密码时避免使用"弱密码"或不同账号使用相同密码;最后,还应做到不关联各个平台的账号。

各平台出于多种原因,往往建议用户关联其他即时通信方式,如招聘网站、社交软件等。但如果关联过多信息,就有可能造成个人隐私泄露。

因此,用户应当养成安全、良好的上网习惯:尽量避免关联各个平台的账号;为保护个人安全,尽量选择规模较大、具有良好声誉的网站进行用户注册;针对某些规模较小、无法确定其安全性的网站,可以使用"一次性邮箱"或"临时手机号码"等进行注册,并尽量不填写个人资料,或只填写部分个人真实信息;等等。

二、用户行为

在社交平台上聊天、互动、分享生活等都属于用户行为。浏览社交网站或在其上发布信息均需谨慎,强大的"人肉搜索"引擎一旦开启,所有的个人信息会一夜之间被公之于世。因此,在社交平台上的种种操作都应该带着危机意识。例如,用户在 QQ 空间或微信朋友圈中晒出没有经过打码的高铁票,黑客就可能结合该用户同时分享的合照、定位等获取该用户的身份证号、家庭住址、照片、工作单位以及常出差地等信息。

社交网络中一条条看似平平无奇的动态,通过一定数量的积累和分析可能就会导致隐私信息的泄露。因此,用户应当学习一些保护个人信息的方法。

一是设置朋友圈、QQ 空间等平台"仅好友可见""仅可见三天内动态"等,不要对外公开所有动态;二是在微博等社交平台,不要发布包含可识别个人信息的图文,包括姓名、地址、身份证号、工作岗位等;三是关闭终端定位功能,在发布朋友圈、微博消息时也不要轻易添加位置信息。

三、第三方程序链接

社交网络为用户提供了很多功能,其中存在很多第三方程序链接。例如,用户经常会碰到各种"调查问卷"、抽奖活动或申请会员卡等活动,要求填写详细联系方式、家庭住址等个人信息。但这类第三方程序并不是平台方开发的。在未经用户授权的情况下,第三方程序可能会非法窃取用户信息、植入木马等。

为避免此类第三方程序链接可能带来的风险,用户在点击第三方链接时要判断该网站是否可靠,并认真核验,不要贸然填写。当然,从根本上避免第三方程序泄露个人信息的方法就是尽量不点击第三方的链接或程序。

第 4 节　网购环境中的个人信息安全

网络购物的出现在很大程度上方便了我们的生活,今天大多数人都会使用网络购物,但在进行网购时也存在泄露个人信息的风险。

一、网购环境中的个人信息

网购环境涉及的个人信息很多,大体可以分为三类:个人基本信息,包括姓名、性别、联系电话、地址、交易账号、密码等;个人网络活动信息,包括购物车、收藏夹、浏览轨迹以及搜索记录等;还有个人网络空间储存信息。

二、侵犯个人信息的主要形式

在网购过程中侵犯个人信息的形式有以下四种:第一种,过度收集个人信息。各网购 App 会尽可能多地收集消费者信息,用于消费者画像并进行算法推荐。第二种,非法收集个人信息。利用具有跟踪功能的 cookie 软件来测定消费者在网上的操作,这个过程存在消费者信息被黑客非法盗取的风险。第三种,对个人信息的非法开发利用。非法使用公民个人信息,直接对信息主体的财产、名誉、征信等造成严重损害或威胁。第四种,将个人信息作为交易牟利。窃取个人信息,出售或非法提供给他人。

◇ **案例 1**:2021 年临近"双 11"的时候,国家计算机病毒应急处理中心通过互联网监测发现 12 款电商移动应用存在隐私不合规行为。其中有 11 款 App,未向用户明示申请的全部隐私权限;有一款 App 向第三方提供个人信息时未做匿名化处理;有一款 App 在未征得用户同意时就开始收集个人信息。

◇ **案例 2**:"圆通内鬼致 40 万条个人信息泄露"的消息传播开来。圆通速递对此回应称,调查发现河北省区下属加盟网点有两个账号存在非该网点运单信息的异常查询,疑似有加盟网点个别员工与外部不法分子勾结,利用员工账号和第三方非法工具窃取运单信息,出售给不法分子,导致信息外泄。

三、个人信息的保护方法

用户在网络购物时应当采取一些措施保护个人信息安全。

第一,在网上交易时,应确认交易网址的安全,查看该网站是否有安全证书。网页链接应带有"https",避免钓鱼网站(即虚假的网站,通常是黑客搭建用来骗取用户的某些信息)。

第二,在交易时,应尽量不提供与个人相关的任何敏感信息,可以提供一些虚实结合的信息,如虚假的姓名、真实的地址。这样的组合也不会影响交易。

第三,选择信誉较好的商家进行交易,不够可靠的商家可能有贩卖个人信息的行为。

第四,交易密码应避免使用容易破解的"弱密码",如生日、电话号码等,并做到定期修改交易密码,提高安全等级。

一旦用户发现个人信息泄露了,应立即冻结对应平台绑定的银行卡,并注销平台账号。然后立即报警,维护自己的合法权益。

第 5 节　物联网环境下的个人信息安全

韩国"N 号房"事件再度唤起公众对摄像设备泄露隐私的担忧。随着物联网发展进程加快,物联网智能摄像头、智能家电设备越发受到青睐。然而,一些创造便利的物联设备也可能成为不法分子窥探隐私的"千里眼""顺风耳",形成网络化、链条化的黑色产业链。由此可以看出物联网设备存在泄露个人信息的风险。

一、个人信息泄露案例

◇ **案例 1:**2018 年 7 月,有黑客破解了一款叫作 Diqee 360 的国产智能扫地机器人。这款机器人带有摄像头,黑客利用这款机器人暗中监视扫地机器人的使用者。国产大厂商的扫地机器人依旧存在这样的设备漏洞。

◇ **案例 2:**3 人团伙在 7 个月内利用儿童智能手表骗取 112 人共计 50,000元,他们利用智能手表的防护漏洞开发出了一款软件,可以轻易获取儿童智能手表的身份标识号。3 人在孩子不知情的情况下,以交"书本费""班费""郊游费"等理由发短信诈骗家长。家长很难对孩子的手表设防,而且每次的"书本费""班费"并非大额费用,便更加不会深入考虑,因此被骗的可能性大大提高。同时由于儿童智能手表也与家长的手机绑定,因此家长的手机系统也容易遭到入侵,导致个人信息泄露。

二、物联网隐私泄露新形势

一是伪装可信数据。设备收集数据的云计算系统无法信任它们是否从真实设备中接收数据。

二是窃取隐私数据。一旦物联网终端设备遭到破坏,网络攻击者就可以窃取存储在物联网设备上的数据,其中可能包含个人基本信息、密码等信息。

三是劫持关键凭证。黑客已经能够从几乎所有智能设备中提取 Wi-Fi 密码或嗅探其他敏感数据,包括智能电灯、门锁、门铃、视频监视器等。一旦黑客入侵了这些物联网设备,就可以将其用作网络攻击和提取网络数据的入口。

三、物联网安全防范

在物联网场景下保护个人信息的方法有以下几种:

第一,在选择智能物联网设备时采购大型厂商的产品,切勿贪图便宜购买廉价货,并及时升级补丁。因为大型厂商设备安全性较高,即使设备发现漏洞也会及时修补。

第二,保证家用局域网安全。物联网设备接入家庭局域网时,注意关闭网络对外共享功能,如有默认密码需要及时修改。

第三,避免使用开源产品。

第四,强化身份认证,设置"强密码",并定期更新密码。

第五,关注网络流量。可以借助路由器流量管理功能,查看物联网设备网络数据流量,提早发现可疑数据包,及时阻断网络攻击。

第9章　网络使用中的安全意识

第1节　社交媒体安全意识

一、社交媒体概述

社交媒体,指的是互联网上基于用户关系的内容生产和交换平台,是人们彼此之间用来分享意见、经验和观点的工具。社交媒体的产生依赖的是 Web2.0 的发展,是依靠群众基础和技术支持才得以发展的。社交媒体使话语权下放,有利于营造"意见的自由市场",是舆论监督的有利阵地,但社交媒体的弱社交关系较多,且言论多样,易出现谣言、网络暴力等问题。社交媒体的特点,一是使用人数众多,很容易形成信息病毒式的传播,造成社交媒体的网络狂欢;二是内容传播者和接收者的角色边界模糊。微博、微信、QQ、论坛等都是常见的社交媒体。

社交媒体在中国的发展大体经过了四个时期。

早期的社交网络是 BBS,这是一种点对面的交流方式,淡化个体意识,将信息多节点化,并实现了分散信息的聚合。中国的第一个论坛诞生后,打开了一种全新的交互局面,普通民众可以利用论坛与陌生人进行互动,而不仅仅是被动接受媒体信息。

Facebook 诞生后,社交网络正式迈入了 Web2.0 时代。受到国际社交网络发展的影响,中国社交网络产品相继出现。它们形态各异,百花齐放,包括视频分享、SNS 社区、问答、百科等。2009 年 8 月，新浪推出微博产品，特点是 140 字以内的即时表达，可以使用图片、音频、视频等多媒体支持手段，通过转发和评论进行互动。

随着移动互联网的发展，微信息社交产品逐渐与位置服务（LBS 技术）等移动特性相结合，相继出现米聊、微信等移动客户端产品。

而现在则处于垂直社交网络应用时代。垂直社交网络应用并非在上述三个社交网络时代终结时产生的，而是与其并存。目前，垂直社交网络主要与游戏、电子商务、职业招聘等相结合，可以看作社交网络探究商业模式的不同尝试。垂直社交网络的强联系、小圈社交概念不断放大，基于共同兴趣的需求被细分出来。

但是，即使我们只与朋友和家人分享自己的私人生活片段，也仍然有可能将自己的敏感信息暴露给网络罪犯。所以说，"社交媒体是一把双刃剑"。

社交媒体的优点有很多，比如：

与世界各地的人联系。使用社交网络最明显的优点之一就是能够在任何地方即时联系到他人。使用 Facebook 可以与世界各地的朋友保持联系，也可以认识新朋友，这些朋友可能来自 Facebook 用户从未听说过的城市或地区。

轻松即时的沟通。现在，不必依靠固定电话或龟速的信件来联系别人，只要打开笔记本电脑或拿起智能手机，就可以立即开始与网络上的任何人交流。

实时新闻和信息发现。等着六点在电视上播出新闻或卖报员把报纸送来的日子一去不复返了。如果想要知道世界上发生了什么，只要去社交媒体上逛逛就可以了，而且还可以按照自己的意愿来定制新闻和信息的推送。

为企业主提供海量的机会。企业主和其他类型的专业组织可以与现有客户建立联系，销售他们的产品，并通过社交媒体扩大他们的影响力。实际上，有很多企业家和企业几乎完全依靠社交网络蓬勃发展，如果没有社交网络，他们甚至无法运营。

此外，社交媒体也是一个可以分享生活点滴的平台。

但是，社交媒体也存在很多缺点，包括：

信息过载。现在社交媒体上有很多人在分享自拍、视频，随着时间的推移，用户可能会获取大量冗余的信息。

隐私问题。如今网上分享的信息过多，隐私保护问题已经越来越成为人们关注的焦点。

分心和拖延。人们会被社交网站上分享的新闻和信息分散注意力，从而导致各种各样的问题,比如分心驾驶,或在交谈中走神。浏览社交媒体也会助长拖延的习惯,成为人们逃避某些任务或责任的工具。

另外,还有可能因为长时间浏览社交媒体而养成久坐的坏习惯,或是睡梦中被社交媒体频繁的消息提醒惊醒。

在信息安全方面,社交媒体是一个经常被忽视的领域。由于社交通常被视为个人通信工具而非业务平台,因此很少有风险监控和治理。但社交无疑同时也是一个商业系统,因为很多人都需要每天使用它与客户沟通。同时,社交媒体也代表了最大的现代威胁载体。和其他通信或商业平台相比,社交媒体上的可见性更少。也就是说,我们更不容易分辨出社交媒体中网友的真实面目。

二、信息获取安全

1.谣言止于智者

随着社交媒体的发展,人们接受信息的渠道更加多元。《5G 时代中国网民新闻阅读习惯的量化研究》报告表明,智能手机已成为人们阅读新闻使用最多的终端;微信、抖音等社交媒体是获取信息的重要新媒体来源,其中强联系传播属性的微信,是人们使用频率最高、获取信息来源最广泛的平台。由此也引发了一系列问题,其中之一就是网络谣言的"病毒式"传播。面对互联网时代谣言的"病毒式"传播,普通大众应当遵循"三要素",即"勿听""勿言""多思"。

"勿听",即加强识谣辨谣能力。

"有图有真相"在社交媒体账号中广泛流传。但是,有图就真的是真相吗?事实上,视像错觉能给人极大的视觉"诱惑",使社交网络成为谣言滋生的温床。

公众应该加强对网络中流传图片的判断,减少对碎片化信息的合理拼接,让"别有用心+恶意戏谑"原形毕露,也只有这样才能降低网络传播"噪音",加强公众识谣辨谣能力。

"勿言",即阻断谣言传播渠道。

互联网时代,人人都是信息发布者,这也为谣言的滋生和传播提供了平台环境。尤其是涉及时政的谣言,容易带来严重社会问题与政治问题。以新冠疫情为例,疫情牵动国际国内舆论场,有关新冠疫情、新冠疫苗的谣言在互联网上屡禁不止,其中有关新冠疫情溯源问题的谣言更是影响国际关系。中国互联网监管部门联合各地发布辟谣信息,澄清谬误,让公众了解最真实的疫情信息,取得了清朗网络空间的良好效果。

在互联网上自由表达言论,是法律赋予每位公民的权利,但自由表达应该遵循法律和道德的底线,不可以造谣滋事,散布虚假信息。要提高自己识辨信息真伪的能力,做到不造谣、不信谣、不传谣,努力阻断谣言传播渠道。

"多思",即提升谣言共治能力。

"是非疑,则度之以远事,验之以近物,参之以平心,流言止焉,恶言死焉。"作为网络谣言传播主体,同时也是谣言的主动净化者,网民在谣言治理中具有不可估量的作用。

辟谣是整个谣言处置流程中最难的部分。对于辟谣来说,老旧谣言的识别和处理是相对完善的,但寻找和判定新增谣言并对其进行辟除,则是一个重要课题。这样的课题需要政府管理机构、网络平台和广大网民"三位一体",加强谣言研判工作,努力做好网络空间的净化工作。网络谣言治理的相关机构必须充分理解网民的心态,善于发现并开启互联网联合辟谣的自主净化能力,开拓可信任的沟通渠道,并培养公众使用这些渠道的技能,才能形成社会联合共治下的网络环境。相关机构要以网民喜闻乐见的形式辟谣,及时发布专业辟谣信息,让广大网民第一时间获取事实真相,将绝大多数谣言扼杀在摇篮里,进而做到彻底净化产生谣言的土壤。

2.严防网络诈骗

社交媒体上常见的网络诈骗有虚假的交友网站、代码验证诈骗以及恶意软件诈骗等。

虚假的交友网站往往以免费注册作为诱饵,这些免费社交网站最初看起来可能实惠又方便,但是一旦注册成为会员,一段时间以后这些虚假的网站就会露出真面目。用户可能会收到免费升级成高级会员的邀请或者一些独家福利,但前提是需要配合网站填写调查问卷。而问卷内容极有可能涉及隐私问题,如身份证号、银行卡号等。代码验证诈骗最常出现在与社交账号关联的电子邮件中,邮件内容称该社交账号在更新数据,要求验证使用者的社交账户。骗子会鼓励使用者单击第三方链接验证账户。一旦点击通过,将被要求提供姓名、地址、电话号码,甚至银行账户或者信用卡详情等个人数据。而在恶意软件诈骗案件中,受害人往往在社交平台上与一个网友进行多次交流后,网友邀请其访问他提供的网站以获取更多信息,但是,这些网站并不合法。受害人会被导向一个包含恶意软件和骗局的网页,骗子可以在这里盗窃用户的个人数据,导致用户身份被盗和金融诈骗。

那么如何才能远离社交网络诈骗呢?

一是使用社交网站时,不要接受来自陌生人的好友请求。

二是避免在交友个人档案中或者向只在线上聊过天的人透露太多个人信息。诈骗犯可能会利用用户的姓氏或者工作场所等细节操纵用户或者实施身份盗窃。最好使用声誉好的交友网站,通过它们的通信服务进行沟通。诈骗犯往往很快就希望与受害人从交友网站转移到其他更具私人性的社交媒体或者电话中,这样在交友网站上就不会有他们和受害人要钱的证据。另外,应当小心对用户过分吹捧的消息。可以把对方发来的文字复制粘贴入搜索引擎中,看看同样的字句是否显示在暴露网恋诈骗的网站上。也不要因为是用户自己首先发起的联系就放松警惕,因为诈骗犯会在交友网站上遍撒虚假个人档案,等待受害者找他们。

三是避免向网上的陌生人发送以后可能被用于敲诈的照片。

四是如果怀疑对方可能是骗子,立刻切断联系。

五是避免点击看起来和正在进行的谈话无关的用户简介或者链接。

六是需要和网友见面时,一定要约在公共场所,并告诉家人和朋友要去的地方。

七是绝不要给只在网上见过的人送钱或者礼品卡,或者透露银行信息。

3.避免信息过载

信息过载是指信息过多,远超个人的需求和处理能力,以至于接收者无法准确挑选与运用有效信息。

当海量的观点不一又无法辨别真伪的信息涌入的时候,有限的认知资源会"浮光掠影"般地撷取各个信息的碎片,根据自身的认知图式将其拼凑成一个完整的"真相",然而最终的结果往往却是对事件和情境的认识越来越模糊,这反而增加了对未来的不确定感,引发更强烈且持久的焦虑情绪。

工作或学习时,如果每隔几分钟就刷一次手机,会导致注意力在不同的认知对象上切换,频繁打断原来的认知进程,使个体的注意力变得支离破碎,维持较长时间的深度思考和心理能量的灌注变得极为困难,直接的后果就是工作、学习的效率变低,质量变差。这反过来又会引起个体的自责和烦躁情绪,加重情绪低落甚至抑郁的状态,进入恶性循环。

认知过载所强化的焦虑感会持续让个体处于应激状态,由于这种焦虑感是弥散且无具体指向的,无法立即被消除,就会不断激活个体的交感神经系统,使个体处于类似"战斗"的状态,长期处于这个状态的个体也会有较强的身体疲劳感。

那么在日常生活中应该如何应对信息过载呢?

首先,在良莠不齐的信息来源中,可以更加看重来源于大型媒体的推送,这些媒体有一套专业的信息过滤和核查体系,能够把那些离谱的信息拒之门外。特别是在新冠疫情等重大事件发生的时候,这些专业媒体的价值会更加凸显。

其次,在专业化过滤之外,也需要"协作式过滤"。因为日常新闻的获取,可能更依赖微博、微信公众号以及微信朋友圈等社交媒体。为了防范信息过载,选择靠谱的信息来源就很重要。

最后,最重要的是"自我过滤",即用户的媒介素养。特别是那些研究新闻和学习新闻的人士,要对信息有更好的判断力。在接收信息、转发信息以及对信息发表见解的过程中,要尽可能把一些虚假信息过滤掉,减少虚假信息的传播和流动。

三、内容分享安全

1.警惕暴露位置

定位服务最初诞生之时,是为了方便人们的生活。现阶段,手机定位服务常常用于危急时刻的紧急救援、必要的信息查询、工作调度以及团队管理措施、个人定位等。而位置服务在社交媒体中的典型应用是在使用签到服务时,社交媒体应用可以提供相对精确的位置信息。比如用户在发微博、朋友圈时,可以选择同步自己的位置。

定位服务的精确度很高,用户甚至可以通过手机定位获取自己目前所在位置的经纬度。这就是通过 GPS 实现的,可以精确到 5 到 10 米的范围之内。定位服务还可以实现即时定位,即用户可以通过手机的定位服务配合 GPS 卫星,使获取定位的速度更快。

当前,很多人都习惯把手机当作一个移动坐标,在社交媒体上走到哪儿晒到哪儿。但在社交媒体上分享位置是存在潜在风险的。如果经常在社交媒体上分享自己的位置信息(如发送带有定位的动态,或在图片上标记自己所在的位置等),社交软件可能会在用户不知情的情况下,给手机安装定位软件,或者未经用户授权就自动开启定位功能。而互联网罪犯可能利用用户发布的状态或者照片定位用户当前所在的位置,结合其他技术获取用户的详细信息。这会将用户置于危险的境地之中。

2.谨慎分享图文

或许有人有疑问:只要不带定位信息分享动态,就可以让自己免受暴露了吗?但实际上,这也是错误的。

黑客可能仅凭一张手机原图就能找到我们拍摄的时间和具体位置。这是因为智能手机里的拍照软件也都使用了定位信息。所有通过智能手机拍摄的照片,都包含一个 EXIF 参数。参数中,包括图像的基本数据,包括拍摄的时间、照片的大小等,而这其中最重要的一项就是照片的位置信息。在拍摄照片时,手机拍照软件调用了 GPS 全球定位系统的数据,而这些来自手机内部的传感器以及螺旋仪的数据,能够把照片拍摄的位置、时间等信息丝毫不差地全部记录下来。在照片上附加定位信息本来是件好事,可以让用户根据地理位置对照片进行分类,使手机完整地展示自己最近的踪迹。但是如果把这样的照片传给别人,其中记录的定位信息一旦被不法分子知晓,就会给用户造成安全威胁。因为有了经纬度信息,就可以在软件中进行全球定位,例如打开 Google earth 或其他地图工具,在地标栏里输入经纬度(需转换数值格式),点击"确认"就能显示这张照片的拍摄地点。如图 9-1-1 所示。

但是,如果关闭了定位服务功能,就不会再显示此类信息了。如图 9-1-2 所示。

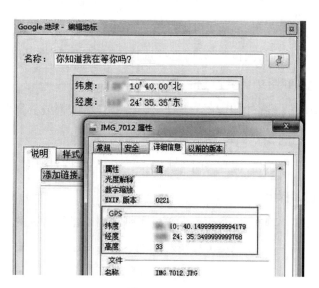

图 9-1-1

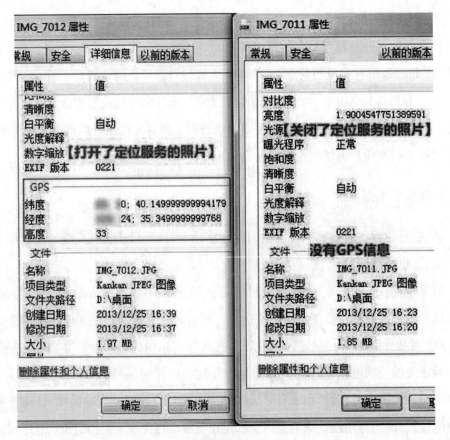

图 9-1-2

下面,以 iPhone 手机为例,看看如何关闭照片定位。

首先,打开手机的设置,点击【隐私】,选择【定位服务】,再选择【照片】,应用对于【允许访问位置信息】选项选择【永不】,这样就可以关闭照片定位功能了。如图 9-1-3 和图 9-1-4 所示。

综合以上内容,在社交媒体上分享位置或分享图文信息的时候,该如何保护好自己呢?

首先,应当关闭手机定位,防止位置信息泄露,并拒绝手机应用程序要求获取过多的权限。

其次,注意不要发送过多带有周围建筑特征的照片,不给不法分子可乘之机。

最后,很多人在旅行前都会拍摄一张带有登机牌或其他车票的照片,而实际上,火车票、登机牌上的条形码或二维码,也都含有个人信息,绝对不能把它们在没有经过马赛克遮挡等操作的情况下就发到社交媒体上。

图 9-1-3

图 9-1-4

另外,护照、身份证、家门钥匙、车牌号码都会暴露我们所在的位置以及生活范围。如果被别有用心的人看到,很有可能会带来一系列的麻烦,所以这些照片信息也不要发到社交媒体上。

建议社交媒体用户"滞后"分享。虽然在旅行中走到哪儿就定位在哪儿并分享出来是一件非常酷的事情,但是这也会给不法分子留下可乘之机,所以在旅游或出行时最好等回到家中再分享旅途中的照片。

最后,还应当注意的是,不要轻易地连接公共 Wi-Fi,因为你永远不知道公共 Wi-Fi 背后到底有多大的危险。

3.尊重他人隐私

(1)拍照不小心拍到路人,侵犯路人肖像权吗?

这种情况需要具体问题具体分析。如果拍摄的画面中只含有路人的背影或者身体的某个部位,不能通过其识别出路人到底是谁,就不存在侵权的情况。但如果拍摄的画面足够清晰,可以完整地、清楚地看到这个路人,并且没有经过其本人的同意就将这样的照片在社交媒体上分享传播,就很有可能涉嫌侵犯他人的肖像权。

《民法典》第一千零二十条规定,合理实施下列行为的,可以不经肖像权人同意使用其肖像:

(一)为个人学习、艺术欣赏、课堂教学或者科学研究,在必要范围内使用肖像权人已经公开的肖像;

(二)为实施新闻报道,不可避免地制作、使用、公开肖像权人的肖像;

(三)为依法履行职责,国家机关在必要范围内制作、使用、公开肖像权人的肖像;

(四)为展示特定公共环境,不可避免地制作、使用、公开肖像权人的肖像;

(五)为维护公共利益或者肖像权人合法权益,制作、使用、公开肖像权人的肖像的其他行为。

(2)制作他人表情包并上传至社交媒体,侵权吗?

使用朋友照片制作成表情包并且在聊天中发送也是一种常见的行为。经过朋友的同意在一定范围内使用其肖像制成的表情包,是不一定造成侵权的,但是如果将其用作商业目的,且没有经过肖像权人的同意,就会构成对他人肖像权的侵害。

《民法典》第一千零一十九条规定:

任何组织或者个人不得以丑化、污损，或者利用信息技术手段伪造等方式侵害他人的肖像权。未经肖像权人同意，不得制作、使用、公开肖像权人的肖像，但是法律另有规定的除外。未经肖像权人同意，肖像作品权利人不得以发表、复制、发行、出租、展览等方式使用或者公开肖像权人的肖像。

(3)随意散播他人社交媒体动态，侵权吗？

日常生活中，我们常常会把自己在朋友圈看到的新鲜事儿截图下来，并在社交聊天中进行传播，那么随意散播他人的社交媒体动态算侵权吗？传播他人社交平台的动态和私信截图是否侵犯他人隐私，不能一概而论。如果散播的内容是经过本人同意并希望散播的消息，或者是经过本人同意将聊天截图经过处理且无法复原的，那么没有任何问题。但如果涉及公民的个人信息、私生活秘密，就侵犯了他人的隐私权、名誉权。

《中华人民共和国宪法》第四十条规定：

中华人民共和国公民的通信自由和通信秘密受法律的保护。除因国家安全或者追查刑事犯罪的需要，由公安机关或者检察机关依照法律规定的程序对通信进行检查外，任何组织或者个人不得以任何理由侵犯公民的通信自由和通信秘密。

4.警惕社交媒体泄露工作数据

◇ 案例 1：信息发送须把关

2019 年 1 月，为尽快完成某项目申报任务，某市政府部门工作人员王某通过机密级涉密计算机将材料以压缩包形式发给同事霍某，督促其抓紧按要求开展工作。因时间紧、任务重，霍某仅粗粗查看了压缩包中的一级目录，未发现存在于二级目录中的一份机密级文件。随后，霍某使用光盘将该压缩包从涉密计算机中导出，复制到自己使用的连接互联网的计算机上，并通过 QQ 发给刘某。案发时刘某尚未及时查看压缩包中的所有文件，未发现其中的包含密件。案发后，相关人员均受到了党纪政务处分。

案例提示：在传输文件、发送消息的时候，一定要仔细检查文件中是否包含工作中的机密文件。一经发现，要及时处理，绝不能通过普通的社交平台发送出去，不能因为粗心大意泄露了工作的机密。

◇ **案例 2:文件传输须谨慎**

2020 年 9 月,在保密检查工作中发现某部属单位干部马某使用的非涉密计算机违规存储 3 份机密级文件。经查,2018 年 10 月,马某为方便起草材料,擅自将涉案文件拍照并制成 PDF 文档后,通过微信文件传输助手导入涉案计算机使用,该文档被微信电脑客户端自动备份到文件夹中。案件发生后,马某受到了党纪政务处分。

案例提示:通过社交媒体传输保密文件,文件内容一旦泄露会造成非常严重的后果。在传输文件的时候,特别是使用社交媒体传输文件的时候,一定要格外小心,确保传输的文件为普通文件,而非机密文件。

◇ **案例 3:公号发布须审查**

2018 年,某国家机关下属报社工作人员方某从机关研究室孙某处领取了一张存有一份涉密材料的光盘,交接时孙某口头交代方某该光盘上的资料仅作为内部工作参考使用,但未在资料和光盘上标注密级。之后方某将光盘交给蔡某,但未转述使用要求,蔡某随即转交给徐某。徐某根据资料内容撰写新闻稿。该稿件经蔡某审核,在该报社官方微信号发布后,立即被多个自媒体公众号转载、解读、炒作,并在社交媒体平台引发网友讨论,造成相关涉密内容大面积泄露。

案例提示:当同事或上级领导将某个重要文件交给我们的时候,如果再三叮嘱这份材料仅作为内部工作使用,我们一定要提高警惕,不要随便再把这份文件发送给别人,更不能利用公众平台对内容进行发布。

5.社交场合慎谈论

说话是一门艺术。与人相处一定要学会先观察,然后认真思考自己应该说什么、不应该说什么。特别是在与别人谈论工作时,心里一定要有分寸、有界限。当谈论到机密的事情时,一定要及时"闭麦"。

应当时刻保持专业精神,在和家人、朋友谈论工作上的机密问题时,需要明确界限。职工有责任、有义务保护企业的机密,绝不能向任何人泄露。当同事讨论涉密问题时,要学会转移话题。比如在休息时间,如果发现同事在讨论公司的机密,应当学会引导同事转移话题,避免公司机密遭到泄露。如果自己无意中得知了公司机密,也要注意帮公司做好保密工作,避免使公司因机密泄露遭受损失。

四、隐私数据安全

◇ **案例**:剑桥大学心理学讲师 Aleksandr Kogan 通过一款用于科研的 Facebook 应用收集了约 27 万用户的数据记录,并通过好友关系抓取了共 5,000 万名 Facebook 用户的数据。Facebook 宣称 Kogan 后来将这些数据转手卖给了第三方,其中就包括剑桥分析公司。剑桥分析公司通过对 Facebook 数据的分析获知了选民的心理特点,进而有针对性地为特朗普投放了竞选广告,由此辅助特朗普赢得了 2016 年美国总统大选,从而名声大噪。

越来越多的公民个人信息成了不法分子争抢的"香饽饽",要么被直接出卖非法获利,要么被犯罪分子利用,从事电信诈骗、非法讨债甚至绑架勒索等犯罪活动。犯罪分子通过各种途径收集人们被泄露的隐私,经过筛选分析用户特征,进行精准犯罪。

隐私泄露对个人所造成的影响毕竟是有限的,对企业和国家造成的危害却是巨大的。不法分子通过各种途径收集企业的某些重要信息,将信息兜售给其竞争对手,从而给企业造成巨大损失。如果是重点行业的企业机密被泄露,那不仅对企业来说是致命的,还会对国家安全造成威胁。更为可怕的是,隐私泄露还能裹挟用户思想,改变其三观,最终引导整个社会朝着某个设计好的方向发展。

那么,为什么社交媒体会造成隐私信息的泄露呢?

一方面是内部因素。用户本身保护隐私的意识十分薄弱。用户主动在社交软件上发布关于个人的敏感信息(如在朋友圈晒出没有打马赛克的车票、在各种网络调查问卷上随意填写个人隐私信息等)或分享定位都会泄露自己的隐私。在上述案例中,用户自身保护隐私意识薄弱也是造成个人信息泄露的原因之一。Kogan 通过 Facebook 上的调查小程序让用户填写问卷并授权日常数据供 Kogan 研究,这个环节就是隐私泄露的开始。

如果说用户保护隐私的意识薄弱是不可避免的,那么手握大数据的科技公司将是保护用户隐私的最后一道防线。在上述案例中,不是 Facebook 公司在防范黑客窃取数据方面的能力薄弱，而是其对内部人员采取的保密措施不完善，才让 Kogan 有机会将用于研究的数据泄露给剑桥分析公司。在这方面，国内最具代表性的例子就是快递和外卖行业，由于需要进行实物交易，快递和外卖公司需要收集一些用户的隐私信息，所以这些平台就拥有大量用户隐私信息，其中保密措施不到位是导致用户隐私泄露的主要原因。

另一方面是外部因素，即黑客的攻击和木马病毒窃取数据导致个人信息泄露。黑客利用其高超的技术手段，越过很多科技公司设置的防火墙，将盗取的数据倒卖出去或者公之于众。例如，美国征信企业 Equifax 曾遭到黑客攻击，1.43 亿美国公民的信息数据被泄露到暗网，让美国三分之一的公民处于危险中。

基于以上原因，用户一定要在社交媒体中注意隐私的保护，更不要使自己成为泄露个人信息的源头。建议用户做到以下几点：

一是要仔细阅读网站的隐私政策。这些隐私政策都会清楚说明网站会收集哪些数据，如何使用、共享、保护这些数据，以及用户可以如何编辑或删除这些数据。一定不要图方便或者嫌麻烦，在未经阅读等情况下就盲目勾选"我已同意""我已阅读"等选项。

二是不要共享不必要的信息。注意不要在线发布自己不希望公开的任何内容，并尽可能少地提供可识别你的身份或行踪的详细信息，账号、用户名和密码等信息都要保密。在注册或填写其他表单时只输入必填信息[此类必填项通常都会使用星号（＊）标记]。另外，还应当注意检查应用的设置，尤其是手机应用的设置。在允许应用访问"位置信息""照片""相机"或"麦克风"时应小心谨慎。对社交平台中的个人资料应设置适当的隐私级别，通过查看社交网站设置管理谁可以看到自己的个人资料或照片、他人可以如何搜索到自己、谁可以查看自己的帖子和发表评论，以及如何阻止不希望出现的某些人的访问等。

三是留心他人发布的内容。可以通过搜索引擎在互联网上搜索和自己姓名有关的文本和图像，查看自己的信息是否已经被公之于众。并且留意他人发布的内容，告诉好友未经自己许可不要发布自己或自己家人的照片。如果对其他人发布在网站上的关于自己的信息或照片感到不舒服，也可以要求其将内容删除。如果需要在社交媒体上公开发布图片时，可以选择添加水印，以免图片被人滥用。

第2节　网上交易安全意识

一、网上交易信息安全

1.网上交易信息泄露隐患

根据第 46 次《中国互联网络发展状况统计报告》,截至 2020 年 6 月,有 20.4%的网民表示遭遇过个人信息泄露问题。一些不法分子会通过邮箱、短信等渠道发送非法网站链接,告诉用户可以参加活动、抽奖、免费领取产品等,要求用户填写电话、地址等,这样个人信息就泄露出去了。具体的泄露方式有以下几类。

(1)个人信息填写泄露

在这个时代,网上购物基本上已经是人人都会用的了,也成了一种时尚。但是网购给我们带来了方便的同时,也存在着一些风险。用户在网络上进行交易时,例如填写地址、联系方式和姓名时,若不注意防范,这些个人信息可能会被不法分子盗用。

◇ **案例:伪装成客服进行精准诈骗**

据央广网报道,有不少唯品会的消费者遇到电信诈骗。骗子以电商客服的名义给消费者打电话,能准确叫出消费者的名字、知道消费者购买商品的具体信息。骗子以消费者下单的商品存在质量问题需要办理理赔,或以将消费者的信息提交给代理商、需要消费者配合取消代理等说辞为由,让受害人添加客服联系方式申请解决。骗子以这样的套路骗取受害人的账户信息和密码以及银行的验证码,在受害人还未来得及反应的情况下迅速将钱款转走或让受害人下载多个借款平台,贷款后进行转账。

(2)填写"中奖"信息泄露

在用户日常上网交易时,经常会收到"中奖"信息。不法分子通过短信、邮件等方式发送虚假的中奖信息,通过要求用户填写个人信息窃取信息并诈骗。

◇ **案例**:某日,刘先生收到一条短信,某电视台栏目组称其中奖了,需要登录网站进行领取。刘先生登录该网址填入验证码后,显示其被抽中二等奖,奖品为 98,000 元人民币和苹果笔记本一台。刘先生按网页上的引导进行多步操作后,被以缴纳中奖保证金和税金等借口骗取人民币 21,200 元。

（3）二维码传播病毒

不法分子可能注册多个社交账号(微信、微博等),在社交账号上发布出售低价商品的虚假信息。买家根据要求扫描不法分子发送的二维码后钱款被盗。很多病毒可以利用二维码传播,进入手机后盗取用户的信息、钱财。

（4）钓鱼网站套取信息

不法分子通过一家真实购物网站发布低价商品,买家拍下商品准备付款时,不法分子关闭交易,并诱导买家使用社交账号(微信等)交谈,伺机发送与原购物网站界面一致的虚假链接,骗取买家的支付账号、密码及款项。

2.网上交易信息防护

（1）注意"匿名"保护

在网络交易中填写个人相关信息时,注意尽量不使用真实姓名,并选择不常使用的联系方式。还有前文中提到的快递单、车票等单据,这些看似后续已经无用的单据上却包含着很多个人信息。正确的处理方式是将这些单据进行妥善保管或直接销毁。当然,也可以在填写时进行匿名或填入虚假信息(如真实的收货地址,但对应虚假网名等)。

（2）不填写"中奖"页面信息

当突然收到"中奖"信息时,一定要确保其真实性,不要随意填写自己的个人信息,谨防网络诈骗。这是钓鱼网站常用的"套路"。

（3）谨慎扫描未知二维码

对不了解的二维码及网址不要随意读取或点击,其中可能包含病毒或恶意软件。网购时,要仔细验看登录的网址,使用官方网站购物,不要轻易接收和安装不明软件,要慎重填写银行账户和密码。

（4）使用官方网站购物

尽量不要使用购物网站以外的沟通或支付方式，注意甄别诈骗网站的域名差别，如相近字母、不同后缀等，多搜索比对来判断购物网站的真假。

二、网上交易媒介安全

20 世纪 90 年代以来，通过互联网完成的交易与日俱增，大多数投资品种均可在互联网上交易。在进行网上交易时，用户常用微信、支付宝、网银等进行支付。但在使用这些媒介进行支付时，也要注意其中存在的隐患，做好防护。

1.网上交易媒介支付隐患

（1）密码薄弱

现代生活中，用户往往拥有太多平台的账号密码，有限的记忆使我们倾向于设置较为简单的密码（如生日等个人信息），或者多个平台使用同一个密码。但这种密码易被破解，一旦攻击者通过某种方式得到支付密码，就可以轻易冒充持卡人通过互联网进行消费，给持卡人带来损失。

网上支付密码被破译的常用手段有以下几种：

一是"钓鱼"骗取。攻击者可采用"钓鱼"方式达到目的。具体方式有假冒网站、虚假短信（邮件）等。这些网站页面、短信或邮件是他们的"诱饵"。如果不能识别这些诈骗手段，持卡人就很容易被攻击者诱骗，进而向其泄露银行卡的支付密码。

二是支付终端截取。攻击者可以在持卡人电脑上发布恶意软件（如木马软件）。这些软件能在持卡人输入支付密码时悄无声息地捕获密码，并偷偷发送出去。

三是网络截获。攻击者在支付终端和其他网络设备节点通过智能识别和密钥破解手段得到支付密码。

四是暴力攻击。支付密码通常是由数字和字母组成的一段字串。由于人类记忆能力的限制，该字串不会太长。当前很多发卡行采用 6 位数字密码方式。借助具有强大运算能力的计算机，攻击者可以采用密码词典的方式逐个试探。

(2)交易时使用公共免费 Wi-Fi

若用户在使用微信、支付宝等进行网上交易时使用免费的公共 Wi-Fi,可能会使支付密码泄露,造成资金损失。

(3)收付款码混淆

在使用微信收付款码时,若没有注意区分,误将付款码发送给付款方,将可能导致资金损失。

◇ **案例**:一名通过朋友圈销售化妆品的微商赵某,被一个微信昵称为"美美"的骗子通过二维码支付骗走了 1,500 元。

美美首先通过微信联系赵某,声称要购买一瓶眼霜。付款时,美美让赵某进入微信钱包首页,将收款二维码发给她,她扫码进行付款。赵某却误将"付款二维码"发给了美美,导致了资金损失。

(4)默认小额免密支付

支付宝有一些默认的规则:虽然为保证资金安全,付款码每分钟会自动更新,但是在安全系统保护下,小于 1,000 元的订单不需要验证支付密码,大额支付才需要验证密码。此外,只有首次使用时才需要网络进行支付,之后不需要网络也可以支付。因此,为保证安全,要定期检查各类涉及支付的软件中小额免密支付的签约情况,只保留近期最常用的几个,其他全部关闭,以避免多笔免密盗刷的风险。

注意:若手机遗失,别人没有支付密码,或许无法将账号里的钱靠"转账""发红包"等方式转走,但是可以通过"收付款"的页面扫描"支付二维码",从而在手机机主不知情的情况下消费。只要每笔订单少于 1,000 元,就可以免密支付,不法分子可能会利用"付款二维码"刷爆机主的银行卡,给机主造成巨大损失。

2.网上交易媒介支付防护

网上交易媒介支付防护有以下几种方法。

(1)用户可以定期更换支付密码,并且不使用个人公开信息作为支付密码。设置支付密码时,最好不要使用公开的个人信息,如生日、纪念日、手机尾号等作为支付密码。尽量用比较复杂的登录密码和支付密码,并定期更换。另外,也尽量开启手势密码、指纹密码、刷脸支付等破解难度较高的生物识别技术,提高移动支付的安全级别。

(2)网上交易时不使用公共场所免费 Wi-Fi。黑客很可能会在公共场所设置钓鱼 Wi-Fi。这类 Wi-Fi 不需要密码就可以使设备在开启 Wi-Fi 开关时自动连接上,甚至连名字也伪装得和该公共场所的名字几乎一样(如商场名称、广场名称等),如果不细心查看根本不会发现。但是一旦接入了这种 Wi-Fi,并在此网络下进行网络支付等,用户的支付密码、网银账号等就会被黑客抓取。这时,用户就难逃财产损失的命运了。

(3)在向他人收款时,注意区分收款码与付款码。应当注意的是,通常直接点开微信"收付款",显示的是"付款二维码"。所以如果需要展示的是收款二维码,需要特别点击下方"二维码收款"才会显示。在向他人收款时,一定要注意区分这两种二维码。

(4)将"收付款"的功能关闭,有需要时再打开。用户最好将"收付款"的功能关闭,必须要输入密码才能重新打开,这样就可以避免任何人都能使用该手机进行消费。

以微信 App 为例,关闭"收付款"功能的步骤如下(支付宝的操作也是类似的,在此不赘述):

▶ 打开【我的钱包】,选择【收付款】,点击右上角三点,选择【暂停使用】。如图 9-2-1 所示。

图 9-2-1

(5)开启支付页面"安全锁"功能。仍以微信 App 为例,具体操作方法如下:

▶ 在【我】的页面下,点击【服务】,点击【钱包】,如图 9-2-2 所示。

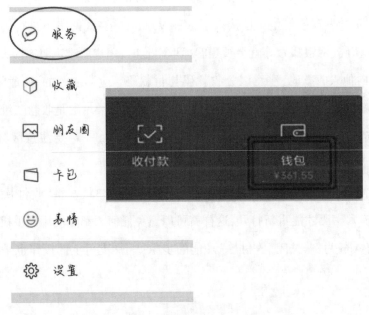

图 9-2-2

▶ 选择【安全保障】,开启【安全锁】,如图 9-2-3 所示。

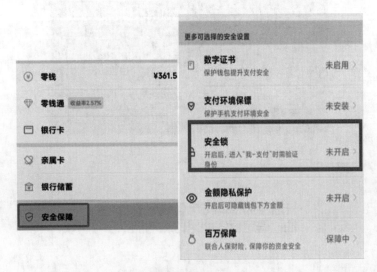

图 9-2-3

三、网上购物安全

网购作为一种新的商贸形式,是人类不断追求方便和效率的结果。但是同时这种购物形式也存在着各种弊端和隐患。

长期以来,基于开放型网络的网购,电子线路的可窃听性、电子的可复制性以及互联网软件、硬件存在一些缺陷,致使黑客攻击、病毒侵害、网上欺骗、盗窃等非法现象时有发生,而且人们的安全防范意识还比较淡薄,网购的安全性(各信息的保密性、完整性、有效性、不可抵赖性、交易身份真实性)得不到保障。

1.网购木马

网购木马是 2010 年新出现的一种欺诈木马。金山网络安全中心新统计的数据显示,2010 年网购木马增长迅速,2011 年前两个月,平均每月增加新变种近 3,000 个,而受此欺诈的网购用户也与日俱增。与钓鱼网站相比,网购木马隐藏更深,让用户无法察觉和判断,一旦感染造成危害的可能性非常高。

网购木马是一类劫持交易货款的木马病毒的统称,木马运行后会不停地获取浏览器地址,如果发现是敏感地址,则证明用户处在支付过程中。木马会首先终止用户的支付过程,并利用接口修改浏览器页面代码,通过 JS 代码跳转到目标地址。

此类病毒一般由病毒产业链的专业工作室开发,然后通过欺诈手段进行推广并牟利。同时网购木马也可以伪装成买家,与卖家进行沟通,伺机通过聊天工具发送所谓的商品图等压缩文件给卖家,卖家点击后,即感染木马。骗子再通过木马盗取卖家的账户密码,获取店铺的管理权限。接下来,骗子就可以冒充卖家对真正的买家实施诈骗了。而被骗的买家则将问题算到购物网站或是真正的卖家身上,也因此引发了很多纠纷。

总体来讲,即在用户浏览一些购物攻略等文件时,不法分子会向用户的电脑或手机中植入这种木马,导致用户的网上付款流程被直接引向假网银或者假的第三方支付网站。在用户以为完成了正常的购物流程后,才发现卖方没有收到货款。在用户根本没有觉察任何问题时,密码就已经被篡改,资金也已经丢失了。这种作案方式十分隐蔽,使用户防不胜防。曾经就出现过不法分子通过社交平台传播名为"'双 11'最全购物攻略"的文件,引诱网友点击,然后借机传播盗号木马,进而实施诈骗等恶意操作。很多网友都因此"中招"。

2.弱密码

用户在进行网络购物时一般会使用微信支付、支付宝支付或者网银支付。但在使用上述支付方式进行支付时,密码只有 6 位,强度不高。尤其很多用户都喜欢用生日等公开的个人信息甚至连续的数字当作密码,这些密码更极易被黑客攻破。

3.使用免费 Wi-Fi 网上购物

很多免费 Wi-Fi 都是不加密的,且即使加密,那些密码也很容易通过询问店员得到。最重要的是,当你接入一个名为 Starbucks 的 Wi-Fi 时,你无法确认这究竟是星巴克提供的,还是黑客伪装的。需要强调的是,这是 Wi-Fi 的通病,免费不免费都一样存在这些问题。而一旦连接了一个黑客伪装的 Wi-Fi 接入点,攻击者就会有非常多的方法在用户的系统上植入木马。因为当连接 Wi-Fi 时,所有上网数据都会在空中通过电磁波的形式传播,任何同空间内的人都可以通过无线抓包卡抓取、分析这些未加密数据。不法分子只要连入同广播域后就可以使用 ARP 欺骗、中间人代理等方式去截取数据,将图片、文本进行解码识别(如 QQ 号、http 网页等都可被识别)。但是,所幸目前微信、支付宝等涉及支付的软件都是加密的。如果没有腾讯、阿里的官方密钥,不法分子截取的内容只会以乱码显示。但是即便如此,如果用户使用公共场所的免费 Wi-Fi 进行网络购物,并且使用微信、支付宝这类的软件,也依然可能会给不法分子窃取隐私信息的可乘之机。

4.购物平台本身存在漏洞

购物平台本身也存在一些可能被不法分子利用的漏洞。不法分子很可能会利用平台的漏洞窃取信息,导致用户如姓名、联系方式、地址等个人信息泄露。

5.盗版钓鱼网站

不法分子会通过模仿主流的网络交易平台(如淘宝、拼多多等)制作盗版钓鱼网站,引诱消费者上钩。当用户在使用电脑搜索网站时,可能就会误点进不法分子制作的盗版钓鱼网站中。这类盗版钓鱼网站会做得十分逼真,而由于消费者也不会每次都仔细地检查网址,如图 9-2-4 所示。不法分子正是利用这一特点,构建与某电商平台类似的网站,诱骗消费者进入网站后,让消费者留下相关信息,甚至直接诱骗消费者转账汇款。甚至在交易过程中,有些卖家还会发送技术处理过的链接给用户,要求用户点击。此时用户以为是原来的网页,便放松警惕。但用户在钓鱼网页上完成交易的同时,钱也已经到了不法分子账户里。因此,消费者在交易过程中应小心谨慎,确认对方身份后再进行交易,否则,被欺诈的风险将增大。

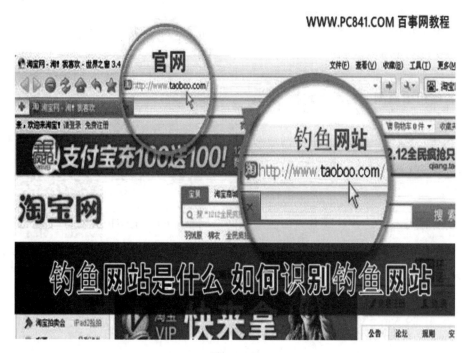

图 9-2-4

6.伪装成客服进行精准诈骗

不法分子在掌握部分用户信息后,会以电商客服的名义给用户打电话,能够准确叫出用户的名字、知道用户购买商品的具体信息,很多用户就会信以为真。这时,不法分子就以用户下单的商品存在质量问题、需要办理理赔为由,要求受害人添加客服联系方式,然后进行诈骗。

◇ **案例:**暂住平城区的王力(化名)接到一个电话,对方自称是美团客服人员,并详细报出了王力的姓名、年龄、身份证号等私人信息。对方说,王力在学校里注册的美团用户是学生身份,享受了学生优惠,现在已经大学毕业,必须注销以前的用户身份,用现在的社会人员身份重新注册,否则将影响个人征信。因为对方准确无误地报出了自己的相关信息,因此王力对客服人员的身份深信不疑。在对方的语音操控下,王力一步步迈入不法分子的陷阱,最终银行卡被盗刷 20 万元。

案例提示:在这个案例中,王力仅凭不法分子报出他的个人信息就相信了对方,而没有进一步联系美团官方客服进行核实。在日常生活中遇到这种情况,尤其是涉及银行卡等信息,应该保持谨慎态度,确认对方身份。

7.使用旧版浏览器网上购物

当用户使用旧版浏览器登录网购网站购物时,可能会遇到利用旧版浏览器漏洞的不法分子,造成支付密码等重要信息泄露。

那么用户平时应该从哪些方面实现在网络购物中的安全防护呢?

一是营造良好的上网环境。在上网过程中,可以运用菜单栏当中的工具选项,选择其中的安全选项,对于一些不良网站的不良信息进行屏蔽,不随意浏览不安全的网站。

二是定期更换支付密码,且注意不要使用个人信息作为密码。

三是使用匿名信息。用户在平台上进行网络购物时,最好使用匿名信息,谨防个人信息泄露。

四是注意 Wi-Fi 的使用。尽量不使用直接连接且不需要验证或密码的公共Wi-Fi。官方机构提供的而且有验证机制的 Wi-Fi,可以找工作人员确认后连接使用。另外,平时最好关闭自动连接 Wi-Fi 的功能。如果该功能不关闭,智能手机就会自动记录使用过的 Wi-Fi 热点。如果 Wi-Fi 一直处于打开状态,手机就会不断搜寻,一旦遇到同名的热点就会自动进行连接,但是连接到的却很可能是黑客精心设置的同名钓鱼 Wi-Fi。所以,及时关闭手机 Wi-Fi 自动连接功能,能有效避免自己在不知道的情况下连上钓鱼 Wi-Fi,以免造成个人信息泄露和经济损失。同时,在公共场合还应当避免敏感操作,如在公共场合的 Wi-Fi 热点下进行网络购物和网银的操作等。这很容易导致个人重要的隐私信息遭到泄露,甚至直接被黑客银行转账。

五是要注意识别钓鱼网站。可以利用百度或者 Google 搜索正规的、大型的购物网站购物,一定不要随便点击别人发过来的链接,也不要打开陌生邮件和邮件中的附件。要仔细检查网址,确保进入的是真实的网站主页。还可以搜索对方的用户名、对方提供的商品名称等,查实是否确有其人、确有其物。如果在真正的网站首页可以直接搜索到这个用户名,也可以直接搜索到这件商品,确认都是真实的,还要在对方的店铺里搜索,查看是否真的有这件商品。一旦遇到需要输入账号、密码的环节,一定要仔细核实网址是否准确无误,再进行填写。

六是检查证书和标志。网站的证书有很多种,一般可分为安全认证证书、支付许可证书和其他性质证书等。在看到网站的证书时要留心,真正的证书一般可以点击进去并查看具体的内容。而且这个页面一般不是原来的网站的页面,而是第三方的页面。

七是使用杀毒软件,并及时更新浏览器。在网上购物时,尤其要确保后台杀毒软件的运行。还要使用安全、可靠、信用度高的浏览器,并及时对其进行更新、升级。

八是要谨防伪装成客服的不法分子,不要轻信陌生电话的游说,更不要轻信任何需要汇款的说法。

四、网上炒股安全

网上炒股以其"交易方便快捷、信息量大、紧跟行情、辅助分析系统强大"等特点成为股民炒股的首选方式。网上炒股简单快捷,只要办妥证券网上委托的相关手续,交易就不再受地域和时间的限制,只要有一台可以上网的电脑,就可以方便地委托下单,查询所需的咨询信息,整个交易的速度远远优于传统的电话委托。但由于大多数用户缺乏基本的防护意识和措施,使网上炒股面临极大的安全隐患。

用户需要注意做好防黑防毒。网上黑客猖獗,病毒泛滥,如果电脑和网络缺少必要的防黑、防毒系统,一旦被黑客或病毒入侵,轻者会造成机器瘫痪和数据丢失,重者会造成股票交易密码等个人资料的泄露。因此,安装必要的防黑防毒软件是确保网上炒股安全的重要手段。

用户也需要正确设置交易密码。如果证券交易密码泄露,他人在得知资金账号的情况下,就可以轻松登录受害者的账户,严重影响个人资金和股票的安全。所以对网上炒股者来说,必须高度重视网上交易密码的保管,密码忌用吉祥数、出生年月日、电话号码等易猜数字,并应定期修改、更换。

同时用户也不要忘记退出交易系统。交易系统使用完毕后如不及时退出,有时可能会因为家人或同事的误操作,造成交易指令的误发。如果是在网吧等公共场所登录交易系统,使用完毕后更是要立即退出,以免造成股票和账户资金损失。

网上炒股存在一系列隐患。

1.木马病毒

不法分子会利用"木马病毒"攻击股票交易系统客户端,并操纵其股票交易。

◇ **案例**:2007年,公安机关曾发现不法行为人利用"木马病毒"攻击网上股票交易系统客户端,并操纵其股票交易。这种"木马病毒"是一种专门攻击客户网上账号的计算机病毒,目前已有多家网上银行等金融机构的网上账户曾经被该病毒攻击。

"5月8日以来,因为电脑中毒而向瑞星求助的股民已有数百人,并且有继续上升的趋势。"5月16日,瑞星客户服务部门副总经理王建锋介绍说。据介绍,遭病毒感染的股民以中老年人为主,主要中毒表现为电脑运行变慢、重要文件被删除,少部分人的股票账户和银证通账户出现异常等。

2.弱密码

很多用户的密码设置得非常简单,采用连续数字、个人信息(生日等),甚至一些用户将密码记录在 Word 文档中,任何人只要使用其计算机就可以看到他的密码,这些都给不法分子提供了极大的便利。

3.使用免费 Wi-Fi 炒股

用户使用免费公共 Wi-Fi 炒股虽然方便,但存在极大的安全隐患。不法分子甚至可以利用免费 Wi-Fi 网络窃取用户炒股账号和密码。

4.使用自动保存账户密码设置

用户在使用浏览器登录炒股网站或软件时,常常为了方便自动保存账户和密码,这可能会导致账户和密码被窃取。

5.炒股软件本身存在漏洞

炒股软件本身也存在一些可能被不法分子利用的漏洞。不法分子利用炒股软件的漏洞进行信息窃取,导致用户的个人信息、炒股账户和密码被窃取。

6.从未知来源下载炒股客户端

当用户下载炒股客户端时,若不在官方网站或手机自带的应用市场下载,可能会下载被黑客插入恶意代码的客户端,从而造成账户和密码的泄露。

7.使用陌生炒股软件

当下,由于网上炒股成为一种投资热门,许多不法分子也将目光投向了这个领域。不法分子通过晒出使用陌生炒股软件炒股的盈利引诱消费者下载陌生软件炒股,从而实施诈骗,并通过在软件中安插木马窃取用户炒股的账户和密码。

◇ **案例:**2020 年 11 月,常州市市民黄女士添加了一个陌生人的微信,对方推荐投资基金赚钱,并将她拉进一个名为"王牌战队"的微信群,里面有老师通过音频授课。听了一段时间,看到群里跟着老师投资的人纷纷晒出"盈利",黄女士有点动心了。于是,她扫描群内二维码下载了"新中基金"App,尝试在平台上投资理财。刚开始,投资有小额盈利,并且成功提现了两笔,于是黄女士便逐渐加大投入。很快,平台客服称软件更新,需要充值同等金额才可以把本金提现出来。黄女士信以为真,充值后才发现微信已经被对方拉黑,App 也登录不上,这才意识到被骗,共计损失 140 余万元。

因此为了保障网络炒股安全,应当采取以下防范措施:
一是在非必要的情况下,用户应当尽量不使用网吧、酒店的公共计算机或其他公共设施上的炒股客户端炒股,在有条件的情况下尽可能使用专用计算机。二是在进行网上炒股时,也尽量不使用公共场所免费 Wi-Fi。三是注意定期更换登录密码。如果用户的证券交易密码泄露,他人在得知用户的资金账号的情况下,就能够轻松登录用户的账户,会严重威胁个人资金和股票的安全。所以,对网上炒股者来说,必须高度重视网上交易密码的保管,设置的密码忌用吉祥数、出生年月、电话号码等容易被破译的数字,并应定期修改和更换。四是在官网下载炒股软件。一些不正规网站上的炒股软件存在被黑客放入病毒、木马的风险。因此,用户一定要从官方网站上下载或从手机自带的应用市场上下载炒股软件。五是关闭自动保存账户密码设置。用户在登录炒股软件进行炒股时,切记不要自动保存账户密码,每次登录输入密码可以提高炒股个人信息安全性。六是运行杀毒软件。用户应当定期运行杀毒软件,在进行网上炒股时要保持后台杀毒软件的运行。七是在完成交易后一定要退出交易系统,以免造成股票和账户资金损失。

五、网上银行安全

网上银行已经与我们的日常生活紧密相连,网上银行依然存在很多隐患。

一是木马程序盗取个人信息。当用户在使用网上银行时,不法分子可能利用木马程序盗取用户的网上银行账号和网上银行数字证书。

◇ **案例:**2007 年,福建省南平市公安机关接到林某报案,称其于 9 月 11 日花了 11 万元在农业银行购买邮政基金,并随即开通了网上银行业务进行网上交易,10 月 15 日准备赎回该基金时,发现已被他人通过网上交易系统赎回,现金被转走购买物品。

公安机关经调查分析,不法分子很可能通过木马程序事先盗窃林某的网上银行账号和网上银行数字证书,后通过互联网登录其网上银行账户,将其基金进行赎回操作(三天后到账),并在赎回资金三天后使用赎回资金购买物品。

二是网上银行平台本身存在漏洞。用户在使用网上银行进行交易时,不法分子可能利用网上银行本身存在的漏洞对用户的信息进行窃取。

三是从未知来源下载网上银行软件。用户在下载网上银行软件时,若不从官方网站或手机自带应用市场上下载,可能会在不知不觉中下载被黑客植入木马的软件,造成银行账户和密码等重要信息的泄露。

四是伪装成网上银行客服诈骗。不法分子以"网银升级"等为名向用户发送短信,谎称当事人网银需要升级,诱导当事人登录伪造的银行网页,套取银行卡号、交易密码及动态口令等,实施转账诈骗。

◇ **案例**:南京市市民许先生收到一条手机短信:"尊敬的网银用户,你的中行 E 令将于次日过期,请尽快登录 www.bocvk.com 进行升级,给您带来不便请谅解,详询 95566(中国银行)。"许先生正是中国银行的网上银行用户,他顾不得多想,利用办公室电脑,根据短信提示登录所谓"中国银行"的网址 www.bocvk.com。网页打开后,徐先生看到,显示的界面正是"中国银行"。他根据网页提示,输入自己的用户名、密码以及随机产生的中行 E 令(动态口令)、身份证号等信息后,页面显示升级成功。可再次登录自己的中行网银账户时,许先生发现账户上的 101 万元已被转走。

五是盗版钓鱼网站。不法分子会模仿网上银行的域名和网页布局。当用户在使用网页登录网上银行时,可能就会误点进不法分子制作的盗版钓鱼网站中。钓鱼网站示例如图 9-2-5 所示,辨别方法:网址不正确,且没有安全锁。

钓鱼网站示例(IE浏览器)

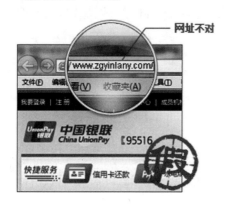

图 9-2-5

◇ **案例**：一家银行进行网络维护时，竟发现一个和自己银行同名的网页正在举行"送大礼"活动，内容诱人："为了回报网上银行用户，本行特进行火爆送大礼活动！对使用网上银行 1 年以上的用户，送价值 5,800 元的 CDMA 彩屏手机一部……"但"活动"要求，领奖者要输入网上银行注册卡号、登录密码、交易密码等，才能获得礼物。当有客户向虚假站点发送以上信息后，电脑会显示一个"服务马上就要停止"的界面，或把客户重新引导到正规站点上，客户很难察觉，这样一来，非法资金转移就"神不知鬼不觉了"。

六是网上银行密码自动保存设置。当用户使用浏览器登录网上银行网站进行网上交易时，浏览器可能会自动保存用户网上银行密码，若用户浏览器数据泄露，则网上银行密码也会泄露。

七是使用旧版浏览器登录网上银行。若用户使用旧版浏览器登录网上银行网站进行网上交易时，不法分子可能会利用旧版浏览器中存在的漏洞对用户网银信息进行窃取，造成用户资金损失。

那么针对以上情况，应该采取哪些防护措施呢？

一是注意保护个人信息。任何时候都不要轻易向他人透露自己的交易密码和身份证。应当定期更换自己的登录密码和交易密码，切记不要将登录密码和交易密码设置为同一密码，避免其中任一密码泄露导致个人交易信息全部泄露。

二是确保完全退出交易。使用完"网上银行"后，切记点击"退出交易"，并清除电脑数据库中暂存的密码，充分保证网上银行的安全。

三是不使用免费 Wi-Fi 登录。尽量不要使用免费 Wi-Fi 登录网上银行，所谓的"免费"Wi-Fi 可能被黑客监视。

四是使用网络银行专业版进行交易。通常，网络银行专业版在安全特性上要比基于浏览器的简易版网上银行高，因此建议用户安装专业版本的网络银行系统进行交易。

五是识别钓鱼网站。要牢记自己开户银行的网址，假网页一般经过了技术处理，用户如果采用引擎搜索网址，然后进入银行网站的登录方式，容易误入假网页，所以用户要记住银行网址的关键字符。

六是不在公共场所使用网银。尽量不要在别人或网吧等公共场所的电脑上使用

"网上银行"。

　　七是注意检查网上银行证书。当用户使用网上银行进行交易时,应当注意检查当前网址的证书是否合法。

　　八是不点击陌生链接。当用户收到"升级账户""回馈活动"等信息时,不要点击其中包含的未知链接,以免落入钓鱼网站的陷阱。

　　九是定期杀毒并更新浏览器。要定期检查自己的电脑,及时杀毒。在使用浏览器登录网上银行时,使用最新版的浏览器。

　　十是取消浏览器自动保存密码设置。用户需要删除浏览时保存的网上银行账号和密码,并定期清除浏览器浏览历史,以免被别有用心的人看到。

第 10 章　智能设备使用安全意识

第 1 节　智能手机安全意识

一、智能手机的物理安全

　　如图 10-1-1 所示,分析机构的最新研究表明,截至 2021 年 6 月,全球约 40 亿人拥有智能手机,实现了智能手机的超快普及。但是随之而来的手机盗窃事件也越来越多,因此我们也要重视手机的安全问题。

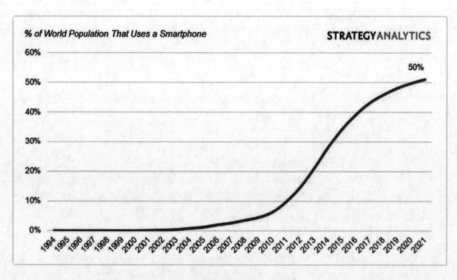

图 10-1-1

◇ **案例**：某智能手机的机主在手机丢失后没有立即挂失。一个多小时后，犯罪团伙把他的手机卡拔出，在另外的手机上操作，登录他的各种账号、更改密码、关联银行卡、刷卡、贷款……所有常见的移动互联网业务都被操作了一遍。

案例提示：当一个人的所有利益和关系都"集中"在一部手机上的时候，遗失手机后损失就会很惨重。因此，要时刻注意自己的手机安全。

手机一旦被盗，用户可以遵循以下步骤减少损失：首先，可以借用身边人的手机打电话或发短信给亲朋好友，说明手机已经被偷了，让他们千万不要相信以本人名义发出的诈骗信息、电话等。特别是近几年，很多人在 QQ 等社交软件的账号被盗取后，犯罪团伙就会假借其名义向亲友发送借钱、帮充话费等虚假信息，导致了一定的金钱损失。其次，可以借用好友的手机登录自己重要的社交账号，如微信、支付宝等，及时修改密码。再次，可以使用特定设备或应用锁定手机数据，必要时可清除相关数据，避免个人隐私泄露。最后，可以通过"查找我的设备"网站，查看手机的位置。如果手机显示在附近的话，可以根据当前手机的位置，去寻找自己的手机。

如果是使用安卓系统的手机，需要事先开启【查找设备】，如果是苹果手机，则需要开启【查找我的 iPhone】功能。通过这两个功能就能通过 Google 或者苹果的账号追踪丢失或者被盗的手机的位置，远程锁定设备甚至彻底擦除设备上的所有数据。

安全锁定安卓系统手机的步骤如下（以华为手机为例）：

▶ 通过手机或电脑浏览器访问华为终端云服务官网，并登录华为账号。如图 10-1-2 所示。

▶ 进入【查找设备】。如图 10-1-3 所示。

▶ 然后即可采取防护措施。如图 10-1-4 所示，【查找设备】中有四个功能，分别是【定位设备】【播放铃声】【丢失模式】以及【擦除数据】。选择【定位设备】，即可看到当前手机的位置。如果选择【播放铃声】，这时丢失的手机会以最大的音量播放铃声，即使手机处于静音状态也会以最大的音量播放出来。但这一功能只有手机正在附近才有用，如果手机距离当前的位置过

图 10-1-2

图 10-1-3

远,则此功能无用。如果点击【丢失模式】,则会将手机锁定,即使有人捡到也
无法打开手机。【擦除数据】功能则可以将手机里面所有的数据全部清除,可
以在点击【丢失模式】前对方已经将手机打开的情况下避免更大的损失。

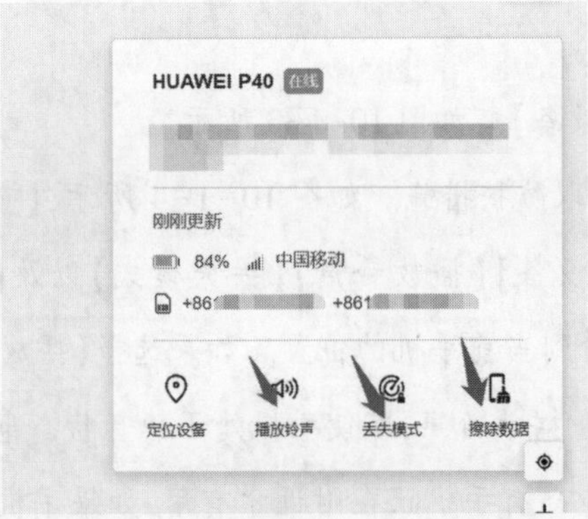

图 10-1-4

对于苹果手机,可以通过如下操作打开【查找我的 iPhone】:

▶ 点击 iPhone 主页面的【设置】图标,然后在该界面点击最上方的【账号】一栏,然后点击【查找】。如图 10-1-5 所示。

图 10-1-5

▶ 找到【查找我的 iPhone】并打开,并将该页面中的【启用离线查找】和【发送最后的位置】功能也打开。如图 10-1-6 所示。

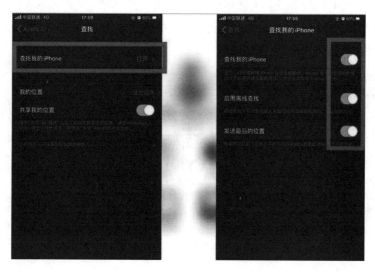

图 10-1-6

苹果手机一旦丢失,可通过以下步骤将手机锁定:

▶ 使用电脑登录 iCloud 官网,输入自己的 Apple ID 账号,登录进入 iCloud 主界面。如图 10-1-7 所示。

图 10-1-7

▶ 然后点击【查找我的 iPhone】,在所有设备列表中选择丢失的苹果设备。

▶ 点击【丢失模式】(【播放声音】和【抹掉 iPhone】功能与上述华为手机的功能类似,在此不再赘述)。如图 10-1-8 所示。

图 10-1-8

　　▶ 在输入框中输入可以联系到自己的电话号码后,点击【下一步】完成设置。设置为丢失模式后,该手机就算被他人盗走也无法解锁使用。如图 10-1-9 所示。

图 10-1-9

二、智能手机的密码安全

　　手机锁屏是保护个人移动设备隐私和数据的最重要的环节之一。手机密码越不容易被其他人猜到或获得,我们的手机就越安全。

　　当前常见的手机密码种类有:图案解锁、数字密码、指纹解锁以及面部识别,它们的安全性各不相同。

1.图案解锁

　　图案解锁需要用户在屏幕上画出预先设定的线条图案来解锁手机,其强度完全取决于图案的复杂程度。如果设置的图案非常简单,则日常操作方便,但同时也会非常容易被破解。而如果设置得太复杂,则会导致日常使用十分不便,效率很低。

　　与其他的屏幕解锁技术相比,图案解锁的安全性基本处于中等级别。但它的缺点是失败率高、应用场景狭窄。失败率高指的是,如果设置的图案过于复杂,却在紧急关头需要打开手机,很可能会画错图案,并失去一次开锁的机会。另外,这种加密的方式应用场景十分狭窄,基本只能用于手机锁屏,不能用于微信账户或微博账户的加密。并且,实际研究发现,偷窥者偷看一次解锁图案后,成功复制的几率高达 64.2%,而如果经过多次观察,这种风险还会进一步增加。

2.数字密码

手机的数字锁屏密码一般是由阿拉伯数字 0—9 排列组合成的 4 位数或者 6 位数。数字密码的位数越多、排列越复杂,安全性越高。因此,6 位密码的安全系数是大于 4 位密码的。在设置数字密码的时候,应当尽量设置位数多一些。但数字密码输入的时间也是比较长的,效率较低。

3.指纹识别

指纹解锁是由用户自己在手机中录下指纹,然后每次通过指纹记录解锁手机。这种解锁方式是比较方便的,也是目前公认的最快捷、最安全的方式之一。但是指纹识别也并非是万无一失的,因为攻击者可以从照片或者其他来源窃取指纹。指纹一旦被别人盗取,他们就可以随便利用手机用户的指纹去打开用户的手机或者其他社交平台的账号。每个人的指纹都是独一无二的,指纹密码更是人不可更改的。所以指纹一旦丢失,造成的后果将是不可想象的。

4.面部识别

面部识别是基于人的脸部特征进行身份识别的一种生物识别技术,用摄像头采集含有人脸的图像或视频流,并自动在图像中检测和跟踪人脸,进而对检测到的人脸进行面部识别。面部识别和六位数字密码的安全性基本相同,安全性为百万分之一。但是现有的面部识别技术也仍有一定的缺陷。例如,在录入的时候光线不足、识别在开启时光线不足或者表情与录入样本不一致都会影响识别成功率。2019 年也曾多次曝光人脸识别技术相关的安全和隐私问题,这项技术的实际应用效果还取决于前置摄像头和某些软件。因此,人脸识别也并不能保证百分之百的安全和准确。

由此可见,不同类型的密码安全性各有不同,也各有其优缺点,用户在使用时可以根据偏好自行选择。但是在使用任何一类型的密码时,都应尽量达到其能实现的最高安全性。

例如,在设置图案密码时,应当注意尽量不要从某个角开始,也不要设置成某个字母的形状,以免被别人偷瞄时很快记住或猜到。可以尽量用交叉跨越的线条,并尽可能把所有的点都用上,如图 10-1-10 所示,使图案尽可能复杂一些。虽然这可能会给日常使用带来一些麻烦,但是却能很大程度上保证安全。

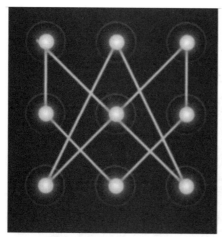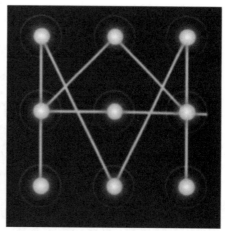

图 10-1-10

　　如果使用的是数字密码,应当注意在设置时尽量不使用与自己相关的数字,如自己或妈妈的生日、手机号码等。为了便于记忆,可以设置一组自己熟悉的数字作为基数,然后再在此基础上将其他几位换成其他数字。例如自己的生日是 19000718,取后 3 位 718,再把前面这 5 位替换成自己熟悉的数字,就可以了。

　　对于不限制只能使用数字的密码,据安全专家的研究,做到以下几点可保证密码相对安全:长度上大于 8 位数,组合上无明显规律,并尽可能使用三种以上的符号,如数字、字母以及特殊符号等。

　　如果需要使用指纹,应注意选择隐蔽处录入指纹,防止指纹图片被他人拍到。采集指纹完成后,应擦拭手机屏幕或外壳上面能留下指纹的地方,防止手机上面留下指纹痕迹。另外,存取指纹的名称不要填写与自己相关的真实信息,如自己的真实姓名等。否则,一旦某天手机丢失或者借给他人使用,其他人就会很容易获取手机机主的指纹信息。最后,注意要为采集到的指纹加上锁。

　　现在面部识别解锁已经越来越多地应用在生活中了,所以也要注意保护自己的面部信息。从某种程度上来说,在社交平台发布自拍其实是有风险的。因此在朋友圈或其他社交媒体上发布照片时,要尽量少发个人的正脸照。另外,使用软件拍照时尽量选择受到监管的软件,即正规软件。在线下商店购物的时候,也应避免直面监控摄像头,必要时要戴好口罩保护好面部信息。另外,切勿轻易使用 App 采集人脸信息,要树立风险意识，不要在一些无名软件上采集人脸信息。

三、智能手机的隐私设置

在智能手机的隐私设置中，最应当重视的就是定位信息。很多人日常生活中可能都存在以下行为：

一是购物 App 授权定位，如淘宝、京东、唯品会等，甚至拼多多都要授权定位。但实际上在网购时根本没必要授权定位。定位信息跟我们网购的这个行为是毫无关系的，只会暴露我们的隐私。

二是电子银行授权定位，如农行、工商银行、建行等网上银行。但是我们在手机上办理银行业务，比如说查看自己的账户余额或者转账，实际上都与我们的位置信息无关。

三是最常见的，即在社交平台显示地理位置信息，如在朋友圈中显示定位等。这些地理位置信息都会暴露隐私。所以在发朋友圈时尽量不要开启定位，除非该定位是特别紧要的。此外，还有很多社交软件可以开启"附近的人"功能，如微信、抖音等。在抖音中，如果开启"附近的人"这一功能，就能刷到附近的人发的抖音视频。但同理，你发的视频你附近的人也都能看到。如果违法分子也故意设置与你同样的位置的话，他就能刷到你的视频，然后一步一步窥探、窃取你的隐私，这时候就容易使自己陷入非常危险的境地了。

因此，如果没有必要的话，最好将这些功能关闭。

2021 年 1 月，小米隐私保护能力建设研发团队曾公布一组统计数据。平均每部手机每天会被手机中的 App 定位 3,691 次，相册和个人文件每天被手机里的 App 访问 2,432 次，手机里的 App 在后台每天尝试悄悄地启动 783 次，有超过 40 万个 App 可以直接读取用户的剪切板。这些数据简直让人毛骨悚然。

那么为什么几乎所有的 App 都想要用户的定位呢？

第一，是可以引起关注。方便向用户发送带有定位信息的内容，引起附近用户的关注，活跃用户周围的流量。而流量一旦活跃起来，那流量的受益者当然是这个 App 公司。他们可以通过流量变现将流量变成现金、资金流入他们的公司。

第二，是推送内容。可以将和位置有关的信息流内容推荐给用户，引起注意、激起兴趣。这些 App 通过位置信息不仅能窥探用户的社会关系、消费习惯，连个人健康状况等隐私也能一网打尽。所以区区一个定位权限就几乎打开了用户隐私的大门。

所以,在授权 App 权限时一定要深思熟虑,关闭那些没有必要开启的权限,根据不同软件的需求,开启相应的定位权限,使授予的权限最小化,这是保护个人隐私关键的一步。比如说,地图 App 想要获取用户的定位信息,那当然是可以允许的;但如果是修图软件、拍照软件、音乐软件、社交软件、网银等想要获取位置信息则应该拒绝。另外,还可以对 App 权限进行时间上的限制,例如对于定位服务,可以选择"下次询问或在我共享时询问""使用 App 期间""使用 App 或小组件期间""永不""始终""精确位置"等。

在手机上对 App 进行定位权限设置的操作步骤如下(以安卓系统手机为例):

▶ 点击手机桌面的【设置】,再依次点【安全】和【权限管理】。如图10-1-11所示。

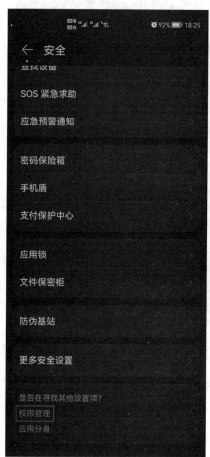

图 10-1-11

▶ 点击【位置信息】,将不需要授权定位的 App 设置为【禁止】(例如图中的百度、百度网盘、备忘录以及一些网课平台或者是社交媒体、视频软件等,这些都可以设为禁止)。如图 10-1-12 所示。

图 10-1-12

同理,对于手机的其他功能,也应该实现 App 权限的最小化。如图10-1-13所示,【麦克风】【读取通话状态和移动网络信息】等此类权限,在没有必要授权的软件中都应关掉。

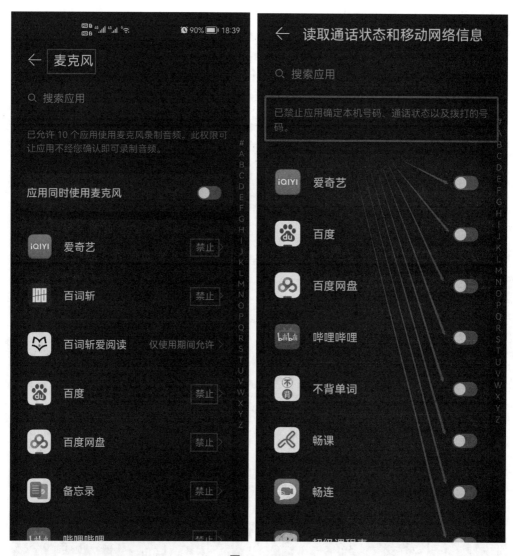

图 10-1-13

◇ **案例**：2021 年 3 月，安防系统初创公司遭到了黑客组织入侵，大量监控录像数据被窃取。特斯拉上海工厂的监控镜头片段就被曝光，而且通过这个录像能看到医院、公司、警局、监狱和学校等 15 万个监控的实时录像。

案例提示：黑客也能入侵手机的摄像头，盗取照片及视频。虽然入侵手机摄像头的案例比入侵电脑的案例少，但也应多加警惕。

因此,也应当控制手机 App 使用摄像头的权限。为手机摄像头设置权限的具体操作步骤如下(仍以安卓手机为例):

▶ 依次点击手机桌面的【设置】>【安全】>【权限管理】。如图 10-1-14 所示。

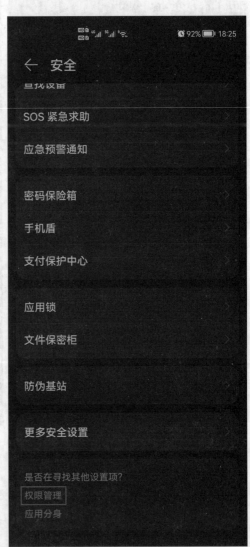

图 10-1-14

▶ 点击【相机】,对 App 的权限设为【禁止】。如图 10-1-15 所示。

图 10-1-15

　　另外,还可以直接采取物理防护手段,在手机的摄像头上贴一个手机摄像头遮挡贴,直接阻止黑客的偷窥。这样,即使手机权限被黑客攻破了,他们也看不到任何东西。当需要使用摄像头时再把遮挡贴的可挪动开关打开即可,也不会影响手机摄像头的使用。而且这种遮挡贴的价格也很低,性价比很高,是个很不错的选择。

四、智能手机的数据安全

《中华人民共和国数据安全法》第三条给出了数据安全的定义，数据安全是指通过采取必要措施，确保数据处于有效保护和合法利用的状态，以及具备保障持续安全状态的能力。

智能手机中的照片、视频、短信、备忘录，以及单位要求保存的重要文件、微信、QQ、微博等社交媒体的聊天记录，都属于智能手机中的数据。保证智能手机中的数据安全，即可简单理解为保护上述这些数据的安全。

但很多人可能不知道的是，共享充电宝、公用 USB 都可能会导致手机中数据的泄露。

2021 年，公安部网络安全保卫局发文称，部分共享充电宝不仅可能存在质量隐患，还可能被不法分子植入木马程序，导致手机里隐私数据泄露。此处的共享充电宝可能是商场里可租赁的移动电源，可能是火车站里叫卖的满电充电宝，也可能是扫码免费送的充电宝等。手机一旦连接到已经被黑客设置过的共享充电宝，充电宝会通过 USB 线传输恶意软件到手机中。此时手机往往会弹出授权提示窗，一旦此时点击【信任】，这些恶意软件就会被悄悄地安装到手机中，并获得手机的各类权限。黑客此时即能通过远程命令控制手机，并获取里面的各种数据了（大体流程如图 10-1-16 所示）。与共享充电宝类似，公用 USB 口也会给黑客以可乘之机。他们会通过 USB 接口或 USB 数据线感染连接的设备，借此直接读取和导出手机密码和手机中的数据，甚至对设备上锁，让它们变得无法使用。

那么应该如何保护数据安全呢？

最重要的一点就是进行数据备份，进行数据备份的方式有很多。第一种就是使用手机自带的云服务，例如，华为手机能使用华为云空间，小米手机有小米云，苹果手机也有 iCloud。只要点击桌面的云空间就能进入 App 备份数据。但由于云空间的容量有限，最好只用它存储重要的数据，如联系人、备忘录以及图库中的照片等；如浏览器里的信息、日历等不太重要的内容，则不需要备份。如图 10-1-17 所示。要更换手机时，只要登录这个云空间账号，就能实现数据的迁移，非常方便。

图 10-1-16　　　　　　　　　　　　　图 10-1-17

除了使用手机中自带的应用以外,还可以使用第三方云盘,实现跨平台的数据备份。如百度网盘、迅雷、腾讯微云、阿里云盘以及天翼云盘等,都能在手机的软件商店或电脑的应用市场中下载。如果要在电脑中备份"实习 & 应聘"这个文件到百度网盘,只要在这个文件上面点击右键,然后再点击【上传到百度网盘】,不到一分钟就能成功地将文件备份到网盘里面。如图 10-1-18 所示。

出门在外要慎用共享充电宝和 USB。最好自带一个小容量的充电宝,这样既不会太重,又能满足自身的需求。尽量不要用公共场所的充电数据线或免费充电桩提供的插座。如果有自带的充电宝,可以先用公共场所的充电线给充电宝充电,然后再给自己的手机充电,这样会安全很多。还应当注意的是,当手机接入充电桩的时候,出现权限提醒一定要拒绝,不要给黑客任何机会窃取账号。而且手机使用充电桩的时候,最

图 10-1-18

好关机或者开启飞行模式,这样即使有人想要窃取数据也无从下手。

如果一定要使用共享充电宝,通过关闭手机 ROOT 权限以及 ADB 调试功能的方式也可以保证手机数据的安全。

关闭手机 ROOT 权限具体操作步骤如下:

▶ 点击手机主屏幕中的【设置】,再点击【更多设置】。如图 10-1-19 所示。

▶ 然后进入新的界面点击【授权管理】。如图 10-1-20 所示。

▶ 再点击界面下方的【ROOT 权限管理】,将列表中所有应用的设置都改为关。如图 10-1-21 所示。

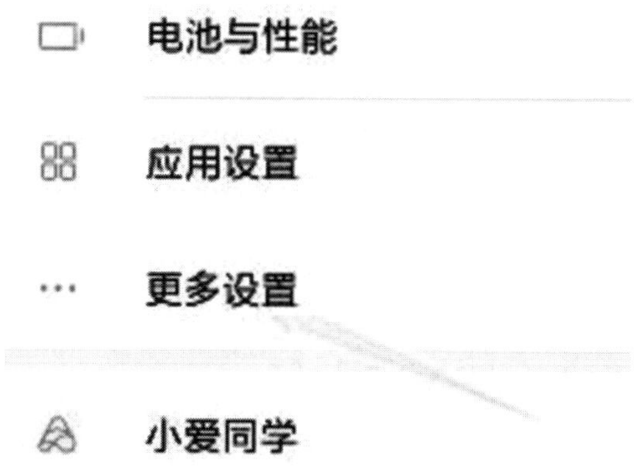

电池与性能

应用设置

更多设置

小爱同学

图 10-1-19

系统应用设置

应用管理

应用双开

授权管理

应用锁

图 10-1-20

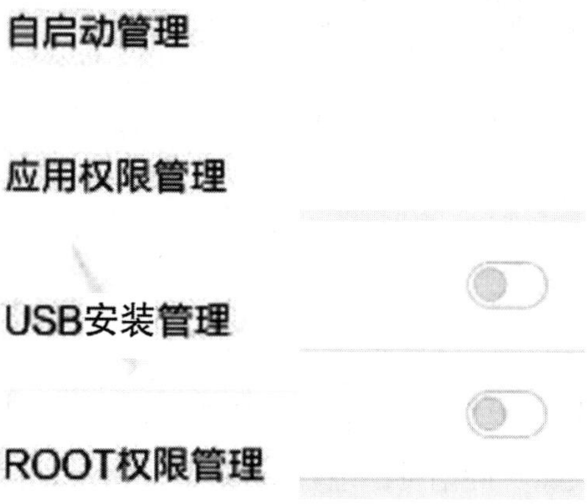

自启动管理

应用权限管理

USB安装管理

ROOT权限管理

图 10-1-21

关闭手机 ADB 调试功能的具体操作步骤如下:

▶ 依旧在手机的【设置】中,点击【关于手机】,然后连续点击【版本号】栏,输入锁屏密码,屏幕将会出现提示:您正处于开发者模式。

▶ 然后返回进入【设置】,再点击【系统与更新】,进入【开发人员选项】,关闭【USB 调试】和【"仅充电"模式下允许 ADB 调试】。如图 10-1-22 所示。

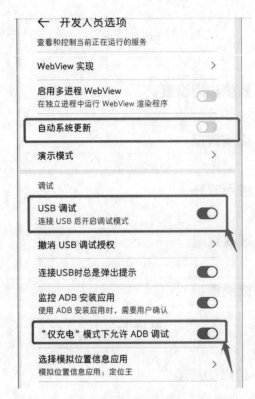

图 10-1-22

五、智能手机的上网安全

如何在网络时代保护自己的个人信息安全已经成为一个非常重要的问题。二维码骗局、弹窗广告、免费 Wi-Fi 陷阱都是当前用户经常遇到的问题。

1.二维码骗局

◇ **案例**：2020 年 8 月，哈尔滨市公安局南岗分局王岗派出所接到快手公司报案，称其平台陆续接到用户举报账号中快手币被盗。接案后，警方立即成立专案组。经调查，嫌疑人利用二维码引导用户进入钓鱼网站，盗取用户的快手币，再以刷礼物的方式套现，涉案金额高达 50 余万元。

　　案例提示：面对网上五花八门的二维码，要时刻保持戒备。扫描二维码后，如果发现界面跳转到第三方浏览器或者有跳转到其他界面的趋势时，要立刻退出，不给犯罪分子一丝机会。

　　常见的二维码骗局涉及的二维码类型有收款二维码、钓鱼二维码以及山寨 App 二维码藏木马等。

　　收款二维码，是攻击者在正规的二维码旁边贴上攻击者收款的二维码，当用户由于没有辨别清楚扫到假的二维码的时候，就会跳转到第三方转账界面。所以在扫描二维码的时候，要尽可能地把区域缩小，不要扫描到二维码以外的界面，以免扫错，造成损失。

　　钓鱼二维码，是攻击者制作的官方网站的高仿钓鱼页面，以完善身份认证等名义诱骗用户主动填写个人身份信息、银行卡资料，从而进一步实施精准诈骗，甚至盗刷网银。当用户在浏览器中搜索某个官方网站的时候，可能会出现好几个类似的网站，但有些网站的下面有个小小的标志，提示这是广告。注意，当看到"广告"这两个字的时候，千万别点进去，因为这很可能就是陷阱。有些精心制作的高仿网站和真正的官方网站几乎无法区分，所以最好经过多方比对，确认其为真实官方网站后再点击。

　　山寨 App 二维码藏木马的骗局中，最为黑客所常用的是共享单车二维码。由于在租用共享单车时必须使用对应的 App，攻击者就设计了假的租车 App，并将二维码粘贴在单车上面。然后提示用户更新，用户扫描后看似安装了租车软件，其实手机却被植入了木马。

2.弹窗广告

用户在打开或使用 App 和网页时会经常见到弹窗广告页面。这类弹窗广告非常狡猾,会设置多个看起来像是关闭按钮的图像。但我们根本不知道它真正的关闭按钮在哪,一旦点到假的关闭按钮,会跳转到第三方页面。

近年来,弹窗广告被不少互联网用户诟病。曾有网友表示,刚用手机修图软件处理完白天拍的照片后,本想一键保存在相册就可以退出,但隐藏在保存键附近的弹窗广告让他跳转了四个页面后才成功保存退出。

这类弹窗广告不仅给用户带来麻烦,还会带来很多危害。第一,有诈骗的风险,部分弹窗广告存在木马植入和信息诈骗等安全隐患。所以一定要小心弹窗广告,谨慎点击。第二,是信息污染。弹窗广告容易引诱用户点击,使越来越多具有诱导性的广告或低质量的营销信息出现在用户的信息流中,污染用户的信息来源。第三,是窃取隐私。一旦在弹窗广告的诱导下下载了流氓软件,该软件就会大量窃取手机里面的资料与信息。

但用户对于弹窗广告并不是毫无办法,可以通过在手机中进行一些设置,解决这个麻烦。首先要开启浏览器的广告过滤,这样就能防止一部分的广告。如图 10-1-23 所示。

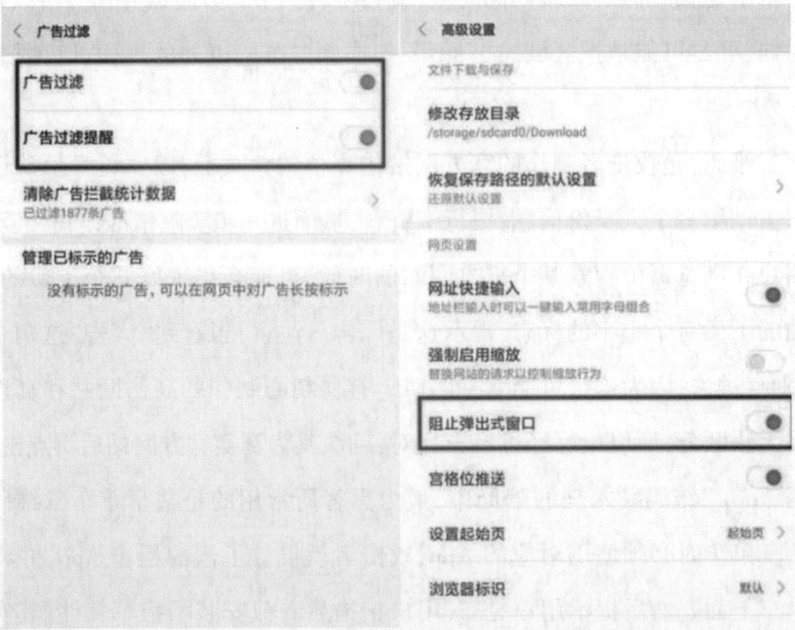

图 10-1-23

然后,还可以在手机的【设置】中点击【通知】,选择【批量管理】,将一些无关紧要的软件的通知关闭掉。如图 10-1-24 所示。

图 10-1-24

另外,最好关闭应用外部下载权限,选择在官方的软件商店中下载。从浏览器中下载的软件可能携带很多病毒。具体操作步骤如下:

▶ 在【设置】中选择【安全】,然后点击【更多安全设置】。

▶ 关闭【外部来源应用下载】按钮,开启【外部来源应用检查】功能。如图 10-1-25 所示。

图 10-1-25

▶ 并将【安装外部来源应用】中的所有软件都设置为【不允许】。

3.免费 Wi-Fi 陷阱

2022 年央视"3·15"晚会第四个节目曝光"免费 Wi-Fi"暗藏陷阱:不仅根本连不上还导致隐私曝光,点名"Wi-Fi 破解精灵""雷达 Wi-Fi""越豹 Wi-Fi 助手"三款 App。这类免费 Wi-Fi 的应用程序还在后台大量收集用户信息。"雷达 Wi-Fi"一天之内收集测试手机的位置竟然高达 67,899 次。这意味着使用了这些 App 的用户从早到晚包括睡觉时,都在不断被 App 定位其生活轨迹、行踪,甚至他们的职业、喜好都会被曝光。更可怕的是,多了这些应用程序后用户的手机还会有各种广告自动弹出,并强制用户至少在广告页面停留 5 秒,否则无法关闭,使用户躲也躲不掉。

如今,很多商场、餐厅和酒店等公共场所都会安装免费 Wi-Fi。但消费者使用这些免费 App 的同时,也会有一些应用程序自动安装到手机中。这类应用程序会在后台大量收集用户的信息,即使用户关闭这些应用程序,它们也能够通过自启动的功能在后台运行,甚至会盗刷用户的支付宝造成金钱损失。因此千万不要连接公共场所提供的 Wi-Fi,尽量使用自己的手机流量。

◇ **案例:**2019 年,李某与杨某在某市通过操作仪器收集他人手机号码。二人被抓获后,侦查机关发现,当仪器连接 Wi-Fi 热点后可以获取周围的手机号码,并能将他人号码保存于自己的手机通信录中。同时通过 App 还可以向对方手机发送短信或霸屏短信功能。二人非法获取他人手机号码共 5 万余条。

案例提示:在公共场合连接无保护或来源不明的 Wi-Fi 信号时,要警惕 Wi-Fi 陷阱。即使是商家提供的正规 Wi-Fi 信号,也切勿进行涉及银行卡密码、各类验证码、登录密码等与个人资金、信息相关的操作,以免给不法分子以可乘之机。

第 2 节　智能家居安全意识

一、智能家居概述

随着物联网的快速发展,智能家居走进千家万户。智能设备带来便利的同时,也带来诸多安全隐患。这些安全隐患如果被攻击者利用,将会侵犯用户在终端和云端的隐私数据;更有甚者,攻击者可以更改家庭中设置的智能安防,从而给人身安全带来危害,给家庭财产带来损失。

那么具体来讲,什么是智能家居呢?

智能家居是将传感技术、微处理器技术、网络通信技术同时引入家居设备之后形成的家电产品,是未来智慧家庭(Smart Home)或者家联网(Home Internet)重要的组成部分。根据产品类型,智能家居设备可以粗略划分为智能网关/家庭路由器、智能摄像头、智能门锁、智能电视、智能白电(冰箱、洗衣机、空调)、智能厨电等几大类。除了以上主流设备外,智能家居还包括一些"小功能"的设备,如智能窗帘、智能人体感应、智能温湿度感应器、智能插座等,这些不同的产品形态组成了整个智能家居体系。

智能家居具有四个显著特点,即具有联网能力、具备感知和数据采集能力、具备交互能力,且控制手段多样化。

第一,具有联网能力。智能家居设备能够通过短距离无线通信协议,如 Wi-Fi、蓝牙或其他短距离无线通信协议连接互联网。第二,具备感知和数据采集能力,如智能安防设备、智能温度和烟雾报警设备,都能实时感知周围的观景并采集视频、温度数值或空气指数等。第三,具备交互能力。智能家居具备极强的交互能力,可以和智能家居的主人、其他智能家居、家庭中的无线网关等进行交互,实现互联互控。第四,控制手段多样化。用户可以通过 App、声音、短距离无线通信协议和云端命令等多种形式对智能家居进行控制。

典型的智能家居网如图 10-2-1 所示。智能家居设备一般采用蓝牙、Wi-Fi、ZigBee 等物联网协议,与智能网关或家用路由器进行通信,并通过 App 进行远程控制操作,设备与云平台直接进行数据通信,这也是智能家居设备与传统家居设备的主要区别,即具有联网和远程控制能力。

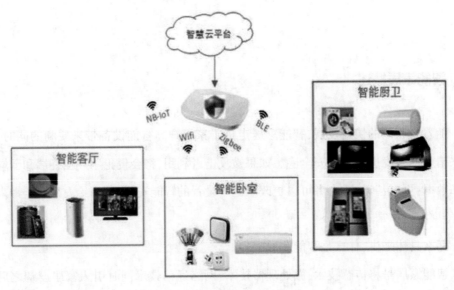

图 10-2-1

随着中国国情的发展,到 2019 年年底,中国已经成为全球最大的物联网市场,全球 15 亿台蜂窝网络连接设备中有 9.6 亿台来自中国,占比 64%。数据显示,2016—2020 年中国智能家居市场规模由 2,608.5 亿元增至 5,144.7 亿元。中商产业研究院预测,2022 年中国智能家居市场规模可达 6,515.6 亿元。可见,智能家居已经越来越受中国大众喜爱。

智能家居产品主要有智能照明、智能家电、智能安保等。数据显示,在中国智能家居产品使用率统计情况中,智能家电使用频率最高达 19.6%。其次为智能锁和智能音箱,分别占比 18.1% 和 17.7%。以上数据说明当下智能家居的发展市场是比较大的,发展前景也很好。

但值得注意的是,现阶段智能家居仍存在着很多安全隐患。一方面,由于智能硬件大多通过无线 Wi-Fi 连接,给黑客入侵设备提供了渠道;另一方面,智能硬件系统仍普遍存在安全漏洞,黑客可以利用漏洞夺取硬件控制权。

二、智能家居 App 安全风险

智能家居 App 是智能家居可移动的管理和控制方式,它的出现大大改变了一些家庭的生活习惯。好的智能家居 App 能够化繁为简,给用户舒适的体验,带来非常便捷智能的居家生活。

智能家居 App 不仅能实现智能连接,轻松便捷地将手机与电视、冰箱、空调、台灯、洗衣机、插座等家电设备连接起来;还能实现设备控制,通过手机 App 实现近距离跨平台或远距离操作,以最低的成本构建自己的"智能家庭";此外,还能通过其智能信息反馈功能及时了解家中设备状态,如家中无人时设备是否在工作,家中是否有特殊情况发生,家中的环境质量如何等,通过文字形式即时反馈信息。

智能家居 App 还具有操作随意性、智能设备相互联动、扩展功能多,以及稳定性强四大优势。操作随意性,也就是操作方式的多样化,消费者可以用智能触摸屏控制,也可以用智能遥控器控制,还可以用手机或平板电脑进行控制。智能设备相互联动,即智能家居系统中的各种智能化设备可以通过家庭网络实现互联,达到消费者理想的要求。另外,智能家居系统可以借助通信协议实现信息共享和即时传递。扩展功能多,指的是智能家居系统可以满足不同类型、不同档次、不同风格的住宅用户的需求,智能家居控制主机的软件系统可以实现在线升级,控制功能会不断增多并完善。另外,智能家居系统采用各种通信技术,比如 Wi-Fi 技术、总线技术等方式来发送指令控制家中各个设备,进行集中管理。即使在网速不稳定的地方也可以照常使用,具有稳定性强的特点。

但同时,智能家居 App 也存在一些风险。通过对本地 App 进行逆向分析或者反编译,能够找到 App 中可能存在的安全漏洞。比如,在 App 研发过程中,开发者将密钥作为硬编码存储在 App 中,攻击者能够通过反编译拿到硬编码存储的密钥,进而通过这些密钥破解整个智能家电的加密系统。此外,还有不安全的授权与数据通信及存储、调试日志信息泄露风险、伪造应用等。

因此,为了规避上述风险,用户应当采取有效的安全措施。首先,手机安装杀毒软件,及时关注升级公告并做好更新升级工作。同时,应从官方网站或权威应用商店下载 App,避免盗版软件,并保持智能家居 App 及时更新至最新版本。其次,账户密码应避免弱密钥的使用,尽量设置相对复杂的密码使其不易被破解,且尽量避免与其他账户密码重复。最后,一旦遇到手机丢失的情况,务必记得及时更改 App 账号密码,以免造成更多的损失。

三、智能家居家庭网关安全风险

智能家庭网关是智能家居的心脏,通过它才能使用系统的信息采集、信息输入、信息输出、集中控制、远程控制、联动控制等功能。用户通过手机、电脑可以安装相应软件,远程操控家里的电气设备,提高家庭用电的安全性和临时性。提升家居安全性、便利性、舒适性、艺术性,并实现环保节能的居住环境。

智能家庭网关具备智能家居控制枢纽及无线路由两大功能,智能枢纽负责具体的安防报警,家电控制,用电信息采集。无线路由负责通过无线方式与智能交互终端等产品进行数据交互。它还具备无线路由功能、优良的无线性能、可靠的网络安全性和广泛的覆盖面积。

家庭网关有两大特点。第一,丰富的智能家居管理设备,手机、平板电脑、多种设备通过它均可轻松控制家中的电器;第二,无线路由高速稳定,融合无线路由器功能,畅游互联网。这两点也是家庭网关的主要作用。

家庭网关是构建智能家居至关重要的一个环节,如果攻击者能将家庭中的网关攻破,进而进入某一个家庭的局域网,就能与家庭中智能网关所管理的所有设备连接在同一个局域网中,此时智能家居系统就会面临很大风险。

家庭网关风险包括重放攻击、拒绝服务、窃听。

重放攻击是指攻击者捕获智能家居设备执行的动作,然后重放该动作以得到相同的结果。重放攻击执行方式多样,比如窃听、捕获某动作的网络流量再重新发送该网络流量给设备。如果智能家居拥有语音助手,捕获已授权用户的命令语音再重放给智能音箱,大多数情况下都能绕过声纹鉴定。

拒绝服务,指的是互联网拒绝智能家居连接,有可能造成很多设备的安全功能都无法使用。比如说,屋主使用视频摄像头系统在云端存储录像,如果没有互联网连接,摄像头就无法存储录下的视频,入侵者只需引发互联网连接掉线就能从安防录像中完全消失。

窃听,指的是攻击者在未经用户授权的情况下监控室内和室外环境的互联网流量。监听期间流经该网络的数据就会落入攻击者囊中。这类攻击破坏的是智能家居环境的机密性。

为此,提出安全防护建议如下。

对于路由器的设置:将路由器管理密码改为强密码,如果已经不记得之前的路由器管理密码,可以通过按住重置键将路由器恢复出厂设置来重设密码。所谓的"强密码",长度要超过 8 位,由大小写字母、符号、数字混合组成。此外,要关闭路由器的"访客模式"。

对于 Wi-Fi 的设置:Wi-Fi 加密方式选择最新的 WPA3 或者 WPA3/WPA2 混合。如果只支持 WPA2 加密,那路由器就比较老,可以考虑更新换代了。将 Wi-Fi 密码也更换为强密码,并定期更换。

四、智能家居通信协议安全风险

通信协议是指双方实体完成通信或服务所必须遵循的规则和约定。通过通信信道和设备互连起来的多个不同地理位置的数据通信系统,要使其能协同工作实现信息交换和资源共享,它们之间必须具有共同的语言。交流什么、怎样交流及何时交流,都必须遵循某种双方都能接受的规则。这个规则就是通信协议。通信协议实际上就是保证协议双方正常交流的一个规则。

智能家居联网标准争议由来已久,基本达成一致的观点是:无线技术比有线技术更具潜力,但无线技术不止一种,哪种最好尚无定论。目前常见的智能家居无线通信协议有 Wi-Fi、射频 433、蓝牙、ZigBee 等。

Wi-Fi 技术是生活中最常见的无线协议,采用的是国内 2.4G 免费频段,直接连入互联网,手机下载 App 就可以直接进行控制。Wi-Fi 最初就是为了实现大数据在小范围内的无线传输而设计的。但 Wi-Fi 技术应用在智能家居中有明显的弱点,包括安全性低、无线稳定性弱、功耗大、穿墙能力和衍射能力差等,导致其在家居领域的应用受限,例如智能门锁、红外转发控制器、各种传感器等就不适宜使用 Wi-Fi 技术。

射频 433 技术的显著优势是无线信号的穿透性强、传播得更远。但该技术也有弊端,其数据传输速率只有 9600bps,因此一般只适用于数据传输量较小的场合;另外,该技术系统安全保密性差,很容易被攻击和破译。

蓝牙技术的功耗低于 Wi-Fi,传输距离较近,一般低于 10 米。故蓝牙产品会提供一些较为私人的使用体验,例如蓝牙耳机、蓝牙音箱、蓝牙智能秤等。由于其传输距离较短,所以并不适合组建庞大的家庭网络。蓝牙技术在智能家居中也有其弊端,例如无法组网、蓝牙堆栈容易崩溃、蓝牙节点较少,以及在稳定性和抗干扰能力方面也不是很强。

ZigBee 技术具备双向通信的能力,不仅能发送命令到设备,同时设备也能把执行状态反馈回来,这对终端使用体验及安防设备至关重要。其在智能家居应用中的优势包括采用了极低功耗设计,可以全电池供电,理论上一节电池能使用 10 年以上,节能环保;ZigBee 协议节点具有多达 65,000 个,但实际应用中 200—300 个节点时稳定性就会衰减。

通信协议存在的安全风险包括协议加密、协议破解、重放攻击、网络流量截获。

协议加密:若采用明文协议传输数据,可能导致敏感信息泄露。协议破解:攻击者可分析破解通信协议,进而解密加密数据或进行攻击。重放攻击:协议的设计不够安全,可能导致重放攻击。网络流量截获:攻击者可通过截获分析设备产生的网络流量来窃取用户敏感信息。

用户可以采取以下措施规避以上提到的风险:使用强度较高的加密算法加密传输数据;使用成熟且安全强度较高的通信协议;采取添加时间戳等方式抵御重放攻击。

五、智能家居云端安全风险

智能家居系统在后续的发展过程中,本身的运算量不足以支撑对大量数据的分析和存储,只能通过外部附件来满足智能家居系统的运算和存储需求。而云计算提供了低廉的运营成本使每家都能通过互联网连接到云服务中心,其产生的数据由云计算中心存储并处理。智能家居是当下的热门技术,而云服务则赋能智能家居,使其更具生命力。

云服务基于"云计算"技术,可以实现各种终端设备之间的互联互通。手机、电视机等都只是一个单纯的显示和操作终端,它们不再需要具备强大的处理能力。像我们经常使用的在线杀毒、网络硬盘、在线音乐等都属于云服务范畴。

自从云计算作为巨量的信息处理平台之一,智能家居的智能功能明显增多,设备响应速度加快。每个执行指令的响应速度平均在 1 秒至 2 秒以内,方便快捷。这是因为有了云计算以后智能家居拥有较大的存储空间,能够快速地进行数据的分析、传输,大大地提高了速度,所以在智能家居时代,云计算技术将会变成重要支撑。

云端也可能存在的安全风险。第一,身份认证与鉴别安全风险。当身份认证鉴别机制不完善时,攻击者可非法访问云端与设备。第二,访问控制安全风险。当访问控制机制不完善时,攻击者可非法访问受保护的网络资源。第三,Web 安全风险。云端一般支持 Web 服务,可能会存在 XSS、SQL 注入等常见漏洞。第四,数据安全风险。云端收集的大量用户数据可能会存在泄露、被恶意修改、删除、被非法交易等风险。第五,系统安全风险。当云端设备存在漏洞时,攻击者可利用这些漏洞进行攻击,进而威胁到云端设备存储的数据信息。

◇ **案例 1:数据库的访问机制不够完善而导致大量信息泄露**

2020 年 3 月,万豪(Marriott)国际集团再次发生大规模数据泄露事件,涉及多达 520 万客户个人信息被泄露。该公司在官网的声明中称,涉及的客户信息包括姓名、公司、生日、住址、电话号码、邮箱地址、会员账号以及积分余额、关联的航空公司等。

据官网介绍,后续调查发现,此次入侵途径是特许经营店中两名雇员的登录凭证。但所属集团的经营店员工本应没有权限访问客户的全部信息。此次入侵事件发生的原因是系统后台没有准确鉴别访问者身份,或是数据库访问权限划分不够明确。

◇ **案例 2:**2019 年,微软一专业人士曝光一起严重的数据泄露事件。大约有 1.2 万个文件,总计 87GB 的数据从 MEGA 被泄露,包含约有 7.7 亿个电子邮件地址与密码。

案例提示:MEGA 是一家网络存储服务商,该公司的泄露事件提醒广大用户,云存储并不安全,因此敏感的个人信息尽量不要存储在云端。

针对上述风险的防护建议:第一,加密存储敏感信息,并做好备份;第二,定期清理人机交互语音及视频信息。

针对云端的防护建议:设计身份认证、鉴别与访问控制机制;采用防火墙等防护手段,定期进行漏洞扫描;安装杀毒软件,及时关注升级公告并做好升级工作。

六、智能家居终端安全风险

上海市消保委曾发布智能家居"黑客攻击"测试报告,选取了 6 款在各主流电商平台上搜索排名靠前的智能门铃和门禁产品。结果显示,主要安全漏洞包括:攻击者可以通过"抓包"软件获取服务端或客户端的大量信息;攻击者可以通过简单粗暴的"抓包"加暴力破解弱密码,登录后获得他人摄像头、麦克风等权限,从而自由调取录像,甚至听取家庭成员间的交谈;攻击者可以未经授权访问数据库,结合其他漏洞实现远程开电子门锁等功能。可见,当前市场上智能家居终端仍有很大安全风险。

◇ **案例 1:家用摄像头泄露隐私**

2021 年 10 月中旬,香港某论坛上有人发布了一张照片,照片显示韩国 17 万间公寓的 WalPad 被黑客侵入并拍摄了视频。由于这些视频涉及多名韩国著名艺人和知名人士的私生活,因此成了热门话题。然而,在 11 月中旬,某暗网论坛上发布了一则出售这些视频的文章,称以 0.1 比特币(约 800 万韩元)的价格出售 1 天的视频资料,同时还公布了 700 多间被黑客侵入的公寓名单。

案例提示:WalPad 在整个家庭网络中起到连接和控制家里各种物联网设备的枢纽作用,因此它被黑客攻击有可能导致整个家庭的系统控制权被夺走。在本例中,公寓 WalPad 遭到黑客攻击造成室内隐私视频泄露的事件,并非首例智能家居系统泄露隐私事件,在智能家居为生活带来便利的同时也需要谨慎应对它带来的风险。对于此类风险,最保险的办法就是在平时不用摄像头时,将其遮挡起来,在需要确认访客时,再将遮挡物取下。

◇ **案例 2:**在山东青岛张先生家,某天夜里,全家人都在睡梦中,而此时,智能门锁突然被打开,惊醒的张先生怀疑家里进贼。报警后,警方立马赶往现场调查,调查结果却显示智能锁是"自己"打开的。此事发生后,人们在震惊之余,开始担忧与害怕:难道智能锁已经智能到"自己打开自己"了吗?

案例分析:张先生家智能锁能"自己打开"究竟是不是质量问题,我们不得而知。然而,虽然智能锁自己打开只是偶发事件,但锁不同于其他产品,一旦出事,很容易对用户造成不可逆转的损失。

智能家居设备存在的风险大体有三类,分别是"耳目类"间谍、"攻击类"间谍,以及"策应类"间谍。

"耳目类"间谍:家用摄像头、智能网关、带摄像头的扫地机器人、智能电视、游戏主机等设备容易变成"耳目类"间谍。在被远程入侵后,容易泄露用户家中的隐私画面,还可能造成包括银行卡密码、社交软件账户等信息泄露。

"攻击类"间谍则一般为具有一定功能的家居设备,如智能电饭煲、微波炉等。它们一旦被远程控制后,可能会造成火灾等破坏性事故。

"策应类"间谍一般指的是如今正逐步普及的智能门锁等安防设备,它们一旦被远程控制就可以被随意打开,为实施犯罪行为的不法分子"打开方便之门",给用户带来很大的风险。

为此提出以下防护建议:

一是列出设备清单。特别是房主一次只添加一个设备的时候,很容易丢失其中一个或者多个设备的记录。正如安全专家多年来强调的那样,用户无法保证甚至不知道自己拥有哪些设备。逐步添加设备看起来是渐进的,但可能会以指数级增加复杂性。二是在选购智能家居设备时,应尽可能选择大品牌和大厂商生产的正规产品。三是注意对家用摄像头的防范。例如,在家时切断电源,离家后再重新打开,以避免隐私信息泄露;不使用出厂预设的、过于简单的用户名与密码,并定期更换;摄像头不正对卧室、浴室等私密区域;经常检查摄像头角度是否发生过变化;养成定期查杀病毒的好习惯;等等。

第11章　日常网络安全防护

第1节　无线网络安全

一、无线网络安全基础

无线网络是现代网络的一种重要形式,指不需要线缆即能够在各网络节点间进行互联通信的网络,也称作"移动互联网"。移动互联网的概念是相对传统互联网而言的,主要强调随时随地可以在移动中接入互联网并使用业务。一般可以认为移动互联网是采用手机、便携式计算机、平板电脑等作为终端,移动通信网络或者无线局域网作为接入手段,直接或通过无线应用协议访问互联网并使用其业务。移动互联网不仅融合了互联网和移动通信技术,而且衍生出新的产业链条、业务形态和商业模式。在业务应用层面,如社交网站、搜索引擎等应用规模不断壮大,微博客、手机地图、手机支付等新型移动互联网业务层出不穷。移动互联网是当前信息技术领域的热门话题之一,它体现了无处不在的网络、无所不能的业务的思想,正在改变着人们的生活方式、工作方式和休闲娱乐方式。

和有线网络相比,无线网络具有开放性。一般情况下,有线网络有固定的连接,物理边界也很清楚,用户需要利用有关的物理设施进行连接,例如边缘交换器或集线器等。但无线网络不需要,人们通过定向或全向的天线把无线网络信号发射到空中来实现网络信号的共享,这是一种更灵活开放的接入方式。无线网络的开放性可以把网络资源提供给广大用户,让用户在公共范围内实现网络资源的共享。除此之外,还可以对覆盖范围内的网络信号进行有效控制,为共享的网络信号创造一个弹性较大的空间。无线网络具有移动性,这是它与有线网络的根本区别。无线网络使用户脱离终端设备的束缚,在较大范围内进行移动,甚至可以跨区域漫游,人们可以随身携带网络工具,在需要时可以随时使用。用户在有效覆盖区域内可以自由连接网络,大大加快了用户的网络生活节奏,缩短了网络用户间的距离,还节省了大量时间。但无线网络的信号质量没有有线网络稳定,波动性较大。

根据网络覆盖的范围不同,无线网络分为无线局域网、无线个人网、无线城域网、无线广域网等。

其中,无线局域网与无线个人网是人们日常生活中接触最多的两种类型。传送距离一般只有几十米。比如,通过蓝牙设备实现小范围内的多个设备连接所形成的无线网络,就属于无线个人网;而利用无线 AP 设备建构的一个区域内,并且是用于各网络节点之间数据交换或者是互联网访问实现的无线网络,即无线局域网。随着无线网络建设以及各类移动设备的快速发展和提升,已经逐步实现公共场所以及企业办公区域的无线网络覆盖,对企业的办公效率提升和信息传递速度改善提供了更加有力的支持。值得注意的是,无线网络的开放性特征,导致其在网络连接与信息传递过程中所面临的安全风险也比较突出,更加容易出现网络受攻击或者是被入侵等问题。点到点链路的覆盖可以高达几十千米,它的结构分为末端系统(两端的用户集合)和通信系统(中间链路)两部分。

在无线局域网里,常见的网络基础设施设备有无线网卡、无线网桥、AP、路由器等。一些产品更提供了完善的无线网络管理功能。

无线访问接入点(Wireless Access Piont)相当于一个连接有线网和无线网的桥梁,其主要作用是将各个无线网络客户端连接到一起,然后将无线网络接入以太网。AP又被称为无线交换机,这让它和无线路由器更容易区分角色并应用于不同的使用场景。目前大多数的无线 AP 都支持多用户接入、数据加密、多速率发送等功能。

对于家庭、办公室这样的小范围、小规模(20 台终端设备以下)无线局域网而言,一般只需一台无线 AP 即可实现所有计算机的无线接入,如图 11-1-1 所示。AP 的室内覆盖范围一般是 30 米到 100 米,目前不少厂商的 AP 产品可以互联,以增加无线网络覆盖面积。也正因为每个 AP 的覆盖范围都有一定的限制,正如手机可以在基站之间漫游一样,无线局域网客户端也可以在 AP 之间漫游。按照这个定义,如果手机有热点功能,那么它也能够被当作 AP。

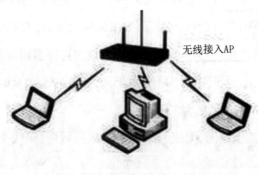

无线接入AP

图 11-1-1

路由器则是连接互联网中各局域网、广域网的设备,它会根据信道的情况自动选择和设定路由,以最佳路径、先后顺序发送信号。路由器是互联网络的枢纽和"交通警察"。

"电力猫"即"电力线通信调制解调器",是通过电力线进行宽带上网的 Modem 的俗称。使用家庭或办公室现有电力线和插座组建成网络,来连接机顶盒、音频设备、监控设备来传输数据、语音和视频。它具有即插即用的特点,能通过普通家庭电力线传输网络 IP 数字信号。

下面介绍一些无线网络中的基础名词:

BSS(Basic Service Set)基本服务组合由一组彼此通信的工作站所构成,一个热点的覆盖范围即被称为一个 BSS。工作站之间的通信在某个模糊地带进行,称为基本服务区域(basic service area)。BSS 分为独立 BSS 和基础结构型 BSS 两种,常见的、家庭中使用的基本是基础结构型 BSS,我们只讨论这种情况。在基本服务区域内的设备,可以和同一个 BSS 的其他成员通信(如图 11-1-2 所示)。

BSSID 是一种特殊的 Ad-hoc LAN 的应用,也称为 Basic Service Set,一群计算机设定相同的 BSS 名称,即可自成一个 group。每个 BSS 都会被赋予一个 BSSID,它是一个长度为 48 位的二进制标识符,用来识别不同的 BSS。其主要作用是过滤不同接入点之间的数据包。

在基础网络里,BSSID(基本服务集标识符)是基站无线界面所使用的 MAC 地址,

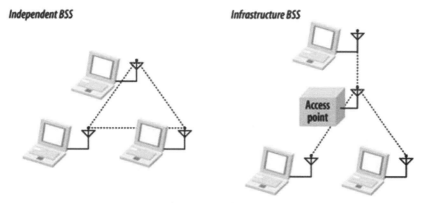

独立型与基础型基本服务组合

图 11-1-2

需要将与 WLAN 中的设备绑定的数据包发送至正确的目的地。即使存在重叠的 WLAN，BSSID 也会将数据包保留在正确的 WLAN 内。但是，每个 WLAN 中通常存在多个接入点，因此必须能够识别这些接入点及其关联的客户端。此标识符称为基本服务集标识符（BSSID），包含在所有无线数据包中。如图 11-1-3 所示。

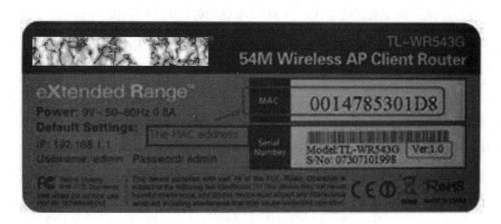

图 11-1-3

ESS，即 Extended Service Set 扩展服务集。基站允许个别的 BSS 彼此串联为逻辑上相连的群组，此种结构称为延伸式服务组合。隶属于同一个 ESS 的工作站可以相互通信，即使这些工作站位于不同的基本服务区域，或是在这些基本服务区域中移动。使用相同身份识别码（SSID）的多个访问点（Multi Ap）以及一个无线设备群组，组成一个扩展服务集。扩展服务集由网络中的所有 BSS 组成。如图 11-1-4 所示。

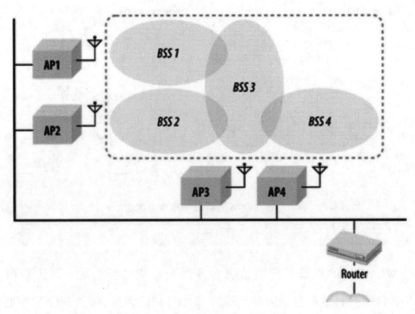

图 11-1-4

ESSID 在网络产品中一般被简称为 SSID,是无线网络接入的唯一标识。所谓无线网络接入的唯一标识指的是工作站与 AP 关联使用的标识,按照 802.11 标准定义:ES-SID 取值区分大小写、2—32 字节。作为 WLAN 用户,只有 SSID 与用户有关。用户可以从笔记本电脑或其他设备上的列表中选择一个 SSID,提供用户名和密码后即可使用该 SSID。用户可能无法访问所有 SSID——对于不同的 WLAN 及其关联的 SSID,身份验证和访问权限通常会有所不同。多个 AP 在构建 ESS 时,所有的 BSS(AP 或无线路由器)必须使用相同的 ESSID。那么有了 ESSID 的情况下,BSSID 的作用是什么呢?答案是增强识别 BSS 的准确性。例如,对于同名 ESSID 的场景,通过 BSSID 可以区分不同的 BSS。但需要注意的是,ESSID 仅作为一种网络声明方式,在相关协议标准中并没有严格保证如何达到网络的唯一标识。事实上,ESSID 是可以被任意声明(伪造)的。

STA 又称为 Wireless Station(基站),指的是可以使用 802.11 协议的设备。由于 802.11 协议解决的是无线网络构建的物理层和数据链路层协议标准问题,因此所有的 STA 都是可寻址的设备,这些设备可能有固定地址、可移植地址、动态地址。无线客户端、无线路由器和无线接入点都是 STA。

生活中经常提到的 WLAN 和 Wi-Fi 究竟是什么关系呢? 实际上,Wi-Fi 包含在无线局域网中,只是发射信号的功率和覆盖范围不同。

Wi-Fi(无线传输系统)本质上是一种商业认证,一种商标,是 Wi-Fi 联盟(Wi-Fi Alliance)旗下的无线网络通信技术品牌。该商标仅保障使用该商标的商品互相之间可以合作,与标准本身实际上没有关系。从包含关系上来说,Wi-Fi 是 WLAN 的一个标准,Wi-Fi 包含于 WLAN 中,属于采用 WLAN 协议的一项新技术。Wi-Fi 认证产品符合 IEEE 802.11b 无线网络标准。它是目前使用最广泛的 WLAN 标准。Wi-Fi 与蓝牙一样,属于办公室和家庭使用的短距离无线技术。尽管该技术在数据安全方面比蓝牙更差,但在无线电覆盖范围方面略好一些。但因为 Wi-Fi 主要采用 802.11b 协议,因此人们逐渐习惯用 Wi-Fi 来称呼 802.11b 协议。Wi-Fi 的覆盖范围则可达 300 英尺左右(约合 90 米),WLAN (加天线)可以到 5 千米。

二、常见无线网络攻击方式

常见的无线网络攻击方式主要有三种,分别是加密破解、欺骗攻击和拒绝服务攻击。

1.加密破解

加密破解的出现本质上是由于 WLAN 安全协议本身存在缺陷。

Wi-Fi Protected Access II (WPA2) 是一种安全协议,可以保护几乎所有安全的 Wi-Fi 网络。WPA2 使用强加密来保护用户设备与提供 Wi-Fi 的设备之间的通信。这是为了阻止任何可能拦截通信的人理解捕获的数据。作为目前普遍使用的 WLAN 安全协议,WPA2 比 WPA 安全性更高,但是仍然存在密码短语破解、密钥重新安装攻击(KRACK)等安全漏洞。

对密钥重新安装攻击的详细说明:

它利用 WPA2 中的漏洞来窃取通过网络传输的数据。这些攻击可能导致敏感信息失窃,敏感信息包括登录凭据、信用卡号、私人聊天以及受害者通过网络传输的任何其他数据。但这个攻击的范围很有限,必须要在一个局域网环境下才能实现。

攻击者可以按照受害者先前已连接的 Wi-Fi 网络创建一个克隆复制版。恶意克隆网络可以提供对互联网的访问,因此受害者不会注意到有什么不同。当受害者尝试重新连接到网络时,攻击者可以强行让其加入克隆网络,并将自己定位为在途攻击者。在连接过程中,攻击者可以继续将握手的第三部分重新发送给受害者的设备。

具体原理如下:加密的 WPA2 连接由四次握手程序来启动,即图 11-1-5 中的 Msg1、Msg2、Msg3 和 Msg4。尽管重新连接不需要整个程序,为了实现更快地重新连接,仅需要重新传输四次握手的第三部分,即 Msg3。当用户重新连接到熟悉的 Wi-Fi 网络时,Wi-Fi 网络将向他们重新发送握手序列的第三部分。重新发送可以多次进行,以确保连接成功。而这个可以重复的步骤恰好是可以被利用的漏洞。Nonce 就是密钥学随机数的概念。当客户端连接一个 Wi-Fi 时,四次握手过程被触发,这个过程中有一个 AP 向客户端传送 Msg3 的过程,攻击者控制这个过程反复传 Msg3,每次用户接受连接请求时,都会解密一小部分数据。导致客户端 Nonce 被重置,进而导致后面传输的数据可以被攻击和解密,这是 KRACK 攻击的大致流程。

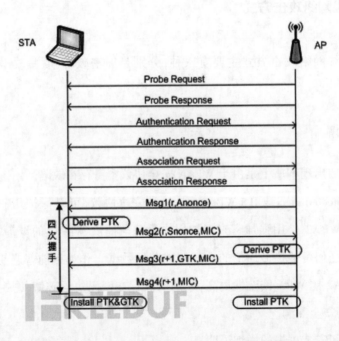

图 11-1-5

WPA2 加密一旦受损,攻击者就可以使用软件捕获受害者通过 Wi-Fi 网络传输的所有数据。尽管这不适用于使用 SSL/TLS 加密的网站,但是攻击者可以使用"SSL-Strip"之类的工具来迫使受害者访问这些网站的 HTTP 版本。受害者可能不会注意到该站点未受到保护,并可能最终输入攻击者将拦截的敏感信息。

应该指出,KRACK 攻击需要近距离才能实现。攻击者无法将目标锁定在全球或是相邻的城镇。攻击者和受害者必须都在同一个 Wi-Fi 网络范围内,攻击者才能进行攻击。幸运的是,安全专家在攻击者开始使用 WPA2 之前就发现了 KRACK 漏洞,但即便如此,操作系统仍在修补此漏洞,以确保 KRACK 漏洞不会被用来针对采用 WPA2 加密的设备。Windows、Linux、Android 和 iOS 都已修补其软件以应对 KRACK 攻击。用户应更新操作系统以确保系统受到保护。此外,上网时,用户应尽可能通过 HTTPS 浏览——这可以在大多数浏览器中通过标记安全连接的符号得到验证。

2.欺骗攻击

欺骗攻击中最常见的攻击手段包括会话劫持攻击和中间人攻击。

由于无线局域网络认证协议是基于端口的认证协议,当用户认证成功后就可以和接入点正常通信,会话劫持攻击的攻击者可以在无线设备已经成功认证之后劫持其合法会话,冒充合法设备继续使用网络流并按被劫持的设备方式发送数据帧。

图 11-1-6 中所示的是中间人攻击,攻击者通过伪装成一个中继点来欺骗用户和其他接入点,使他们通过未认证的设备发送数据,最终实现对被攻击者的侦听、数据收集或数据操纵。伪造的无线接入点被称作流氓无线接入点(AP),由于 IEEE 802.11 标准采用网络名称(SSID)和 MAC 地址(BSSID)作为无线接入点的唯一标识,加之无线局域网组网简单、易于扩展,对无线局域网设备的监管较为困难,因此仿造欺骗性的流氓 AP 并不困难。

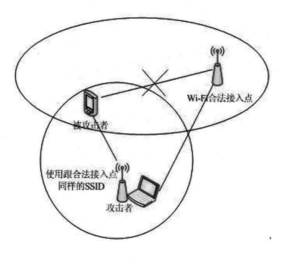

图 11-1-6

钓鱼 Wi-Fi 的整体流程如图 11-1-7 所示。搭建一个免费 Wi-Fi 热点,技术上并不复杂。在有无线网络的公共场所,只要一台带无线热点发射的笔记本电脑或路由器,配合网卡就可以轻松实现,黑客可以通过搭建免费 Wi-Fi 将 SSID 标识伪装成该公共场所的名称,并且不设密码来骗取用户连接。用户的数据在通过这种 Wi-Fi 时,会被监听和分析,账号、密码若是明文传输则尽在黑客眼底。

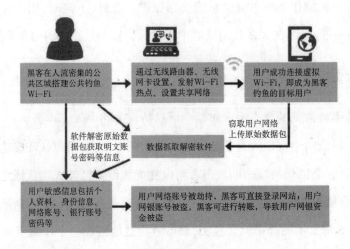

图 11-1-7

如图 11-1-8 所示,正规 Wi-Fi 和钓鱼 Wi-Fi 之间的区别并不大,甚至钓鱼Wi-Fi 的名称有时会故意设置得更有吸引力。

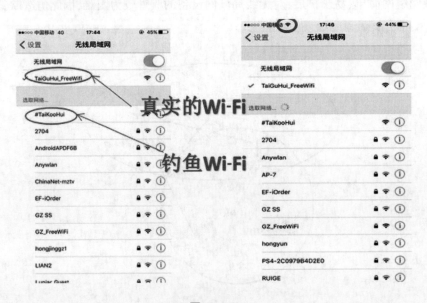

图 11-1-8

3.拒绝服务攻击

拒绝服务（DoS）攻击是常见的破坏攻击技术,拒绝服务攻击通过使用各种方法干扰网络的正常工作,达到使网络无法提供服务的目的。无线局域网可能遭受两种类型的拒绝服务攻击:物理层 DoS 攻击和 MAC 层 DoS 攻击。

由于目前的安全协议都着重保证数据的安全性,对如何保证无线局域网能够正常使用则没有涉及,这导致了无线局域网对 DoS 攻击基本没有防范能力。

物理层的 DoS 攻击主要采用的是信号干扰的方式。

MAC 层 DoS 攻击则可以分为四种类型:一是通过伪造大量的关联帧或认证帧,使 AP 内存耗尽从而无法对合法的请求做出响应;二是通过持续发送去关联帧或去认证帧,使 STA 与 AP 无法建立连接;三是通过攻击 802.11 标准的电源管理协议,使休眠的节点永远不能唤醒或丢失数据;四是通过攻击 MAC 层的协议,直接以 SIFS(Short Interframe Space)间隔发送数据包,使范围内其他节点没机会发送数据。

三、实现无线网络安全的重要意义

在 2018 年全国网络安全和信息化工作会议上,习近平总书记科学阐释了网络强国的科学思想,为我国科学推进网络强国建设指明了发展的方向,提供了科学的依据。

无线网络与有线网络不同,由于其网络的开放性特点,缺乏明确的网络边界,再加上无线网络连接终端设备的可移动性,使其网络连接的灵活性以及信息传输效率在显著提升的同时,也增加了网络安全的管理难度,从而使无线网络在网络运行与信息传输过程中所面临的安全风险更加突出。

无线局域网作为无线高速数据通信的主流技术,突破了网线的限制,具有带宽高、成本低和部署方便的特点,被广泛地应用在各类室内场景中。随着企业信息化建设和国家信息化工程的发展,办公信息化、网络化程度不断提高,移动办公的需求激增,WLAN 使笔记本电脑、平板电脑、手机等都成为办公工具,使用 WLAN 的设备迅速增加。

2018 年 10 月,802.11ax 被正式定义为新一代的 WLAN 标准,即 Wi-Fi 6,相较于前代,802.11ax 将最大物理速率提升到 9.6Gbps,进一步满足万人会场、高密度办公、智慧工厂等高速率、大容量、低时延场景的应用需求。

无线局域网的普及也导致其安全问题成为关注的焦点。无线网络的无边界化、信号开放在给用户带来极大便利的同时,也使无线局域网面临更多的安全威胁。因此,无线局域网的安全接入和管理需要有效的无线安全解决方案提供保障。

我国目前互联网接入环境如图 11-1-9 所示。网民中使用手机上网的比例达到了惊人的 99.7%。移动智能终端打破了传统手机应用的封闭性,使其不仅具有与电脑相当的强大功能和计算能力,而且记录存储了大量用户隐私数据。移动互联网继承了传统互联网技术以及移动通信网技术的脆弱性,正面临着来自互联网和移动网络的双重脆弱性威胁。当今手机的权限正在无限放大,手机几乎是个人的全部身份认证的信任根,从这个角度来看,智能手机的智能终端安全甚至决定了互联网安全的根基是否牢固。移动互联网存在的安全问题正在日益凸显,学习和研究移动互联网安全正当其时,势在必行。

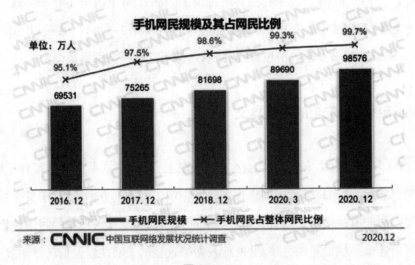

图 11-1-9

无线网络主要用于家庭、企业和公共区域内,而这些不同用途的无线网络存在的不同安全隐患,以下根据不同用途的无线网络存在的不同安全隐患进行详细的分析。

1.家庭用途的无线网络安全存在隐患

家庭用途的无线网络一般都会使用家用路由器进行连接,但有关数据表明,我国网民的账号安全与密码管理意识较差,很多家庭中的无线网络都存在密码泄露的风险,主要表现为无线网络密码相对简单,很难定期对密码进行修改,从而导致家庭用户的信息泄露。很多手机网络用户为了能够快速连接无线网络,都安装破解软件,而无线网络破解软件都具有密码共享的功能,从而导致用户将家庭网络密码和信息共享给其他人,附近的人利用同样的破解软件就能够连接用于家庭的网络。

除了这种家庭内部的安全隐患外,家用的无线网络还存在外部的安全隐患,一般是网络犯罪分子通过漏洞连接、进入路由器内部,修改相关的信息,造成路由器不可用等情况。

2.企业用途的无线网络安全存在隐患

目前,无线网络在我国企业中应用十分广泛,无线网络不仅能够提高企业管理效率,同时还能够拓展企业经营方向,但在实际的无线网络应用过程中,仍然存在较多安全隐患,主要表现在以下几个方面:

第一,企业的无线网络安全加密方式不够严谨,很多企业网络信号任何人都能够通过搜索进行网络连接,从而为犯罪分子创造机会。他们会利用这种隐患从事非法活动,获取企业的相关信息。

第二,除了未经授权访问的用户会对无线局域网造成威胁外,非法 AP 的接入访问同样会对整个网络造成威胁。在无线 AP 接入有线集线器时,会遇到非法 AP 的攻击,非法安装的 AP 会危害无线网络的宝贵资源。可以利用对 AP 的合法性验证以及定期的站点审查来防止这种情况,在此验证过程中不但 AP 需要确认无线用户的合法性,无线终端设备也必须验证 AP 是否为虚假的访问点,然后才能进行通信。

第三,部分企业会设置简单的保护措施,但是其内部可能仍存在一些漏洞。入侵者会利用病毒、非法攻击等方式攻击企业的保护措施。

第四,有些入侵者利用 DoS 对企业无线网络进行攻击,整个网络会随之瘫痪。由于目前无线局域网的传输带宽是有限的,犯罪分子可能通过发送大量请求的方式占用带宽,造成企业内无法使用网络的情况。例如,黑客从以太网发送大量 ping,AP 的带宽会饱和,如果发送广播流量,多个 AP 就会同时被阻塞,攻击者可以在同无线网络相同的无线信道内发送信号,这样被攻击的网络就会通过 CSMA/CA 机制进行自动适应,同样影响无线网络的传输;另外,传输较大的数据文件或者复杂的 Client/Server 系统都会产生很大的网络流量。因此,企业可以经常进行网络监测。当 AP 的质量和信号状况不稳定时,使用专业工具进行设备检测,有效识别网络速率、帧的类型,帮助进行故障定位。

3.公共区域无线网络安全存在隐患

我国公共无线网络安全隐患十分严重,经常出现网络入侵情况。这是由于大部分公共无线网络的加密方式并不安全,往往给入侵者创造机会,入侵用户网络设备,盗取相关的信息。同时,很多用户使用公共无线网络的安全意识较差。还有些用户虽然具有防范意识,不去使用公共无线网络,但并没有关闭手机 Wi-Fi 的习惯,从而导致手机自动连接无线网络,引起信息泄露。

这些危害的具体表现有哪些呢?

据腾讯移动安全实验室发布的《2014 年手机安全报告》显示,2014 年全年,骚扰电话用户举报次数达到 4.34 亿次。骚扰电话举报数总体上呈现梯度递增趋势。如图 11-1-10 所示。

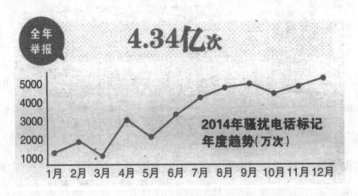

图 11-1-10

央视"3·15"晚会曾报道过骚扰电话黑色产业链,有专业的公司收集用户信息,有公司帮助客户拨打骚扰电话,有技术公司利用网络群拨工具、网络改号软件为这些拨打骚扰电话的公司提供技术支持。个人信息泄露是垃圾短信、骚扰电话乃至电信诈骗泛滥的罪魁祸首,让"撒网式电信诈骗"向精准诈骗转移,而后期处理高度的分工化也使得公民个人信息被更加"高效"地利用,造成的危害也越发严重。

《中国一线城市 Wi-Fi 安全与潜在威胁调查研究报告》指出,不法分子会伪造钓鱼热点,或者开始建立"寄生虫"热点寄生在商家 Wi-Fi 之上。"就算你连上的是商家的 Wi-Fi,也可能含有'寄生虫',你输入些什么,黑客都掌握了。"此外,免费 Wi-Fi 还存在广告欺诈并产生流量费用,很多用户在使用这些 Wi-Fi 的过程中手机话费在不知不觉中就被扣除,并没有享受到免费的服务。

在消费者连接上钓鱼 Wi-Fi 后,通常他们的信息会被后台操作者搜集整理,然后打包出售给各式各样的群体,一些是合法的机构,如理财、投资等机构;还有些非法机构,如钓鱼网站、电信诈骗公司等。根据有关权威统计,钓鱼网站种类繁多,普通消费者稍有不慎便上当受骗,如图 11-1-11 所示。

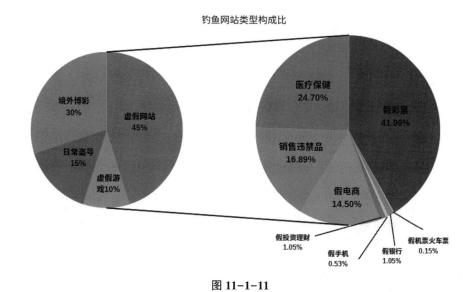

图 11-1-11

无线网络存在的隐患还包括个人财产信息盗窃产业链的形成。个人财产信息是个人信息财产属性的体现,是指与个人财产密切相关的信息。银行卡账号和密码、手机微信或支付宝的账号和密码等都是典型的个人财产信息。按照所窃取财产的具体类型不同,个人财产信息盗窃产业链可以分为网络实际财产盗窃产业链(如图 11-1-12 所示)与网络虚拟财产盗窃产业链(如图 11-1-13 所示)。

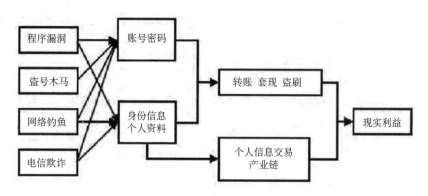

图 11-1-12

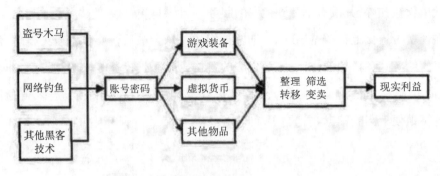

图 11-1-13

在互联网上,与网络实际财产相关的活动主要以电子商务交易、金融贸易等商务活动为主,例如网络购物、网络炒股、网上银行、信用卡服务等。为此,许多盗窃者会根据不同信息的特点,选择更为简单、快捷的盗窃方式。

网络虚拟财产是财产在互联网上的一种表现形式,多以数据、代码的方式存在,是一种无形资产,例如虚拟货币、游戏装备以及具有一定商品属性、有价值的虚拟物品。新颁布的《民法典》也将这些虚拟财产列入了个人财产之中。

四、无线网络安全事故分析

◇ **案例 1:钓鱼 Wi-Fi 漫画(如图 11-1-14 所示)**

在车站大厅,受害者连接了钓鱼 Wi-Fi,攻击者可以截获受害者信息。

隐患分析:餐厅、商场、火车站、机场等公共场所通常都配有免费的 Wi-Fi 热点,然而,攻击者可能会创建一个有迷惑性的 Wi-Fi 热点,一旦连接到这些恶意热点,可能会导致信息泄露、流量劫持等风险。

安全建议:在公共场所连接 Wi-Fi 前,应留意周围的提示,接入官方提供的网络;在处理重要信息或进行移动支付时,不要使用公用网络,最好使用移动设备自带的 4G/5G 网络。

2015 年的央视"3·15"晚会"钓鱼热点"环节的演示,第一次让国内较为广大的群体对此有了直观认识。在晚会现场,观众加入主办方指定的一个 Wi-Fi 后,用户手机正在使用哪些软件、用户通过微信朋友圈浏览的照片等信息就都显示在了大屏幕上。不仅如此,现场大屏幕上还展示了很多用户的电子邮箱信息。特别值得一提的是,主持人在采访一位邮箱密码被展示出来的现场观众时,这位观众明确表示,到现场

图 11-1-14

以后并没有登录电子邮箱。造成这种情况的原因是该用户所使用的电子邮箱软件在手机接入无线网络后,自动联网进行了数据更新,而在更新过程中,邮箱的账号和密码都被进行了明文传输。这个现场实验告诉我们:攻击者通过钓鱼热点盗取用户个人信息,用户往往是完全感觉不到的。

◇ **案例 2:私搭 Wi-Fi 热点(如图 11-1-15 所示)**

在有无线网络的公共场所,只要一台系统电脑、一套无线网络及一个网络包分析软件就可以截取用户数据。

隐患分析:Wi-Fi 信号具有一定的覆盖范围,不仅在工作区域内可以连接,甚至在办公楼附近也可以接入。员工私自搭建的 Wi-Fi 加密方式通常较弱,一旦被破解,会导致攻击者直接访问办公网络。

图 11-1-15

安全建议：在办公区域，使用单位提供的网络接入方式，不要自行搭建个人热点，不要使用"Wi-Fi 分享器"等设备；如确有需要，在架设无线路由器前必须经过单位批准，并进行安全检查，Wi-Fi 应使用安全算法、设置复杂密码、保证密码定期更改。

对应现实案例 1：2016 年 4 月，一条关于"前员工入侵富士康网络：疯狂洗白 iPhone 获利了 300 万"的新闻刷爆了网络。员工通过在富士康网络内部秘密安装无线路由器的方式侵入了苹果公司的网络，通过"改机、解锁"他人手机共 9000 余部，5 个月违法所得共计 300 余万元。

对应现实案例 2：2015 年 3 月，白帽子①在漏洞平台上称：由于某公司内部存在开放的 Wi-Fi 网络，超级计算机"天河一号"被入侵，大量敏感信息疑遭泄露。报告者假

---

① 白帽子，指正面的黑客。

定"天河一号"部署在了目标公司的内网环境中,然后通过特定技术手段攻击并访问了一台机器,然后进行了验证,确认这台机器确实是"天河一号"。此外,报告者还发现,使用"天河一号"的公司,其内网账户中至少存在 200 个以上的员工账号使用了弱口令密码。

对应现实案例 3:2015 年 4 月,白帽子路过京东益园分部,在楼外发现了企业内部的无线信号,利用 Wi-Fi 密码分享软件连上了企业内部热点。随后,在内网中利用弱密码获取了一台主机的权限,可访问企业内部的业务网段,实现对内网的进一步入侵。

◇ **案例 3:Wi-Fi 密码共享(如图 11-1-16 所示)**

　　公司员工利用 Wi-Fi 密码破解工具将公司 Wi-Fi 密码共享出来。黑客利用同一款 Wi-Fi 密码软件,发现公司 Wi-Fi 密码。

图 11-1-16

隐患分析:一些 Wi-Fi 密码共享 App 会在安装后自动上传所有已经连接过的 Wi-Fi 密码,其中很可能包含一些家庭、工作单位的密码。一旦攻击者使用这类工具,可以轻而易举地连接家庭或单位的办公网络。

安全建议:避免使用 Wi-Fi 密码共享 App;如果需要使用,建议首先关闭自动上传密码功能。

对应现实案例:2018 年 3 月 28 日,央视一则有关免费共享 Wi-Fi 涉嫌非法获取用户信息的报道将免费共享 Wi-Fi 行业推上了风口浪尖。处于舆论中央的是目前宣称用户量已经高达 9 亿的"Wi-Fi 万能钥匙"。其后是一家名为"Wi-Fi 钥匙"的公司。央视报道称,上述两家公司涉嫌非法获取用户信息,并通过所搜集的信息进行广告推广。4 月 3 日,工信部随之发布通报,要求对移动应用程序"Wi-Fi 万能钥匙"和"Wi-Fi钥匙"等公司进行调查。"Wi-Fi 万能钥匙"相关负责人接受《财经》记者采访称:"'Wi-Fi 万能钥匙'获取的用户信息均在国家法律法规允许的范围内,还须经过用户同意,所获取数据只限于提升用户体验,并无数据买卖行为。"上述负责人称,公司正在积极配合调查。事件发生后,"Wi-Fi 万能钥匙"公开声明称,"Wi-Fi 万能钥匙"的运行原理是热点资源共享,不是破解,"Wi-Fi 万能钥匙"一直重视对密码的保护。

不过,在上千家免费共享 Wi-Fi 服务商中,正规军之外的更大的群体在公众视线之外,他们或者以山寨某款 Wi-Fi 服务商的 App 形象出现,或以铺设虚假热点的非法物理状态存在。这些山寨应用以"共享网络"为名,实为获取用户个人信息,售卖数据盈利。

◇ **案例 4:Wi-Fi 收集信息(如图 11-1-17 所示)**

主人公不断接到骚扰电话,他感到很奇怪,自己的手机归属地是 A,但是接到来自 B 市的骚扰信息。

隐患分析:目前,一些广告公司会在公共场所部署"Wi-Fi 探针",当用户手机开启 Wi-Fi 功能时,探针盒子可以自动识别手机的 MAC 地址、RSSI 值等信息,从而掌握用户的行为轨迹。如果将这些信息与企业自有数据或第三方数据进行匹配,可能会关联到用户的设备 ID 和手机号码,再据此进行有针对性的营销推广。

安全建议:在不需要使用 Wi-Fi 和蓝牙时,将手机的 Wi-Fi、蓝牙功能关闭;使用

图 11-1-17

手机安全软件,根据数据库中保存的记录,对潜在的推销电话进行拦截。

对应现实案例:2019 年央视"3·15"晚会上曝光了 Wi-Fi 探针盒子可以识别手机 MAC 地址,通过大数据匹配获取手机用户的个人信息。高级的 Wi-Fi 探针盒子不仅可以获取手机号码,还可以对用户进行精准画像,用户的年龄、性别、手机型号、上网搜索关键词、常用 App 等都可以从用户日常使用的 App 中获取。根据该晚会 Wi-Fi 探针盒子可以获取一定范围内的手机 MAC 地址,只要手机开启了 Wi-Fi 功能就可以被获取。获取到的 MAC 地址会被转换成 IMEI 号,再转换成手机号。

该晚会曝光的"声牙科技有限公司"号称有全国 6 亿手机用户的个人信息,只要将获取到的手机 MAC 地址与公司后台的大数据匹配,就可以匹配出用户的手机号码,匹配率大概在 60%。

五、避免无线网络安全事故

无线局域网的安全风险可能造成信息泄露或者影响网络的正常功能,因此需要使用技术手段对其加以防护,以构建可信的无线局域网环境。本节针对无线局域网的防护及管控技术进行分析,并给出无线局域网安全使用建议。

1.对于公司、企业以及事业单位

(1)对小微型企业以及事业单位

大多数小微型企业同普通家庭用户一样,对 Wi-Fi 的安全防范意识差,常常忽略 Wi-Fi 的安全性,养成了许多不安全的 Wi-Fi 使用习惯。例如 Wi-Fi 设备长期处于开启状态、随意将终端设备接入陌生 Wi-Fi 等。这些行为有可能给企业带来麻烦和损失,因此提高 Wi-Fi 安全性,最重要的是提高安全防范意识。

第一,停止 Wi-Fi 的 SSID 广播。无线路由器默认情况下都会将无线参数的"允许 SSID 广播"功能打开。如果不想让自己的无线网络被别人通过 SSID 名称搜索到,那么最好"禁止 SSID 广播",需要访问 Wi-Fi 网络时再手动添加 SSID。具体操作如图 11-1-18 和图 11-1-19 所示。

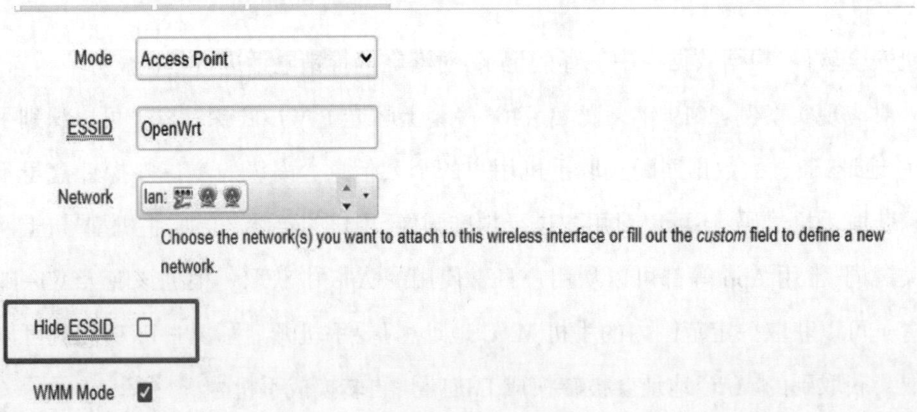

图 11-1-18

但有时即便是隐藏了 SSID, 攻击者可能还会使用 Network Stumbler、BT3、网络蚂蚁等工具来搜索隐藏了 SSID 的无线网络,并计算出 WEP/WPA 密钥,甚至暴力破解

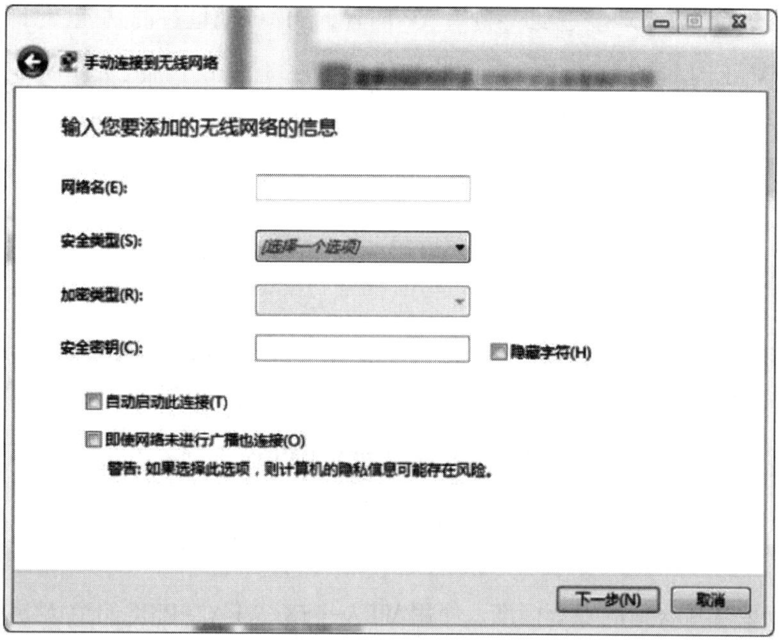

图 11-1-19

密码。这种情况下,如果我们不想让他人蹭网或攻击我们的无线网络,需将 SSID 修改为中文,这是因为一方面中文字符在这些暴力破解工具中会显示为乱码;另一方面,这些破解工具大都是由国外开发者做的,中文字符会产生不兼容的问题。这样一来,就会最大可能地保护我们的 Wi-Fi 网络。

第二,应当关闭 DHCP。当 Wi-Fi 网络中的站点数量较少,而且相对固定不变时,关闭 DHCP 服务,手动配置 Wi-Fi 网络。如图 11-1-20 所示。

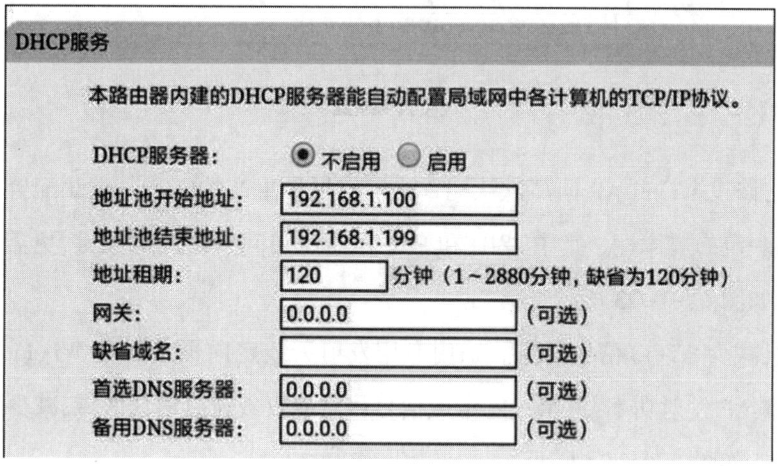

图 11-1-20

第三,进行 MAC 地址过滤。利用 AP 内置的 MAC 地址过滤功能,允许或者禁止具有指定 MAC 地址的终端访问 Wi-Fi,与停止 Wi-Fi SSID 广播、关闭 DHCP 的作用一样。虽然 MAC 地址过滤并不能防止地址欺骗,但能够增加潜在黑客的入侵成本。同时,定期检查 AP 日志有助于发现 Wi-Fi 入侵风险。如图 11-1-21 所示。

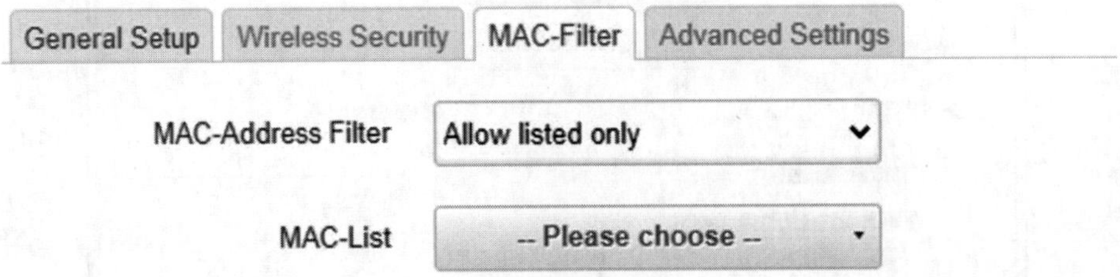

图 11-1-21

第四,要选择合适的安全标准。使用 WPA-PSK/WPA2-PSK,并在 Wi-Fi 网络设备和智能终端支持的情况下,尽量采用 WPA2-PSK。设置 PSK 应包含大小写字母、数字和特殊符号且长度满足要求,并定期或不定期地改变已经使用了一段时间的 PSK。如图 11-1-22 所示。

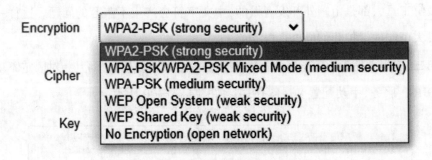

图 11-1-22

第五,修改 Wi-Fi AP 出厂默认配置。厂家批量生产的 AP,其默认配置信息都相同或具有一定的规律性。其中 SSID 和 PSK 信息是访问 Wi-Fi 的关键,更需要及时进行修改。如图 11-1-23 所示。

第六,减少 Wi-Fi 信号暴露。采用专用发射天线定向覆盖需要 Wi-Fi 网络的范围,或调整 AP 发射功率,把 Wi-Fi 电磁信号尽可能收敛在可信任区域,减少 Wi-Fi 信号的暴露。如图 11-1-24 所示。

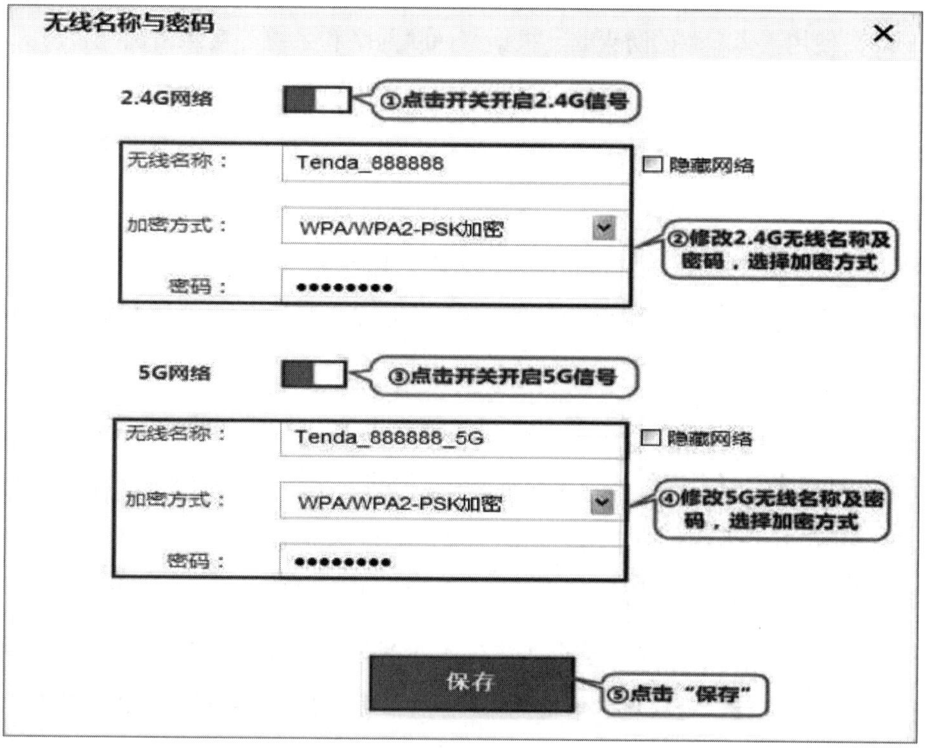

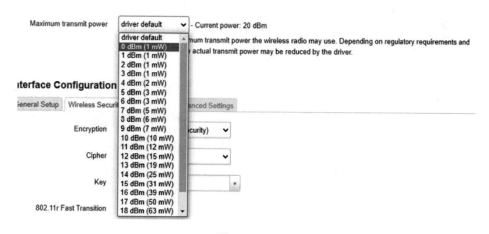

图 11-1-23

图 11-1-24

（2）对大中型企业以及事业单位

第一，采用更安全的认证技术。端口认证可以提高 Wi-Fi 认证的安全性。端口认证是一种 WLAN 安全防范措施，对接入端口的用户进行身份认证，当客户端需要访问 Wi-Fi 网络时需进行 802.1x 认证。

第二,使用正确配置的防火墙。根据 Wi-Fi 网络和系统等实际情况配置防火墙。安全策略可以放在端口上面(第一代防火墙),也可以放在移动用户身上(第二代防火墙),或者放在用户和手持终端上(第三代防火墙)。认证服务器可以采用 RADIUS (Remote Authentication Dial in User Service,远程认证拨号用户服务)认证服务器。RADIUS 是一种在网络接入设备和认证服务器之间承载认证、授权、计费和配置信息的协议,用户连接 Wi-Fi 的用户名和密码等安全信息资料保存于 RADIUS 认证服务器中,更为安全。

第三,对 Wi-Fi 网络和系统进行入侵检测和监控。入侵检测和监控是设计安全网络的关键因素之一。入侵检测技术作为实现网络安全防护的重要手段,在传统有线网络环境中已有较为成熟的应用。入侵检测策略包括确定 Wi-Fi 网络界限,检测该界限是否被攻破;监控 Wi-Fi 网络中未被授权的流量,流量异常是一个警报信号。进一步提高安全性可以配置设备检查非法进入的 Wi-Fi 频段电磁波,防止网络和系统被干扰和攻击;在接口处部署入侵检测系统,把非法和恶意 AP 找出并进行定位和处理。使用 Wi-Fi 网络安全监控,可以掌握 Wi-Fi 网络的使用和接入情况,一旦发现非法接入或者网络遭受攻击,可以采取相应措施来保护 Wi-Fi 安全。对安全性要求高的大中型企业等组建的 Wi-Fi 网络,可以在使用 802.1x 认证机制的基础上,采用 VPN(虚拟专用网络)技术进一步提高安全性能,实现站点与 Wi-Fi 网络之间端到端的安全接入。

第四,应用 VPN 技术。VPN 技术是指在一个公共网络平台上通过隧道以及加密技术保证数据的安全性,目前已经广泛应用于企业网络的远程接入和数据在公网平台上的传输。使用具有 VPN 功能的防火墙,在无线基站和 AP 之间建立 VPN 隧道,能够使整个 Wi-Fi 网络的安全性得到大幅提高,并有效地保护数据的完整性、可信性和可确认性。

2.对于个人

首先,尽量不使用公共 Wi-Fi。当必须使用公共 WLAN 时,应尽量使用有密码保护的公共网络,不在公共 Wi-Fi 网络中使用网络银行、信用卡服务、登录网络游戏、电子邮箱、访问企业 VPN 等。另外,尽量不要使用"蹭网"软件,以免自己的 Wi-Fi 账号和密码等信息被自动共享。仔细辨认常见的公共 Wi-Fi 账号,尤其要特别警惕同一地区有多个相同或相似名字的 Wi-Fi。出现这一情况,很有可能是黑客搭建了钓鱼 Wi-Fi,因此要格外留意。

其次,由于安全协议的脆弱性和无线网络的特点,攻击者拥有多种攻击手段可发起攻击。Wi-Fi 6 包括 WPA3 等新型无线局域网技术,将提供更加可靠的室内无线网络。但个人在日常生活中仍需规范无线局域网使用、提升无线局域网安全防护能力,与无线局域网技术的发展同步进行。因此,搭建无线局域网接入点时应注意关闭网络的 SSID 广播以提高网络连接的安全系数,在保证使用功能的前提下尽量降低无线路由器无线传输功率,使无线信号覆盖范围变小,降低被恶意攻击的风险。且注意不要使用无线路由器默认的账号和密码,以免黑客篡改路由器参数。使用最高等级的加密方式。

设置无线路由器的加密方式时,不要使用 WEP 加密方式,要使用 WPA/WPA2 的加密方式。Wi-Fi 的接入密码应尽量设置得复杂些,建议 10 位以上而且要同时包含字母、数字与符号。尽可能把无线路由器的固件更新到最新版本,防止攻击者通过路由器的后门或者漏洞攻击网络。

第 2 节　网络虚假信息

一、辨别网络谣言

互联网成了新的谣言散布的渠道,比如微博、微信、视频、直播等都是散播网络谣言的好地方。网络谣言的危害不容小觑,那么网络谣言有哪些危害呢?

其一,加剧社会恐慌。网络谣言传播速度快,范围广、表达方式"语不惊人死不休",极易蛊惑人心,引发社会震荡,危害公共安全,损害公众利益。其二,引发社会信任危机。网络谣言多为负面信息,将社会的阴暗面不断放大,将矛盾不断激化,扰乱了人们的思想、心理和行为,使人们对所处的社会失去信心。其三,破坏政府公信力,损害国家利益。近年来,各地经济都在快速稳定发展,加快了建设步伐。但在利益的驱使下,一些专门从事发帖的水军有组织地散播谣言,既有对公民个体和社会组织的诽谤,也有对公共事件的捏造,不仅侵害个体权益,污染网络生态,更影响社会稳定。

可见,网络谣言危害极大,会对我们的日常生活造成不良的影响。

◇ **案例 1**:2021 年 11 月 14 日,微头条用户"@ 身拥大海 2"捏造知名商业人士王健林去世的消息。随后头条内容团队发现并删除了该不实信息。15 日 13 时,今日头条官方账号@ 头条号管理员发布公告称,由于该内容系虚假信息且影响恶劣,根据《今日头条社区规范》,平台已对"@ 身拥大海 2"予以永久封禁处理。

案例提示:网络谣言的危害不容小觑,随意编造的虚假信息会引起舆论震荡,最终造谣者会得到相应的惩罚。

◇ **案例 2**:2022 年 2 月 27 日,网民"小红薯 621F03B0"在社交平台"小红书"发帖,自称在乘坐地铁时被一男子用沾有体液的钢钉扎手,并称该男子因相亲不成觉得女性拜金,遂伺机教训女性。警方介入后,民警草率处理案件并要求该女子删除社交媒体上的文案,否则不予结案。2 月 27 日,微博网民"@ 诽翠磨孤汤"转引相关信息,舆情迅速升温,网民声讨涉事男性之余,还质疑警方处置不力。3 月 1 日,沈阳市公安局官微发布警情通报称经核查该市无类似案件或警情。通报指出,2 月 26 日,发帖人陈某某为吸引粉丝,便于在网上售卖商品挣钱,在乘坐地铁不慎将手划伤后恶意杜撰虚假信息在网络传播。

案例提示:虚假信息会引起舆论震荡,最终造谣者会得到相应的惩罚。

那么在日常生活中,应当如何辨识网络谣言呢?

网络谣言虽然五花八门,但在叙述方式上基本都会使用"谣言体"。例如,冠以权威名头,经常使用"中央发话了""国家最高机密"这样的标题;其实真正的头条大事不会使用这样耸人听闻的标题,只有标题党和谣言才惯用这种表达方式。还会使用"速看,马上删""必须转,秘方""警惕,紧急通知""转给亲朋好友""已经出事,都在转"等短语敦促阅读和转发;还有用"家里有小孩的注意了""为了你的家人,请一定要看""含着泪看完""感动中国十四亿人口"等表达方式煽情骗转发;还有"致癌""致命""有毒""不要再吃了""一招见效""每天三分钟""只要七天"类的表达方式夸大危害或功效等。

另外,还应掌握一些识别网络谣言的通用方法。

其一,权威求证法,遇到不了解的事情先不要传播,不妨到权威网站上查一下相关的关键词,许多谣言是已经被辟过谣的,一查即可得到答案;其二,追根溯源法,许多谣言叙述的内容完全不符合科学常理,只需要将谣言中的相关数据、内容与科学原理对照一下,很容易就能识破谣言;其三,方法内容判断法,图文不符式的谣言直接看图可能难以分辨,但通过查看文中所叙述的事发地和事发时间是否模糊不清,可以较好地辨别此类谣言;其四,观察网民评论法,评论可以快速为我们提供思路,很多朋友会提出不同的观点,来自谣言中事发地的朋友也能提供很多真实线索。

在上网时,应当注意以下六点:其一,要树立文明上网的意识,对自己的行为负责,不造谣;其二,不轻信网络谣言,不传谣;其三,遇到似有模板的谣言信息时,善用检索工具;其四,遇到不确定的信息时,仔细观察细节、查寻信息来源,也可求助科普权威;其五,遇到谣言要积极向有关部门举报;其六,个人合法权益因他人造谣而受侵害时,要及时向公安机关报案,用法律保护自己。

二、辨别网络恶意营销

上网时常常会遇到许多网络营销手段,有一部分是网络恶意营销。那么什么是网络恶意营销呢？网络恶意营销,即营销公司或个人为了取得商业利益,选择在特定时机利用煽动性话语刺激公众情绪、博取舆论关注,从而吸引流量变现盈利。本质上,这是一种逐利行为,但一些恶意营销为了流量不择手段,肆意编造事实误导舆论,造成了恶劣的社会影响。

恶意营销代表性案例有许多,发布渠道主要来自微博、微信公众号等。例如,2019年5月14日,微信公众号"圣童自学"发布《北大学霸弑母求婚的"妓女"爆料》,以微信为渠道,话题为家庭教育男女婚恋;2019年4月12日,微博网民"@奶油甜熙"发布上饶小学生遇害事件,以微博为渠道,话题为校园霸凌;2020年,以抢流量、炒作为业的团伙发布华南海鲜市场供货商忏悔书事件,将2016年旧帖拼接篡改后,再换上和疫情有关的标题"蹭热点",通过"曝光巨大内幕"等字样博取眼球,使帖文迅速获得超10万阅读量,以微博为渠道,疫情为话题等。大部分恶意营销的结局都是账号被封。

通过各类案例，不难看出，自媒体的恶意营销"套路"大体分为四个步骤：

首先，寻找话题，伺机而动。每当有社会热点事件出现，某些自媒体就会蠢蠢欲动，开始在热点事件上寻找做流量生意的"卖点"。所谓"卖点"，是指热点事件所暴露的社会问题症结点和受众对热点事件的信息渴求点。

其次，开始脑补情节，渲染情绪。有了话题，也就有了根本。针对"什么样的文章阅读量高"这一问题可以分析出，话题一般是"热点、金钱、性、暴力"。

再次，会利用公众的情感，正反搅动。如今，社交平台上出现了一种"左右手互搏"的新型水军运作模式，即同一营销公司的水军持两种对立观点，在事件讨论中分别扮演正反两方角色，利用公众的朴素情感，试图搅混舆论，坐收渔利。

最后，利用打赏、广告、带货，打造"商业帝国"。恶意营销会带来很多的负面影响和危害：

一是劣币驱逐良币，污染健康的网络环境。每隔一段时间，舆论场上就会曝出一篇 10 万+营销文章引起广泛争议。有些文章被冠以"悲剧性文学创作""推测式描述"之名，其实充斥着猎奇、夸张、臆想，严重污染健康的网络环境。同时，网民从冗杂的信息中甄别和寻找深刻观点的难度不断增大，积极向上的优质内容的空间遭到挤压。

二是舆论反转频繁上演，公众不信任感加剧。出于吸引眼球、追求轰动效应的目的，营销文章往往采用未经证实甚至是恶意编造的信息。这就不可避免地导致不实信息甚至是谣言的广泛流传，误导公众。经主流媒体调查报道之后，新闻事件往往出现反转，这在近年来的热点事件中已经屡见不鲜。

三是搅动社会舆论，侵蚀政府公信力。自媒体出于营销目的恶意夸大事实，或将个案上升为社会普遍现象，将偶然事件归因于社会体制、社会环境，其必然结果就是导致焦虑、恐慌、仇恨蔓延，挑动整个社会的不安情绪，加剧公众的不安全感。

四是造成道德滑坡，动摇社会稳定基石。据中国互联网络信息中心最新的统计报告，我国网民的主力军为中等教育水平的中青年群体。这部分群体中，有些网民的人生观、价值观还在形成过程中，判断是非能力薄弱。而追求刺激、劲爆的自媒体低质量内容，致使网民越来越缺乏鉴别和判断能力。

因此，在上网时，应提升自己辨识恶意营销内容的能力。对于网络恶意营销账号，我们应该保持警惕，特别是对一些"标题党"性质的文章，没有必要点开。另外，网络内容鱼龙混杂，我们要意识到自己所看到的信息有被恶意操控的可能，因此对于越是吸引眼球的内容越要谨慎,独立思考,不要盲从。在自媒体泛滥的时代,每个人都要具备一定的信息辨识能力,不给恶意营销生存的空间。

三、黑灰色产业链

黑灰产的英文翻译是 Black Market,被定义为通过人工方式或者技术手段实施的操纵网络信息内容、获取违法利益、破坏网络生态秩序的行为。当今黑灰产以恶意账号为代表的各类攻击资源已经高度地模块化和市场化,产业链不同层级的团伙专注于不同的任务而又配合严密,而究其根本,是强自动化使得攻击变得可复制,进而形成套路化的盈利模式,对企业资产造成威胁。

它的商业模式有社交平台刷粉、网络诈骗、电商平台薅羊毛、直播平台刷量等多种。在社交行业,黑灰产会利用大量虚假账号批量向平台用户发送信息,引流到微信或 QQ 上,然后进行诈骗。在电商行业,黑灰产的表现是刷单,制造虚假的交易量。在直播、短视频等平台,最典型的是刷量,黑灰产通过刷播放量、关注、点赞、评论等方式进行广告引流,甚至实施网络诈骗。在出行平台,黑灰产的典型活动是抢单和代打车。以直播平台刷量为例,通过刷量可以帮助主播上各种排行榜;给主播购买僵尸粉,可以增加主播的粉丝数;在主播的直播间购买水军,可以增加直播间人气;等等。一方面,这些数据可以直接在平台折现,由此获利;另一方面,伪造人气可以吸引更多的粉丝,进而通过粉丝打赏获利。

总之,黑灰产的最大特点就是逐利。"只要是能产生利益的地方几乎逃不开黑灰产的觊觎。即使表面看上去获利很低,但黑灰产依然会想办法通过批量操作来规模获利。"

网络黑灰产业链如图 11-2-1 所示,具体可分为上中下游。位于上游的黑灰产负责收集提供各种信息资源,即为相关犯罪提供或者准备工具,包括公民个人信息、手机黑卡、各种软件账号信息等;中游则负责研发黑灰产软件工具,直接破坏、入侵网络系统和计算机,以批量、自动化的方式利用各类黑灰产资源实施网络违法犯罪活动;下游负责将其各种非法所得合法化,进行交易变现,涉及众多非法网络交易和支付渠道,例如诈骗、赌博、洗钱等相关的传统犯罪。

上游环节主要是软件开发和技术支持,包括黑卡运营商、猫池厂商、手机卡商、接

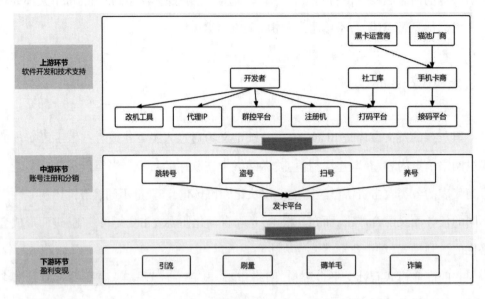

图 11-2-1

码平台、打码平台、黑产软件等。

　　手机黑卡是指没有在运营商处进行实名认证,被不法分子利用进行薅羊毛攻击、传播淫秽色情信息、实施通信诈骗、组织实施恐怖活动等违法犯罪活动的移动电话卡。黑卡运营商则通常与三大运营商代理勾结,或者黑卡运营商本身就是三大运营商代理。他们在获得大量手机卡后通过加价转卖给下游手机卡商赚取利润。其黑卡主要来源有实名卡、物联网卡、海外卡以及虚拟卡。

　　猫池厂商负责生产猫池设备,并将设备卖给卡商使用。猫池是一种插上手机卡就可以模拟手机进行收发短信、接打电话、上网等功能的设备,在正常行业有广泛的应用,如邮局、银行、证券商、各类交易所、各类信息呼叫中心等,猫池设备可以实现对多张卡的管理。

　　手机卡商从黑卡运营商那里大量购买手机黑卡,将手机黑卡插入猫池设备并接入收码平台,然后通过收码平台接收各种验证码业务,根据业务类型的不同,每条验证码可以获得 0.1 元—0.3 元不等的收入。负责连接的卡商,也就是接码平台,会为有手机验证码需求的群体提供软件支持、业务结算等平台服务,通过业务分成获利,一般为30%左右。如图 11-2-2 所示。

　　打码平台也是上游环节的一大内容。很多网站都会通过图片验证码来识别机器行为,对非正常请求进行拦截。因此打码平台已成为大多数黑产软件必备的模块之

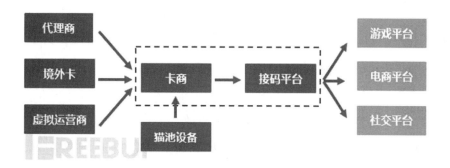

图 11-2-2

一,为黑产软件提供接口,突破网站为辨别机器还是人类行为而设置的图片验证码。文字、图像、声音等验证码的技术难度较高,打码平台通常难以完全依赖技术手段实现自动操作。国内的打码平台,以往主要依靠低廉的劳动力,对无法使用技术解决的验证码通过人工打码进行破解。这种方式广泛传播到了大量第三世界国家,导致全球有近百万人以此为生。打码工人平均每码收入 1—2 分钱,熟练工每分钟可以打码二十个左右,每小时收入 10—15 元。随着技术的发展,打码平台也与时俱进,逐渐产生了使用人工智能打码的平台,利用伯克利大学的数据模型,引入大量验证码数据对识别系统进行训练,将机器识别验证码的能力提高了两千倍,价格降低到了每千次 15—20 元,为撞库等需要验证的业务提供了极大的便利。如图 11-2-3 所示。

图 11-2-3

上游环节的黑产软件包括 IP 代理、改机工具以及群控平台。IP 作为互联网空间中最基础的身份标识,一直以来都是黑产与甲方争夺对抗最激烈的攻防点。这是一个高度成熟的产业,主要有国内代理、国外代理、国内秒拨软件等。

因为目前机房的服务器 IP 基本已经被标识,所以这部分代理 IP 基本无法使用,所以需要有大量的家庭住宅 IP。国内基本都是通过秒拨软件实现的,秒拨的底层思路就是利用国内家用宽带拨号上网(PPPoE)的原理,每一次断线重连就会获取一个新的 IP,秒拨有两个天然的优势:一是 IP 池巨大,假设某秒拨机上的宽带资源属于××地区电信运营商,那么该秒拨机可拨到整个××地区电信 IP 池中的 IP,少则十万量级,多则百万量级;二是难以识别,因为秒拨 IP 和正常用户 IP 取自同一个 IP 池,秒拨 IP 的使用周期(通常在秒级或分钟级)结束后,大概率会流转到正常用户手中,所以区分秒拨 IP 和正常用户 IP 难度很大。如图 11-2-4 所示。

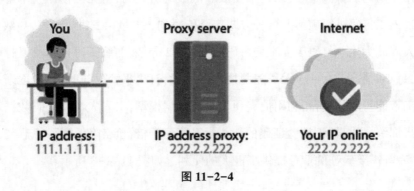

图 11-2-4

改机工具主要可以实现刷新设备指纹,解决单台设备注册的上限问题。Android 和 iOS 都有很多相应的改机工具,Android 改机大部分都基于 Xposed 框架,需要 root;iOS 大多基于 Cydia 框架,需要越狱。

群控是指通过一台电脑或者手机设备控制批量手机的行为,可以分为线控和云控两种形式。线控是指信号发生器与被控制的手机设备通过线缆进行连接;云控指手机搭载了云技术可以实现远程控制,可以用任意一台 PC 通过云端控制手机终端上的任何资料,随意调取自己所需的信息,或者使用另一部手机用 ID 登录云服务器。通过群控工具,可以实现一台终端对多台手机的控制,与改机工具进行搭配,可以在短时间内制造成千上万不同设备的信息,适用于羊毛党的批量攻击。

中游环节主要是账号注册与分销,主要操作有盗号、扫号、养号、跳转号与发卡平台。

盗号,就是通过一定的手段盗取他人账号和密码。初级盗号以钓鱼为主,钓鱼就是以假乱真,欺骗用户自己输入账号密码;中级盗号以木马或者键盘钩子记录为主;高级盗号则以入侵网站为主,讲究渗透、注入、提权、后门。

扫号,就是利用网络上公开的数据不停地对网站提交身份验证的数据包(比如常见的登录验证)进行验证是否是本站会员,也就是撞库。

养号,即批量注册小号,不断发作品、关注用户,修改头像,主要目的是降低账号被封的概率。账号恶意注册是恶意行为的源头,整个流程已趋于专业化,从业人员十万级,形成了手机验证码服务平台、打码平台、注册软件开发团伙、垃圾账号分销平台等一条龙服务。批量性恶意注册主要是通过软件实现的,具体流程如图 11-2-5 所示。

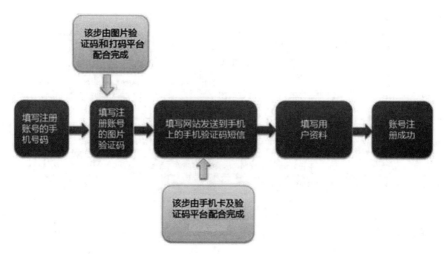

图 11-2-5

◇ **案例:黑灰产中游环节**

在吴某等 19 人"非法控制计算机信息系统、侵犯公民个人信息案"中,被告人在与多家手机主板生产商合作过程中,将木马程序植入手机主板内。在装有上述主板的手机出售后,被告人通过之前植入的木马程序控制手机回传短信,获取手机号码、验证码等信息,并传至公司后台数据库,然后非法出售手机号码和对应的验证码,获取人民币 790 余万元。

恶意注册商也就是号商,注册海量的社交账号,并通过脚本工具获取 62 数据或A16 数据。这两个数据是某社交平台用户登录新设备后生成的加密文件,这个文件储存在其安装目录中,下次运行时检测到该文件就可以自动登录。如果把这个文件中的数据导入另一部设备中,那么这部设备也可以跳过登录验证的步骤直接登录账号。恶意注册商就是通过这种手法,搭配注册的社交账号、密码进行售卖,黑产团伙购买后在云控平台上登录使用。这些被生成的海量社交账号可以被用作其他平台的快捷登录方式,登录后,即可利用接码平台的绑定业务激活完成账号的激活绑定,从而转化成平台账号,这就是"跳转号"。

发卡平台则是把数字商品做成自动化交易的平台,在号商完成大量账号的注册后,他们会把恶意账号整理后集中在发卡平台中列出,供处在产业链下游的用号方直接线上批量采购。如图 11-2-6 所示。

```
wxid_zgn1rnsnszu912----123456----62706c6973743030d4010203040506090a582476657273696f6e58246f626a6563747359246172636368697665725424746f701200
wxid_av4nkqpge2w512----123456----62706c6973743030d4010203040506090a582476657273696f6e58246f626a6563747359246172636368697665725424746f701200
wxid_ocoorjeug9c212----123456----62706c6973743030d4010203040506090a582476657273696f6e58246f626a6563747359246172636368697665725424746f701200
wxid_9hebbls3gdkg12----123456----62706c6973743030d4010203040506090a582476657273696f6e58246f626a6563747359246172636368697665725424746f701200
wxid_vxzp0pajslnb12----123456----62706c6973743030d4010203040506090a582476657273696f6e58246f626a6563747359246172636368697665725424746f701200
wxid_vcdoupq8zs7812----123456----62706c6973743030d4010203040506090a582476657273696f6e58246f626a6563747359246172636368697665725424746f701200
wxid_hzot2yoijjaq12----123456----62706c6973743030d4010203040506090a582476657273696f6e58246f626a6563747359246172636368697665725424746f701200
wxid_88gn4b633dbj12----123456----62706c6973743030d4010203040506090a582476657273696f6e58246f626a6563747359246172636368697665725424746f701200
wxid_01jhpvc3eylf12----123456----62706c6973743030d4010203040506090a582476657273696f6e58246f626a6563747359246172636368697665725424746f701200
wxid_umphdzgathvs12----123456----62706c6973743030d4010203040506090a582476657273696f6e58246f626a6563747359246172636368697665725424746f701200
wxid_j21mqniomu7s12----123456----62706c6973743030d4010203040506090a582476657273696f6e58246f626a6563747359246172636368697665725424746f701200
wxid_m5u8fxy7orhf12----123456----62706c6973743030d4010203040506090a582476657273696f6e58246f626a6563747359246172636368697665725424746f701200
wxid_pkg4puzdun1p12----123456----62706c6973743030d4010203040506090a582476657273696f6e58246f626a6563747359246172636368697665725424746f701200
wxid_eifyz7ljkmk612----123456----62706c6973743030d4010203040506090a582476657273696f6e58246f626a6563747359246172636368697665725424746f701200
wxid_k0bfd3cwci3r12----123456----62706c6973743030d4010203040506090a582476657273696f6e58246f626a6563747359246172636368697665725424746f701200
wxid_ggnoxkklla7z12----123456----62706c6973743030d4010203040506090a582476657273696f6e58246f626a6563747359246172636368697665725424746f701200
wxid_58z52t7f7j8e12----123456----62706c6973743030d4010203040506090a582476657273696f6e58246f626a6563747359246172636368697665725424746f701200
wxid_fesfvfbqzbm812----123456----62706c6973743030d4010203040506090a582476657273696f6e58246f626a6563747359246172636368697665725424746f701200
wxid_dite1k50uyl912----123456----62706c6973743030d4010203040506090a582476657273696f6e58246f626a6563747359246172636368697665725424746f701200
wxid_l2zknboef0si12----123456----62706c6973743030d4010203040506090a582476657273696f6e58246f626a6563747359246172636368697665725424746f701200
wxid_vtxppqikh0aq12----123456----62706c6973743030d4010203040506090a582476657273696f6e58246f626a6563747359246172636368697665725424746f701200
wxid_q6u8wbudgetq12----123456----62706c6973743030d4010203040506090a582476657273696f6e58246f626a6563747359246172636368697665725424746f701200
wxid_6hrfwpwbdal912----123456----62706c6973743030d4010203040506090a582476657273696f6e58246f626a6563747359246172636368697665725424746f701200
wxid_5t3p1p6qdfdb12----123456----62706c6973743030d4010203040506090a582476657273696f6e58246f626a6563747359246172636368697665725424746f701200
wxid_bvxlou51239k12----123456----62706c6973743030d4010203040506090a582476657273696f6e58246f626a6563747359246172636368697665725424746f701200
wxid_1ymb4qkfjat412----123456----62706c6973743030d4010203040506090a582476657273696f6e58246f626a6563747359246172636368697665725424746f701200
wxid_ujgnqkkzpd7s12----123456----62706c6973743030d4010203040506090a582476657273696f6e58246f626a6563747359246172636368697665725424746f701200
wxid_2funj4b4rfk012----123456----62706c6973743030d4010203040506090a582476657273696f6e58246f626a6563747359246172636368697665725424746f701200
wxid_h0wvh23kd3zt12----123456----62706c6973743030d4010203040506090a582476657273696f6e58246f626a6563747359246172636368697665725424746f701200
```

图 11-2-6

下游环节主要是盈利变现,通过引流刷量以及薅羊毛实现。用号方会根据自身情况,通过发卡平台买入对应的虚假账号,用来薅羊毛、平台刷量、账号诈骗等。如图 11-2-7 所示。

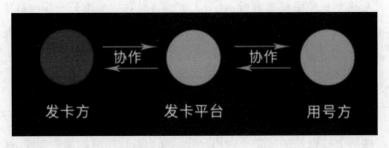

图 11-2-7

引流黑产产业链下游主要包括黑五类产品销售、色情诈骗和杀猪盘等。

刷量则是指刷直播平台的播放量、点赞评论、收藏。

薅羊毛主要表现为平台补贴,不同层级赚取金钱的方式不同。网赚 App 主要是通过公司化运营,搭建网赚平台,构建推广渠道,利用网赚群体赚取大量推广费用;专业网赚拥有大量设备、账号、信息和软件,可以通过自动化刷广告或推广活动赚取金钱;包工头利用网赚 App 的下线功能,大量发展下线,从下线中分取大量佣金;小作坊一般是普通个人,拥有多个账号或手机,通过做任务、装应用等赚取佣金。

◇ 案例:下游环节黑产

飞益公司是一家专门提供视频刷量服务的公司,通过运用多个域名、不断更换访问 IP 地址等方式,连续访问爱奇艺网站视频,在短时间内迅速提高视频访问量,达到刷单成绩,以牟取利益。飞益公司对爱奇艺网站视频进行所谓的"刷量",反复、机械地制造相关视频的播放量,但并不具备观看视频的实际需求,纯粹追求点击数值上升。虚构视频点击量会提升相关公众对虚构点击量视频的质量、播放数量、关注度等的虚假认知,从而产生引人误解的虚假宣传的后果。

为有效应对黑灰产带来的风险,企业应推动技术升级,提升自身安全等级。具体措施包括:

(1)加强风险监测。平台须投入大量资本,主动去监控,发现基础设施以及产品的弱点和漏洞,及时修补。例如,针对诈骗类信息,抖音平台将"转账""支付""分红""返利"等一系列敏感、高危关键词添加到词库,使用户无法再使用这些词语,以杜绝迷惑性账号的出现。

(2)搭建攻防体系。在企业内部或者联合相关产业建立攻防体系,针对不同的风险进行实操演练,模拟网络黑产对抗和反制的路径,以应对可能出现的威胁。

(3)利用大数据技术,建立黑产舆情系统,通过舆情监控丰富、补充网络黑产活动信息,及时完善针对黑产的数据模型,提高平台处置黑产类信息的能力,以及黑产类风险和黑产产业链条预测、识别和处置的能力。例如抖音针对黑灰产行为开发的风控策略模型,能够基于行为特征、物理特征、内容特征等信息来主动识别与拦截黑产。

(4)在合规前提下部署蜜罐系统,精确定位黑产源头以及攻击实施者,联合公安系统,彻底摧毁黑产组织,给黑产组织以致命性的打击。

当然,最能从根本上解决黑灰产问题的还是从源头出击,清除黑产核心资源。一是严格落实互联网应用实名制,制定信用评级体系;二是提高平台账号恶意注册难度;三是联合通信运营商,扩充企业黑卡数据库。

四、互联网违法行为举报

网络犯罪是在虚拟的世界借助高新技术的手段实施的一种犯罪行为,网络犯罪与当今信息时代发展是联系在一起的,这是一种新型的高智能的犯罪。我国一般把以计算机为主要工具的犯罪和以计算机资产为对象的犯罪总称为网络犯罪。

网络犯罪一般都具有如下特点:隐蔽性高、风险小,犯罪主体确定困难;预谋性居多;犯罪主体低龄化;监控管理及司法规定相对滞后;犯罪侵害的目标比较集中;具有极大的社会危害性。

新型网络犯罪主要有针对网络的犯罪以及利用网络扶持的犯罪。

针对网络的犯罪的表现形式包括以下几方面。

(1)网络窃密:利用网络窃取科技、军事和商业情报是网络犯罪最常见的一类。

(2)制作、传播网络病毒:网络病毒是网络犯罪的一种形式,是人为制造的干扰破坏网络安全正常运行的一种科技手段。

(3)高技术侵害:这种犯罪是一种旨在使整个计算机网络陷入瘫痪以造成最大破坏的攻击行为。

(4)高技术污染:利用信息网络传播有害数据,发布虚假信息,滥发商业广告,侮辱诽谤他人的犯罪行为。

利用网络扶持的犯罪的表现形式包括以下几方面。

(1)网上盗窃:此类案件以两类居多,一类发生在银行等金融系统,一类发生在邮电通信领域。

(2)网上诈骗:通过伪造信用卡、制作假票据、篡改电脑程序等手段来欺骗和诈取财物的犯罪行为。

(3)网上色情:有了互联网,无论大人小孩只需坐在电脑前,就可以在全世界范围内查阅色情信息。因特网赋予传统的传播淫秽物品行为以更大的广泛性和更高的集中性。

（4）网上赌博：在网络时代，赌博犯罪也时常在网上出现。

（5）网上洗钱：网络银行给客户提供了一种全新的服务，顾客只要有一部与国际互联网络相连的电脑，就可在任何时间、任何地点办理该银行的各项业务。这些方便条件为"洗钱"犯罪提供了巨大便利，利用网络银行清洗赃款比传统洗钱更加容易，而且可以更隐蔽地切断资金走向，掩饰资金的非法来源。

（6）网上教唆或传播犯罪方法：网上教唆他人犯罪的重要特征是教唆人与被教唆人并不直接见面，教唆的结果并不一定取决于被教唆人的行为。

那么，当我们接触到不良网络信息或不良网站时，应如何举报呢？

目前，我国有两个全国性网站可接受不良网络信息和网站的举报，一个是公安部运营的网络违法犯罪举报网站，另一个是中央网信办运营的违法和不良信息举报中心。遇到不同类型的网络犯罪时，应当及时识别并通过正确的渠道举报。

公安部网络违法犯罪举报网站接受以下举报内容：

（1）侵入国家事务、国防建设、尖端科学技术领域的计算机信息系统；

（2）故意制作、传播计算机病毒等破坏性程序，攻击计算机系统及通信网络，致使计算机系统及通信网络遭受损害；

（3）利用互联网进行邪教组织活动；

（4）利用互联网捏造或者歪曲事实、散布谣言，扰乱社会秩序；

（5）利用互联网建立淫秽色情网站、网页，提供淫秽站点链接，传播淫秽色情信息，组织网上淫秽色情活动。

（6）利用互联网引诱、介绍他人卖淫；

（7）利用互联网进行诈骗；

（8）利用互联网进行赌博；

（9）利用互联网贩卖枪支、弹药、毒品等违禁物品以及管制刀具；

（10）利用互联网贩卖居民身份证、假币、假发票、假证，组织他人出卖人体器官。

中央网信办违法和不良信息举报中心接受以下举报内容：

（1）危害国家安全、荣誉和利益的；

（2）煽动颠覆国家政权、推翻社会主义制度的；

（3）煽动分裂国家、破坏国家统一的;

（4）宣扬恐怖主义、极端主义的;

（5）宣扬民族仇恨、民族歧视的;

（6）传播暴力、淫秽色情信息的;

（7）编造、传播虚假信息扰乱经济秩序和社会秩序的;

（8）侵害他人名誉、隐私等合法权益的;

（9）互联网相关法律法规禁止的其他内容。

五、网络诈骗防范

电信诈骗是指以非法占有为目的,利用手机短信、电话、网络电话、互联网等传播媒介,以虚构事实或隐瞒事实真相的方法,骗取数额较大的公私财物的行为(又称非接触性诈骗或远程诈骗)。

电信网络诈骗公式:人物(无法准确确认其身份)+沟通工具(电话、短信、网络等,见不到真人)+要求(汇款转账、输入敏感信息)=诈骗。这是标准的诈骗行为,遇到要及时报警。

要了解电信网络诈骗的特点,才能更好地防范电信网络诈骗。电信网络诈骗的特点主要有以下四个方面:

（1）容易蔓延,发展迅速。犯罪分子通过编造虚假电话、短信,在极短的时间内地毯式发布虚假信息,侵害面很大,所以造成损失的面也很广。

（2）诈骗手段翻新速度快。从最原始的中奖诈骗,发展到绑架、勒索、电话欠费、汽车退税等。骗术花样翻新频率很高,令人防不胜防。

（3）形式集团化,反侦查能力强。犯罪团伙一般采取远程的、非接触式的诈骗,且分工很细,下一道工序不知道上一道工序的情况。这种特点给公安机关对其进行打击带来很大的困难。

（4）跨国、跨境犯罪突出。境内外勾结作案,隐蔽性很强,打击难度也很大。

电信网络诈骗在现实生活中有着多种套路。

（1）喜爱网络游戏、防范意识差的人往往成为目标。犯罪分子冒充 QQ 好友借钱或通过网络游戏装备及游戏币交易进行诈骗。

◇ **案例**：毛某在玩手机游戏时，手机突然弹出"低价出售游戏装备"的消息。毛某添加对方的 QQ 号后，对方让毛某充值 200 元注册账号，毛某向对方提供的账号转账成功后，对方又让毛某再次充值 1,200 元作为开通账号的押金。随后，对方对毛某说："你现在可以用你自己注册的账户登录了。"在登录时，手机突然弹出一个窗口，写着"您的个人信息出现问题，账号被冻结"。毛某看了便立刻联系了对方，对方说："先生，您的账户确实已被冻结了，现在您需要充值 6,600 元才能将账号解冻。"毛某听了后，立马按照对方的提示把钱打了过去，转账成功后，毛某立马联系了对方，但这时对方已将其拉黑了。毛某这才发现自己被骗，立马报警。

案例提示：在网络游戏充值、账号买卖时，一定要小心！诈骗分子会以低价充值、高价回收为由，引诱用户在对方提供的虚假链接内进行交易。切记：买卖游戏币、游戏点卡一定要通过正规网站，一切私下交易均存在被骗风险。

(2)针对网购群体，特别是对在网购平台、微信群、朋友圈等网络购物渠道淘货的人群进行网络购物诈骗。骗子的常用作案手法是：要求被害人多次汇款；发送假链接、假网页；拒绝通过安全支付方式付款；收取订金骗钱；约见汇款；以次充好；等等。

◇ **案例**：于某在浏览某二手购物平台时，发现有一款自己"心仪已久"的九成新手表，价格远低于同类商品，遂添加对方 QQ 取得联系。在一番讨价还价后成交，但对方要求不能在平台付款，要通过其在 QQ 上发来的二维码扫码付款。于某急于得到心仪的手表，遂通过对方在 QQ 上发来的二维码扫码支付货款 3.5 万元，被对方拉黑后报警。

案例提示：通过微商、微信群交易时，一定要详细了解商家真实信息，确定商品真实性，多方面综合评估。交易时最好有第三方做担保，并选择正规的购物平台，对异常低价的商品提高警惕。

(3)针对防范意识不强、贪图小利的人群进行网上中奖诈骗。犯罪分子利用传播软件随意向互联网 QQ 用户、MSN 用户、邮箱用户、网络游戏用户、淘宝用户等发布中奖提示信息，当事主按照指定的"电话"或"网页"进行咨询查证时，犯罪分子以中奖缴税等理由让事主一次次汇款，往往直到失去联系事主才发觉被骗。

◇ **案例：**王先生在家登录 QQ 时，屏幕上弹出一条中奖信息，提示王先生的 QQ 号码中了二等奖，奖金 58,000 元和一部"三星"牌笔记本电脑，王先生喜出望外，想都没想就按网上留下的电话与对方取得了联系。对方要求王先生在得到奖品之前必须先汇 1,580 邮费，王先生马上照办；对方又要求汇 3,880 元保证金，王先生再次照办；对方再次要求汇 7,760 元的个人所得税，王先生接着照办；对方最后要求再汇 6,000 元的无线上网费，王先生汇完钱后就再也联系不上对方了，这时他才发觉自己被骗了。

案例提示：登录 QQ 或打开邮箱时可能会收到一些来历不明的中奖信息，不管内容有多么诱人，也不能相信，更不要按照所谓的咨询电话或网页进行查证，否则将一步步陷入骗局之中。切记："中奖"但要求先汇款的都是诈骗。

(4)针对经常接收电子邮件或者登录银行网站的工作人员，犯罪分子往往使用"网络克隆"诈骗。骗子的作案手法是发送电子邮件，以虚假信息引诱用户；还有一些不法分子通过设立假冒银行网站，当用户输入错误网址后，就会被引入这个假冒网站。

◇ **案例：**某院系的大二学生小 A 最近是"背"了点。在一次网络购物中，他被骗去了整整 5000 元。回忆受骗过程，小 A 满是痛苦：在点开了某网站卖家给的链接后，他进入了一个类似"工行网上银行"的网站，当按要求输入自己的卡号和密码时，页面却弹出"对不起，您的操作已超时，请返回重新支付"的提示。于是他重复刷新，反复输入口令和密码，而实际上，他每输入一次，卖家就会从卡上划走 1,000 元。最后，整整 5,000 元便不知不觉地流入了骗子的口袋。

除了上述"套路"以外，还有犯罪分子以如下手段进行诈骗：号称机关单位发放补贴；电话、电视欠费诈骗；"航空公司"提醒航班取消或改签；假冒银行提示刷卡消费；"某公司"积分兑换礼品；以及亲友"出事"急需汇款；等等。另外还有冒充熟人打电话、发送"艳照"等网络诈骗行为,还有伪基站诈骗、二维码诈骗、高薪招聘诈骗等,也需要时刻提防。

那么应当如何识别与防范网络诈骗呢?

国家反诈中心提醒:凡是"不要求资质"的网贷平台、且放款前要先交费的;刷单的;通过网络交友诱导用户进行投资或赌博的,网上购物遇到自称客服说要退款索要银行卡号和验证码的,自称"领导""熟人"要求汇款的,自称"公检法"让你汇款到"安全账户"的,通过社交平台添加微信、QQ 拉用户入群让用户下载 App 或者点击链接进行投资、赌博的,通知中奖、领奖让用户先交钱的,声称"根据国家相关政策需要配合注销账号否则影响个人征信"的,非官方买卖游戏装备或者游戏币的,都是诈骗。

另外,做到几个"一律"可以有效降低被骗的概率。

只要陌生人谈到银行卡要转账、中奖了要先交税、电话转接公检法,一律要挂掉电话;遇到陌生短信要求点击不明网址链接,或微信上不认识的人发来的链接,一律不点;微信"好友"一提到"安全账户",一律删掉。

总之,网络电信诈骗手法虽然千变万化,只要记住"三不一多"原则,即未知链接不点击,陌生来电不轻信,个人信息不透露,转账汇款多核实,就能大大减少被骗的风险。

如果还是遭受了网络诈骗,还可以采取一些补救措施:

(1)一旦汇款后发现自己被骗了,可在第一时间拨打中国银联专线 95516 请求帮助。

(2)及时拨打 110 报警或向派出所报案,保留所有证据,详细向警方描述被骗经过。

(3)电话银行冻结止付:拨打该诈骗账号所属银行的客服电话,根据语音提示输入该账号,然后重复输错 5 次密码,就能使该账号冻结,时限 24 小时。该操作仅限制嫌疑人的电话银行转账功能。

(4)网上银行冻结止付:登录该诈骗账号所属银行的网址,进入网上银行界面输入该账号,然后重复输错 5 次密码,就能使该账号冻结,时限 24 小时,该操作仅限制嫌疑人的网上银行转账功能。

第3节 账号密码安全

一、账号密码安全的重要性

密码是进行身份验证最常见的一个因素,在登录系统或者是其他应用程序的时候,需要利用用户名和密码来验证身份,这个称为单因素身份验证。

但并不是所有的密码都具有高安全性。为了使密码能实际起到保护账户的作用,密码应当具有以下特征:能防止未经授权的用户访问受保护的系统信息和数据,复杂、难以破解但能被本人记住。另外,应注意不与他人分享密码并以安全的方式储存密码。

据 Verizon 发布的《2020 年数据泄露调查报告》,超过 80% 的数据泄露都是黑客利用被盗密码或弱密码造成的。IDC 的一份报告显示,在 2019 年的 IT 和非 IT 调查受访者中,有 62% 的人表示,人为错误是企业业务面临的主要网络威胁。这种人为错误主要是企业的普通员工创建简单密码和共享密码导致的,而不是那些高管或拥有特殊访问权限的员工导致的。密码安全问题会造成很严重的数据泄露和网络威胁,一定要重视密码安全问题。

遵循法律是所有的企业都应该重视的。有多种法规和监管机构要求企业符合身份认证和数据保护的特定标准,也有一些组织制定标准并提供指导给企业。企业应听取权威组织(如国家标准技术研究院)的建议,并严格遵守标准(如支付卡行业数据安全标准、欧盟的通用数据保护条例等)。

不安全的密码和不良的密码管理习惯会增加钓鱼攻击和数据泄露的风险。美国联邦调查局网络犯罪投诉中心在 2019 年的报告中称,商业电子邮件泄露和电子邮件账户泄露犯罪造成了超过 17 亿美元的损失。

根据 CyberNews 的报道,以下是全球最常用的 10 个密码:123456;123456789;qwerty;password;12345;qwerty123;1q2w3e;12345678;111111;1234567890。360 安全中心发布的《密码安全指南》也根据国内流行的密码破解字典软件,整理总结出了中国网民最常用的 25 个"弱密码"。在中国版的 25 个"弱密码"中,有多个与国外网民使用习惯完全相同。其中,除了 password、abc123、iloveyou 等全球网民通用的"弱密码"外,还有 666666 和 888888 等极易被人攻破的吉利数。使用弱密码,会增加数据泄露和网络威胁的风险。

二、账号密码泄露风险

账号密码泄露的情况大体可分为三类,即本地发生密码泄露、网络发生密码泄露以及第三方发生密码泄露。

本地发生密码泄漏的原因主要有电脑中病毒、个人的不良习惯或密码安全意识不到位:一旦电脑中病毒,被植入了恶意木马,黑客通过具有键盘记录功能的木马窃取密码,键盘就会受到恶意程序监控。黑客可以在恶意程序后台将用户的个人信息发送到自己的服务器中。个人习惯也会导致密码泄露,如账号密码随意手写和乱放,日常使用电脑时用便签或非加密软件保存明文密码等。另外,仍有很多用户账号密码安全意识不到位,密码设置过于简单,或在他人面前输入密码而无任何保护措施等,也会导致密码泄露。

网络发生密码泄露的原因主要有网络没有进行有效加密,以及使用黑客的钓鱼Wi-Fi 等。如果网站没有进行有效加密,导致密码明文传输,或者非加密传输,黑客就能通过一些工具拦截登录请求包,能直接看到用户的密码。如果用户使用了黑客的钓鱼 Wi-Fi 或者黑客进行了 Wi-Fi 中间人攻击,即伪造一个与合法 Wi-Fi 接入点同名的无线信号,用户接入后,黑客就可以在用户登录的时候偷走用户的账号密码、邮箱、手机号等信息,如图 11-3-1 所示。

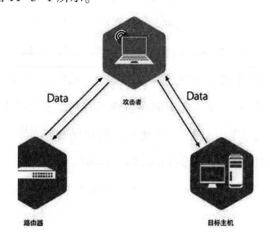

图 11-3-1

第三方发生密码泄漏的原因有两种，一种是数据库泄漏，另一种是人为倒卖信息。数据库泄露往往是由于网络服务提供商不可靠，对密码进行了明文保存，且未经二次加密，或者加密措施有漏洞。如果服务提供商的数据库泄露，那么用户的密码也会变得不再安全。另外，也存在人为倒卖信息的情况，有的掌握了信息的公司或机构员工会主动倒卖各类隐私信息（包括账号密码等）。

许多人认为自己不是名人，个人信息泄露也无关紧要，所以不重视。许多网民在存储重要信息的网站、App 都使用非常简单的弱密码，这是错误且非常危险的行为。

账号密码泄露会引起洗库和撞库。黑客会进行脱库①，之后进行洗库，即将个人信息进行变现，如盗取游戏装备和虚拟 Q 币、将用户的身份信息变卖给垃圾广告公司等。除了洗库，还可能会进行撞库。黑客会利用用户已经泄露的账号密码尝试登录其他网站，如果用户多个平台使用的都是一个账号密码的组合的话，那么其他平台的账号和密码也会遭到泄露，引起一系列的账号安全问题。一个比较著名的事件就是当年的网易邮箱数据泄露事件。

账号密码泄露会给个人带来很多危害，如支付宝、微信支付、网银等金融账户的账号与密码被曝光，会被其他人拿来进行金融犯罪与诈骗；用户虚拟账户中的虚拟资产可能被盗窃、变现；隐私数据的泄露会导致大量广告、垃圾信息、电商营销等内容发送给用户，给用户生活带来极大的不便；全面掌握了用户的相关信息后，违法分子可以制造假身份证进行一系列违法犯罪活动。

　　场景1：保险公司的一个普通客户，某一天接到一个谎称是保险公司客服的电话，声称保单查询系统正在升级，需要客户提供登录保单查询系统的用户名和密码。

　　场景分析：如果没有足够的安全防范意识，透露了自己的用户名和密码，犯罪分子可以通过一系列社会工程学攻击的手段，查询并修改该用户的信息，甚至是改动账户资金分配；如果该用户的密码恰好是其最常用的一个密码，犯罪分子将有可能用获取到的密码进行撞库，接下来该用户就会收到源源不断的外部保险推销的电话和异常登录的短信提示，面临一系列更严重的

---

① "脱库"是指黑客入侵有价值的网络站点，把注册用户的资料数据库全部盗走的行为，因为谐音，也经常被称作"脱裤"。

信息泄露。

场景 2:保险公司有一个积分系统平台,客户可以利用自己的保费去换取积分,并在积分商城兑换相应的礼品。这个积分平台只对注册用户开放。

场景分析:如果用户的密码设为常见的 123456 等弱密码,积分平台被黑客仿冒登录后,就可以把用户的积分兑换为价值不菲的商品,并邮寄到黑客指定的地址,造成客户的损失。另外,对公司而言,客户会严重怀疑是保险公司系统有漏洞,才导致个人信息的泄露,可能会造成退保、投诉等业务损失。

常见的攻击手段有七种。

(1)暴力破解:黑客将所有的数字、字母、包括特殊字符等进行排列组合,把所有的组合尝试一遍,猜测这是不是用户正在使用的密码。

(2)字典攻击比暴力破解稍微智能一点,会根据受害人的个人信息,如昵称、别名、名字、生日、邮箱等,生成一个可能使用的密码的字典。

(3)密码猜测是通过猜测常用的譬如 123456 或者生日等简单密码尝试登录账户。

(4)社会工程学攻击手段通过社会工程学攻击获得密码,包括用电话客服套取用户密码、肩窥、搜寻垃圾等,并尝试登录员工的系统,进而进入公司内网。

(5)窃听攻击:用一些内网嗅探工具抓取流量包,如果这个包里面传输的协议使用的是 ftp 或者 http 这些明文协议,利用抓包工具里面的协议分析功能,就可以查看包里面的明文用户名和密码等内容。

(6)间谍软件:这是一种恶意软件,常伴随着木马安装,一旦电脑感染了木马恶意程序,就可以偷窥电脑里面传输的所有的机密信息,包括密码等。

(7)彩虹表攻击:哈希称为 HASH,是用来保证数据完整性的一种手段。数据经过哈希之后,会生成一段乱码,而看不到明文。哈希运算不可逆。黑客对很多的明文做哈希运算,并记录在一个表格中,这个表就叫作彩虹表。将来黑客去对一个公司的数据库进行偷库,每看到数据库中的一个密码字段,就到彩虹表里面去找对应的明文值,这就是彩虹表攻击。

对于用户来说,以下都是会使自己的账户密码面临安全风险的行为:采用弱口令(弱密码);轻信他人,透露密码或者找回密码方式与方法,缺乏安全意识;密码找回方法太过简单;密码从不修改;社交账号密码和公司账号或者机密账号密码相同;将密码记录在随手可见的地方(比如便签条);输入密码不注意环境,不注意遮挡等。

基于上述几点问题,提出如下关于密码安全的建议:一是尽量不在公共或有潜在安全风险的设备上进行密码操作;二是在技术不足的情况下,尽量不越狱,对设备不进行 Root 操作;三是不安装未知来源的(盗版)软件;四是在公共场合不使用免费的或不可信的 Wi-Fi 网络;五是如果可能,尽量使用 SSL 加密访问网站;六是将浏览器更新至最新版本;七是要注意检查网站证书是否可信(一般浏览器都会有提示)。

三、账号密码的安全设置

居家办公时,一个最简单但往往也最容易被忽视的保护自己的方法就是加强密码,并确保所有设备都具有最大强度的密码保护。联邦贸易委员会建议,在所有设备和应用程序上使用密码,并确保密码长度长、强度高并具有唯一性——至少包含 12 个由数字、符号、大写字母和小写字母组成的字符;添加一个会在每次访问笔记本电脑和其他设备时出现的密码屏幕,这样即使设备遭到入侵或落入他人之手,第三方也很难访问其中的敏感文件。

但是如今,每个用户都会拥有很多个不同的账户和密码,如果每个都设置成长度长且复杂的密码,必然会给用户带来记忆上的难题。一旦忘记密码,也会造成一系列的麻烦。因此,本节提出下述设置密码的技巧,既保证密码强度和安全性,又方便用户记忆。

首先,选取一个基础密码,可以是成语、诗句、家人生日、宠物名字等自己熟悉的内容。此处以【beauty2017!】举例。

其次,在后面叠加网站名称进行混合:比如京东(JD)或 QQ 邮箱(qqmail)等,则京东的生成密码是【Jbeauty2017!D】,QQ 邮箱密码是【qqbeauty2017!mail】。

最后,再添加一套密码变化规则以提升安全度,一定是只有自己才能看懂的规则,比如:

(1)shift 键符号替代法:选取基础密码【beauty2017!】中的“17”字符,输入时同时按住 shift 键。那么上述提到的京东密码就变成了【Jbeauty20!&!D】,QQ 邮箱密码为【qqbeauty20!&!mail】。虽然密码没变,但是安全性却大大提升。

（2）插入特殊符号：在固定位置插入一些特殊符号，如头尾都加入"#"，京东网密码变成【#Jbeauty2017!D#】，QQ 邮箱密码是【#qqbeauty2017!mail#】。

（3）同音或同形字符替换：例如将英文字母 e 替换成同音的阿拉伯数字 1，京东密码则变成【Jb1auty2017!D】，QQ 邮箱密码则是【qqb1auty2017!mail】。同理，还可以将字母 o 改成阿拉伯数字 0；还可以选定某个字符，或输入某个字符时将手指在键盘对应按键向上移一格；等等。

四、分级账号密码体系的构建

常用的密码加密算法有可逆加密算法和不可逆加密算法。可逆加密算法主要有对称加密算法和非对称加密算法。可逆加密算法常用于敏感数据在网络中的传输，对称加密算法需要一个密钥，发送方将明文和密钥经过加密算法的处理之后，形成译文再进行发送。接收方在接收密文后，就使用相同的密文和加密算法进行解密从而获得明文。非对称加密算法则需要一对密钥，公钥和私钥。用公钥进行加密，用对应的私钥进行解密，不需要发送方和接收方接收密钥，这样的话便提高了安全性。不可逆加密算法不需要密钥，往往采用散列函数，将明文处理成密文进行传输储存。

常用的密码储存方案有 Hash 存储和加盐存储。Hash 算法是一种单向密码散列算法，它只有从明文到密文的单向映射（加密过程），而没有从密文到明文的解密过程。随着 Hash 存储的广泛应用，出现了很多特定算法密码库，大部分简单密码的密文可以通过密码库反向查询到明文。为了防止内部人员和入侵者反向查询用户密码的明文，需要对密文结果掺杂其他信息，即加盐。加盐存储是 Hash 存储的优化方案。

常用的密码存储方案有两个很重要的特点：一是不可逆，也就是仅能从明文转换为密文，而不能从密文转换成明文；二是差异性，明文发生一点点变化，通过散列函数获得的密文都将会发生极大的变化。针对这两种特点，用户在设置密码的时候也可以采用"可变"策略，将设置的密码和应用本身相关联；同时为防止密码规则的泄露，可以对各类应用进行分级，制定不同的密码规则。

那么如何进行分级账号密码体系的构建呢？

总体来说，个人的密码安全需要遵循以下几个简单规则：一是密码长度最好在 8 位或以上，不宜过短或过于简单（例如 abc12345）；二是没有明显的组成规律，尽量不要与个人信息相关（例如生日、身份证号）；三是应尽可能使用三种以上符号，如字母+数字+特殊符号组合；四是按照平台重要程度，将密码进行至少三级分类，即普通密码、重要密码、安全密码等。

对于不同的平台应使用不同的密码，以免一个平台账号泄密引起连锁的账号安全问题。同时，在进行密码设置时，应对不同的平台按照重要程度进行分类，然后对应不同重要程度的平台使用不同层级的密码。例如，对于支付宝、微信、网银等涉及财产安全、可以信任的、安全的平台，设定"安全密码"级别；对于常用的网站、论坛、博客、云盘，设定"重要密码"级别；对于偶尔登录的论坛、网站，或者一次性注册登录的账号，可以设置"普通密码"级别。如果自己对账号还有其他需求，还可以设置更多级别的密码，比如临时给朋友分享的密码可以设置为"临时密码"级别。此外，每一级密码分别对应一种密码规则，各级之间的密码复杂程度可以与账号所需的安全性相关。

确定了密码的分级后，对某一级密码的具体制定可参考如下方法：

将密码的字段划分为固定字段和可变字段。同一密码的固定字段可以相同，可变字段必须不同。如使用基础密码加网站名称，再加一套密码变化规则等。

首先，选取一个基础密码。密码"被破解难易程度"跟密码的"长度和难易程度"正相关。所以，强烈建议使用高强度的密码。比如【Dr4%*DyaZoHPz^】就是一个高强度的好密码，只是不容易被记下来。一般基础密码可以选择一句话，保证其尽可能无规则即可。如"大脸猫爱吃鱼"，取其拼音首字母组成密码则为【dlmacy】；也有一些特殊的制定基础密码的策略，如：利用诗词设置的密码【Fhl3yjsd10000j】源于"烽火连三月，家书抵万金"；利用顺口溜设置的密码【cptbtptpbcptdtptp】源于"吃葡萄不吐葡萄皮，不吃葡萄倒吐葡萄皮"。

其次，对基础密码进行一些变化，如改变字母大小写、增加数字或特殊字符等。以【dlmacy】为例，改变字母大小写后可变为【DLMacy】；再增加数字后则变为【DLMacy618】；最后增加特殊字符后可变为【DLM#acy618】。那么，经过这些变化之后，【DLM#acy618】就成了基础密码，这也是一个强密码。

再次，再针对不同网站增加不同的变化。比如在设置支付宝的密码时，在基础密码的基础上加上【*Zfb】代表支付宝，则密码变为【DLM#acy*Zfb618】；在设置知乎的密码时，在基础密码的基础上加上【*Zh】代表知乎，则密码变为【DLM#acy*Zh618】。

最后，为了更加保险，可以在"不同网站变化"的部分再进行一层加密，比如对字母进行移位运算。假设自定义的规律为"字母-3",即每个字母向前移动三位。例如,字母 Z 向前移动三位是 W,h 向前移动三位是 e。那么 Zh 就变成 We,Zfb 就变成了 Wcy。

这样一来,支付宝密码就变成了【DLM#acy*Wcy618】,【DLM#acy*We618】即为知乎密码。

对于用户来说,一种好的密码规则既要好记,又要保证密码的安全性。传统的密码规则往往通过提高密码的复杂性来追求安全性,而忽视了密码的易记性。分级可变密码规则在某种程度上实现了易记性和安全性的平衡。

五、账号密码管理工具

前文已经介绍了分级账号密码体系的构建,但随着用户需要登录的网站不断增多,需要记住的密码也不断增加,于是复杂的密码就不便于记忆。密码管理器的用处就是让使用强密码变得容易,同时也使用户能够更快、更方便地登录应用程序和网站。

最原始的密码管理器是密码本,典型代表有小本子、记事本、浏览器集成的密码管理器和一些私密云笔记等。密码本存在很高的安全风险。

首先,它根本没有加密保护,或加密保护很容易被破解。如果浏览器能直接读取保存的密码,那么其他应用程序也可以使用相同方法读取。因此,如果浏览器能直接填充密码,而不要求输入独立的主密码解锁,那就没有真正的保护。同时,由于浏览器还是黑客最主要的攻击目标之一,因此建议不要使用浏览器自带的密码管理器。众所周知,用记事本记密码很不安全,输入密码才能查看的私密云笔记也有很大的迷惑性,被很多用户误以为很安全。一些云笔记仅仅使用密码限制用户访问,而不是使用密码加密笔记内容。如果云端被黑客入侵,那保存的密码就很可能被盗,因此,也并不是真正安全的。

现代的密码管理器主要是密码管理软件。它的安全技术是设置独立的主密码端到端的加密,常见的密码管理工具有:1Password、LastPass、Enpass、KeePass、Bitwarden等。各主流工具的费用、加密方式、支持平台、数据存储位置、附件功能、同步功能以及是否支持密码自动填充如表 11-3-1 所示。用户根据个人的情况可以自行进行选择。

表 11-3-1

工具	费用	加密方式	支持平台	数据存储位置	附件功能	同步功能	密码自动填充
1Password	个人：2.99 美元/月；家庭：4.99 美元/月	AES-256 算法加密	Mac、IOS、Windows、Android 及主流浏览器	本地数据库模式	付费版可添加	支持 iCloud、Dropbox、1Password Account 同步、Wi-Fi 同步、保险库文件同步	支持
LastPass	个人：3 美元/月；家庭：4 美元/月	AES-256 算法加密	Mac、IOS、Windows、Linux、Android、Windows Phone 及主流浏览器	LastPass 美国服务器在线存储	可添加附件	LastPass 美国服务器同步	支持
Enpass	PC 端免费；手机端收费：173 元/年 | 348 元/终身	AES-256 算法加密	Mac、IOS、Windows、Linux、Android 及主流浏览器	本地数据库模式	可添加附件	支持 iCloud 同步、Dropbox 同步、Google Drive 同步、OneDrive 同步、WebDAV、box 同步	支持
KeePass	免费	AES-256 算法加密	Mac、IOS、Windows、Linux、Android 及主流浏览器	本地数据库模式	无法添加附件	支持 WebDAV、支持多种方式云同步（具体看软件）	支持
Bitwarden	普通版免费；个人：10 美元/年；家庭：40 美元/年	AES-256 算法加密	Mac、IOS、Windows、Linux、Android 及主流浏览器	Bitwarden 服务器	无法添加附件	Bitwarden 服务器同步	支持

在线密码管理器将密码放在云端，解决了本地电脑安全性问题，密码保护变成了对密码服务器的保护。以 LastPass 为例，它的优点是兼容性、易用性和安全性都非常不错，并且提供免费的版本。但它的缺点是作为一个云端密码管理器，将密码保存在网上，把密码保护变成了对 LastPass 的密码保护。但也是有解决措施的，建议在 Last-Pass 中绑定谷歌身份验证器（Google Authenticator），绑定之后，即使用户的 LastPass 密码被盗，没有用户的手机和密保信箱，黑客也无法登录 LastPass 网站。

在线密码管理器虽然看起来很酷，但很多人还是不放心，宁愿将密码放在本地保存管理，目前也有一些常用的本地密码管理软件，KeePass 这个开源密码保护软件就是其中一个。它既有优点也有缺点：优点是采用本地数据库对密码进行管理，软件对密码数据库采用 256 位 AES 算法加密，理论上破解难度极大。缺点是 KeePass 不能直接导入 Chrome 浏览器的密码，需要先使用 ChromePass 这个软件将 Chrome 密码导出为 CSV 格式，然后再从 KeePass 中导入 CSV 文件。

总之，大量账号密码的管理可以借助密码管理软件进行加密保存、自动输入。从跨平台以及易用性上看，LastPass 作为专业的账号密码管理软件，使用简单，方便安全，相对其他几款软件有更强的可用性以及实用性。KeePass 作为本地密码管理器的功能非常强大，但易用性相对较差。而浏览器自身的密码保存易用性很强，但安全性很差。例如邮箱、网银等最为核心的密码最好还是记在自己的大脑里，其他重要性较低的密码可以采用上述的密码管理工具，以减轻用户记忆大量密码的负担，同时又保证了用户上网的安全性。

六、密码管理工具演示

以密码管理软件 KeePass 为例，进行演示。

首先直接搜索 keePass，点击 Download，下载安装包。如图 11-3-2 所示。

图 11-3-2

下载安装包的同时下载语言包，注意是中文（2.50+）版本。如图 11-3-3 所示。

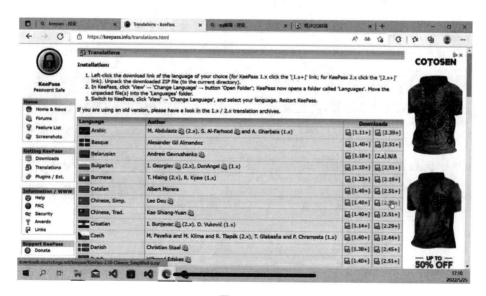

图 11-3-3

然后解压语言包。如图 11-3-4 所示。

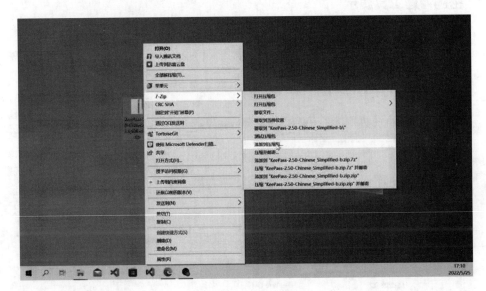

图 11-3-4

之后如图 11-3-5 所示,依次默认语言是英语;点击同意;自行选择安装路径;创建桌面快捷方式,最后点击安装。

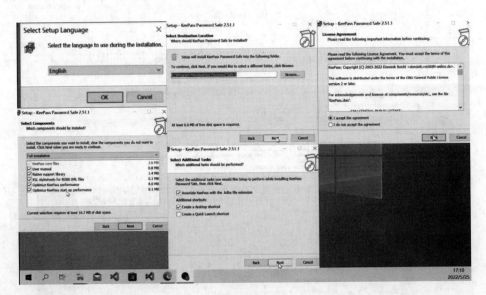

图 11-3-5

打开图标,展示页面如图 11-3-6 所示。(由于示例中已经下载过语言包,所以默认语言是中文。)

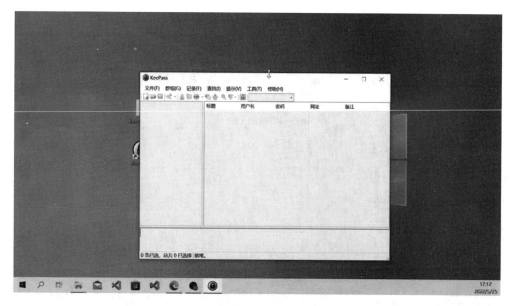

图 11-3-6

在实际操作中应通过如下操作修改默认语言:首先,右键点击图标选择属性,打开文件所在的位置,找到 Language 并打开。然后将语言包里的已解压文件复制到 Language。如图 11-3-7 所示。

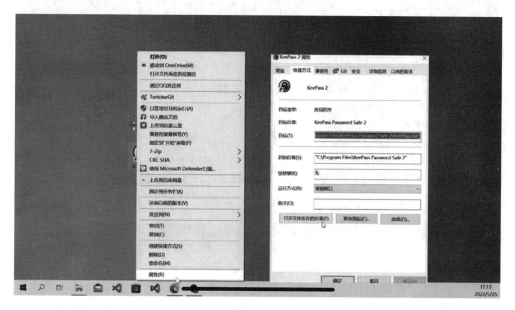

图 11-3-7

然后新建数据库并选择文件储存位置。如图 11-3-8 所示。

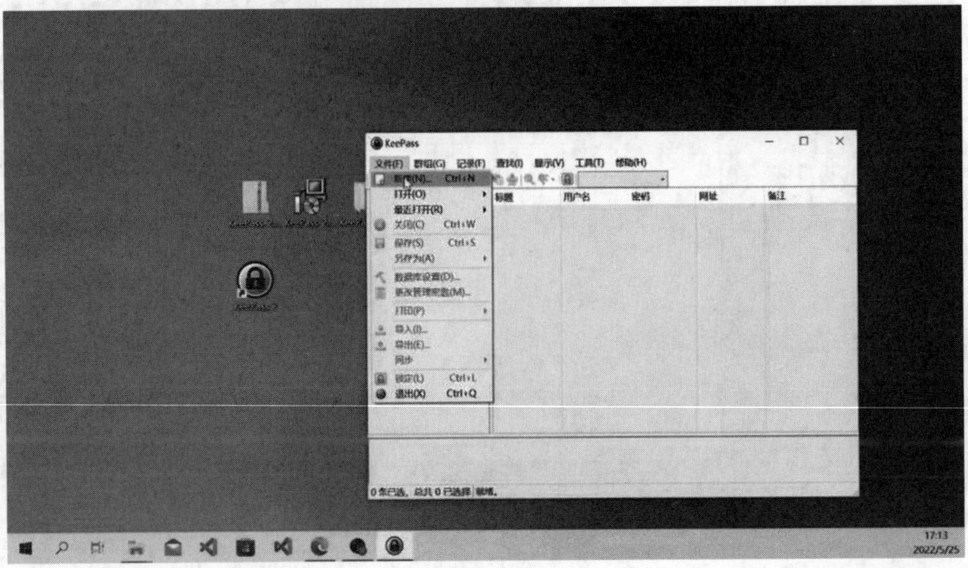

图 11-3-8

一般情况下,想要保存它可以存在 OneDrive 里。如图 11-3-9 所示。

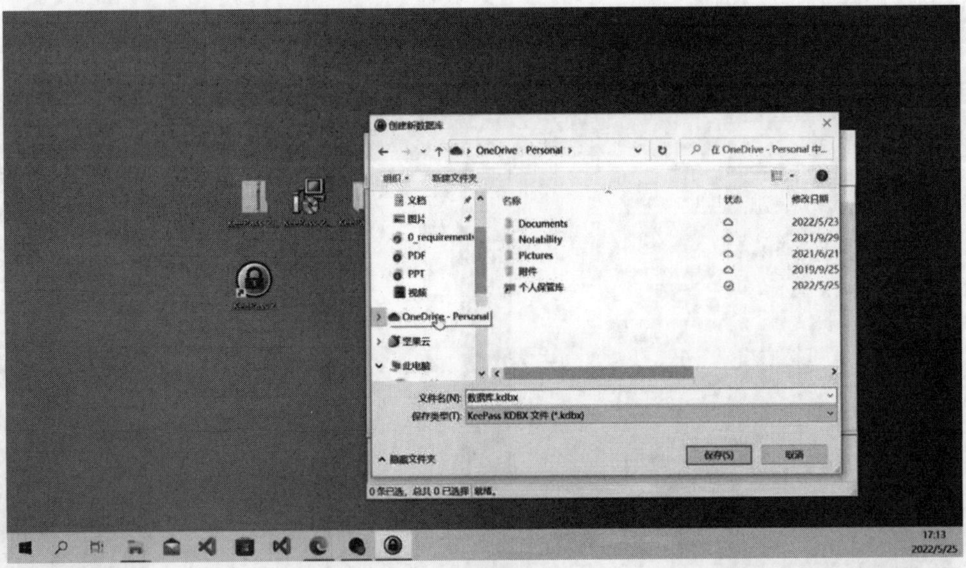

图 11-3-9

首先要设置复杂的管理密码,其次可以设置密钥,可以用一张图片或者其他的文件来作为密钥,这样能提高安全性。最后要记得确认密码,给数据库起名字。(此时可以打印一份应急表单)数据库就建立好了。如图 11-3-10 所示。

图 11-3-10

创建密钥,可直接使用自动生成的密码,也可以使用自己设置的密码。输入网址,比如图片中的 QQ 邮箱网址,点击确定,便保存好了一条密码。在填写密码的时候可以手动复制它的密码和用户名,也可以手动输入。如图 11-3-11 所示。

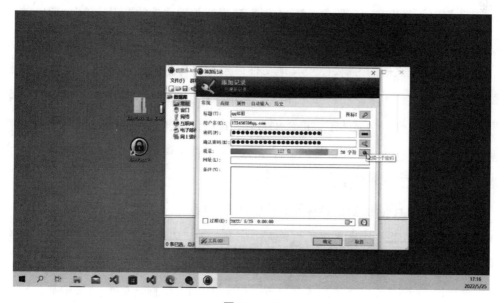

图 11-3-11

第4节　病毒防范

一、病毒危害和基本概念

2017 年 5 月 12 日，全球范围内暴发了一次相当大规模的漏锁病毒风波。全球有将近 150 个国家受到影响。仅在中国就有 1.8 万 IP 受到了该病毒的勒索，其中不乏大量行业的企业内网。大量用户因为对计算机病毒的行为缺乏了解，所以没有第一时间控制住受害面积，也没有提前采取措施来防止计算机病毒造成大量损害。这是一个非常典型的现代计算机病毒暴发的案例。

现代计算机病毒呈现多渠道传播感染、多类型结合攻击的特征，可以说防不胜防。但正所谓"知己知彼，百战不殆"，只有充分了解病毒，才能知道如何预防病毒，也能在受到攻击之后更好地处理以减少损失。

计算机病毒的基本定义有狭义和广义两种。就狭义而言，计算机病毒是一种人为设计的、需要感染其他文件及程序作为行动特征的可复制性恶意代码程序。就广义而言，从垃圾网页弹窗和浏览器主页篡改软件，到损坏关键文件的勒索软件，一切以破坏计算机正常运行为目的且能自我复制的恶意代码和软件均可视为计算机病毒。

注意狭义定义中的"需要感染其他文件以及程序作为行动特征"，即计算机病毒要通过附着在其他本来没问题的文件或者程序上才能够工作，只靠自己不能够对计算机产生危害。这个定义显然不太符合我们对病毒的认知，本节后面将提到的蠕虫病毒就是能够单独进行攻击。所以我们最好是从广义上认识病毒，一切能够破坏计算机正常运行的可复制代码都算是计算机病毒。

计算机病毒具有隐蔽性、破坏性和传染性三大特点。

隐蔽性，即病毒会隐藏自己不被杀灭。病毒一般会以一种不起眼的方式进入计算机里面，且不在第一时间就发作，直到黑客设计的启动时间点才会对计算机发起攻击。

破坏性，即病毒会对系统的正常运行进行破坏，如直接删除文件、将入侵的计算机上锁或者使计算机高负荷工作，直接破坏硬件等。

传染性,即病毒能自我复制以攻击接触到的其他计算机。不管是通过 U 盘、网络还是线路连接,计算机病毒和生物病毒一样,都能从被感染的个体传播到未被感染的个体,只不过生物病毒的传染是为了基因链的延续,而计算机病毒的传染是为了黑客能够获得更大的利益。

病毒危害 1:清除用户的数据

◇ 案例:incaseformat 病毒

2021 年 1 月 13 日,一种名为 incaseformat 的蠕虫病毒在国内暴发。其主要传播途径为 U 盘、Windows 共享和邮件附件等。

电脑中了 incaseformat 蠕虫病毒后,该病毒程序会自动复制到系统 Windows 目录下,同时它自动在系统注册表中创建开机自动启动模式,电脑感染病毒后一旦重启,病毒会侵入除系统 C 盘以外的所有盘符,并对磁盘内的所有文件进行删除操作。一旦用户在这之后对被删除数据的盘符进行覆写操作,已损失数据就会永久丢失。

病毒危害 2:窃取用户隐私信息

◇ 案例:FFDroider 病毒

一个国际网络安全团队发现了被称为 Win32.PWS.FFDroider 的新型恶意软件(简称 FFDroider)。在进入当事人的设备后,FFDroider 开始执行攻击命令,从浏览器中窃取 cookies 和凭证,包括谷歌 Chrome、Mozilla Firefox、Internet Explorer 和微软 Edge 浏览器。利用窃取的 cookies,该病毒将登录该用户的社交媒体平台,提取账户信息,用于窃取更多个人或敏感信息。

病毒危害 3:劫持用户的设备

◇ 案例:劫持挖矿木马(如图 11-4-1 所示)

安全团队分析发现,一黑客账户从 2019 年 10 月开始在 Docker Hub 平台托管了六个用于包含挖掘虚拟货币的恶意木马镜像,镜像中的木马代码通过使用网络匿名化工具来逃避网络检测。这些镜像通过假冒云服务有关的镜像诱使用户下载使用,该账户上托管的镜像已经累积下载超过200万次。现已经分析识别出一个黑客相关的钱包ID中已赚取门罗币超过525.38 XMR,大约相当于36,000美元。

拓展:挖矿——虚拟货币的生产过程。最重要的成本是"矿机"运行所需的电费。运行"挖矿"会很大程度地占用机器的资源。当木马劫持了用户的机器用于"挖矿"行为,用户的机器就很难再有余力来处理正常操作了。

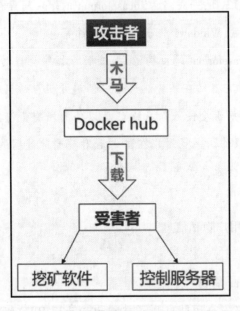

图 11-4-1

另外,病毒还有一些其他的危害。如占用用户的后台资源,比如垃圾软件捆绑下载器,会大量占用系统后台有限的资源,让计算机非常难以运行;还有一些病毒化身流氓软件从中获利,比如弹窗程序和主页劫持程序,虽不会对系统完整性有什么破坏,也不影响用户的系统正常使用,但会一直推送广告信息,给它的网站流量刷取数据,然后从中获取广告的收益以获利。另外,还有一些比较恶性的病毒,会破坏用户的硬件。比如大名鼎鼎的震网病毒就是美国NSA设计出来专门破坏伊朗核计划的病毒,它会让工厂中的机器超负荷运载以达到破坏工厂的关键生产硬件的目的。

计算机病毒的常见类型有宏病毒(Macro Virus)、木马病毒(Trojan Horse)、蠕虫病毒(Worm)以及恶意脚本。

宏是微软为 Office 软件设计的功能,提供任务的自动化。如果宏中包含了有破坏能力的命令和自我复制的功能,这个宏就成了宏病毒。宏病毒被存储在通用模板中,一执行程序,受感染的模板就会传播到所编辑的文档中并影响整个计算机,使得所有使用该宏的文件均被感染。宏病毒的显著特点是会针对 Office 软件展开攻击。感染 Office 文档后,受污染文档通过网络传输或 U 盘拷贝等方式进入其他未被感染的设备中,一旦新受害者打开该污染文档,宏病毒就进行自我复制。

木马病毒通常是基于计算机网络的,一般有客户端和服务器端两个程序。客户端的程序用于黑客远程控制,可以发出控制命令,接收服务器端传来的信息。运行在服务器端的木马程序根据黑客的各种设定进行自动的攻击。木马病毒的显著特点是会寄生于其他程序并伪装自己为正常进程,攻击时会有多个捆绑进程以防止自身被关闭。其常见的传播方式有:伪装成正常程序通过下载传播、利用系统漏洞进行传播、钓鱼邮件传播、远程连接传播和结合其他病毒传播。

蠕虫病毒的病毒原理是入侵并完全控制一台计算机后,将这台机器作为宿主,进而扫描并感染其他计算机。当这些计算机被蠕虫入侵,蠕虫会以这些计算机为宿主继续扫描并感染其他计算机。蠕虫病毒的显著特点是不需要宿主程序,有很强的复制扩散能力。这种病毒一般通过网络下载、钓鱼邮件和钓鱼网页脚本等方式进行传播。

恶意脚本是一类恶意代码的总称,包括但不限于网页恶意脚本和操作系统恶意脚本。网页恶意脚本是攻击者将一段或多段代码留存于网页或者输入网页中,一旦浏览器加载该网页就会将这些代码识别成正常网页界面加载所需的程序,攻击者以此完成对访问网页者的攻击。操作系统脚本与之类似,主要区别在于网页上的脚本转换成操作系统的批处理脚本。恶意脚本基本通过钓鱼网站加载、邮箱连接等方式进行传播。

二、防护软件使用帮助

防护软件是侦测病毒、预防病毒和消灭病毒必备的工具。防护软件常见的类型有两种:防火墙和杀毒软件(也叫反病毒软件)。防火墙是借助硬件或软件的支持将内部网络和公共访问网络分开的保护屏障。只有通过防火墙的同意,外部用户才能远程连接计算机。不仅如此,防火墙还会记录外部用户连接后的行为,给日后追查提供材料。杀毒软件又叫反病毒软件,通常集监控识别、病毒扫描和清除、自动升级、主动防御等功能于一身,有的杀毒软件还带有数据恢复、防范黑客入侵、网络流量控制等功能,是计算机防御系统的重要组成部分。持续启用防护软件能有效形成对计算机的保护,是保护计算机的重中之重。

但是,防护软件虽然有用,也并不是装得越多越好。在同一台计算机上,由于防护软件起到的作用基本相同,防护软件个数的增加并不会使防护效果提升,无法起到一加一等于二甚至大于二的效果。同时,多个防护软件还意味着额外的系统开销。且仅就用户体验来说,如果安装多个防护软件,只会在出现同一个漏洞或病毒时收到多次提示。多个防护软件的实时监控,还意味着多倍的系统资源消耗,会相当占用系统资源。所以,如果多个防护软件同时启用,甚至会互相影响工作,因为每个软件运行所需要的资源都没有得到满足。

为了提升单个防护软件的防护效果,用户最好开启杀毒软件的定期扫描功能。定期扫描等于定期清除威胁。反病毒软件通过扫描,会对磁盘上所有的文件做一次检查,把各文件与病毒库中的各项特征做比较,判断文件是否为病毒。例如 incaseformat 病毒其实是一个并不先进也不难被杀毒软件察觉的病毒。只要使用常见的杀毒软件进行一次扫描就能确保将它发现并删除。但这种病毒却还是出现了大范围暴发事件。它能够长时间隐藏在系统当中直到暴发的那一天,正是不进行扫描的惰性给了它生存的空间。

正如上述提到的,扫描是杀毒软件通过一一检查系统当中的文件,将系统当中的文件和自己病毒库当中病毒的特征做比较来确认该文件是不是病毒的。由此可见,杀毒软件的立足之本就是杀毒软件的病毒库。

然而病毒技术的发展日新月异,病毒的开发人员也在想尽办法破坏杀毒软件筑起的防火墙。因此,用户应当及时更新病毒库,好好利用安全从业者夜以继日寻得的最新的病毒特征。如果用户不更新病毒库,杀毒软件将只会使用一个又老又旧的"字典"寻找病毒特征,而新的病毒特征可能就不在这一个病毒库当中,杀毒软件也就无从判断这个文件是病毒还是正常的程序了。所以更新杀毒软件的病毒库就是给杀毒软件的"武器"更新换代。

病毒的一大来源就是网络上的非官方资源或者恶意钓鱼网站的恶意代码。那么,使用一个安全的浏览器就能很大程度上从源头上截断病毒攻击的路线。

以苹果的浏览器 Safari 为例:Safari 浏览器使用欺诈网站警告功能保护用户隐私

和数据,该功能会标记恶意的网站。启用该功能后,Safari 浏览器会根据已知网站列表检查网站 URL,并警告用户所访问的网站被怀疑存在欺诈行为,如网络钓鱼等。为了完成此任务,Safari 浏览器从 Google 接收了一个已知为恶意网站的列表(对于设置为中国大陆的设备,则会从腾讯接收列表)。用户访问的网站的实际 URL 永远不会与安全的浏览提供商共享,并且可以关闭该功能。

从 Safari 浏览器的例子中,我们不难发现安全的浏览器至少有以下功能:

首先,安全的现代浏览器会检测用户访问的页面是否拥有可信的证书,当该网页链接的证书不可信或者是失效时,会自动阻止用户继续访问该风险网页。其次,安全的浏览器拥有下载保护功能,不会下载它认定为可疑下载链接的文件,同时会对浏览器下载成功的文件进行扫描二次确认。最后,浏览器提供不记录追踪用户历史记录和cookies 信息的模式,使得网页上的解释型恶意代码难以窃取用户的信息。部分浏览器还能与杀毒软件共同作用,让杀毒软件兼容插件给浏览器提供更多样性的保护。

可见,使用一个优秀的安全浏览器能减少很多上网过程中的问题。在日常使用中,最好选择能够对恶意网站进行判断、对下载文件进行扫描的安全浏览器,如果浏览器还附带隐私保护能力就锦上添花了。

三、杀毒软件推荐

有些用户可能看过网上的一种论调——只要拥有足够多的安全知识,就不需要杀毒软件,杀毒软件完完全全是多余的。但这种观点是完全错误的。为了保障安全,用户既要知道防护的"道理",也需要具体的能够帮助用户防护的"技术",也就是杀毒软件。虽然充分的安全知识能够使用户在很大程度上避免病毒的入侵,但是也要知道,病毒技术日新月异,令人防不胜防。而优秀的安全软件能够很大程度上减少用户的工作量,明显提高工作的安全性。

以下是对一些常用的杀毒软件的特征介绍。

1.卡巴斯基(Kaspersky)

卡巴斯基堪称杀毒软件常青树。它既有付费版本也有免费版本,两个版本的查杀能力都是第一梯队的。在比较权威的杀毒软件评测网站 AV-Test 的排行上,卡巴斯基的免费版和收费版排名都在前十。国内版本还在原有版本的基础上进行了本土化的工作,是非常优秀的杀毒软件。

但其缺点在于对系统和电脑配置要求比较高。配置不够的设备使用卡巴斯基的时候会产生卡顿现象。同时,免费的版本没有卡巴斯基提供的防火墙,需要额外配对其他的防火墙。对免费用户来说缺少了一部分防护。

2.易视·诺德 32(ESET NOD32)

这个杀毒软件虽然在国内名声不大,但是查杀能力同样属于第一梯队,在 AV-Test 榜上有名。它的优点是具有结合机器学习进行扫描病毒特征的能力,并通过人工智能进一步加强了查杀能力。同时,也完成了非常优秀的本土化工作。更难得的是,它对系统配置要求相对较低,不太强劲的设备也能使用。

但缺点在于,它一旦没有成功扫描出病毒,后续补救能力不强。而且不知是由于编码问题还是本身设计缺陷,它的中文版本防御能力低于英文版本,使用的时候会存在语言壁垒问题。另外,它只有付费版本,没有免费版本,且年费并不算低廉。

3.诺顿(NortonLifeLock)

虽然诺顿也只有付费版本,但具有一定的价格优势。同样,它的查杀能力与上述提到的两款不相上下。但是它本地化一般,而且相当不友好的一点是,它并没有在国内设置病毒库更新的服务器,导致联网更新速度较为缓慢,不太适合网络环境一般的用户。

4.Windows Defender

Windows Defender 是系统自带的、给用户免费使用的杀毒软件。既不需要安装也不需要注册或缴纳年费,非常方便。并且它的综合属性非常优秀,是从 XP 时代一路发展到 Windows11 系统的老卫士了。它甚至在很多方面比卡巴斯基这些杀毒软件更加优秀。

当然,它肯定是有缺点的:当它在扫描或者查杀时,对系统磁盘的占用率比较高。另外,由于它的绝大部分能力来自联网时微软云计算提供的安全算力,当用户进入断网的环境中时,用户设备上潜伏的病毒可能就不能被 Windows Defender 检测到。

5.Avast

这个软件同时具备付费版本和免费版本。它的查杀能力十分优秀,且具备许多人性化的安全功能。比如它在计算机开机后能自动快速扫描,这对于大多数没有定期扫描习惯的用户来说很方便。同时它的免费版本不仅附带防火墙,这款防火墙还能拆开使用,单独运作。

但是,它的本土化做得不好,并不利好中国用户。而且或许是因为它强大过头的查杀能力,它的误报率相对较高,有把正常程序识别为病毒的风险。从这个角度上说,建议用户谨慎选择。

根据上述介绍的主要杀毒软件可知,杀毒软件根据不同公司设计的倾向不同,提供了不同的功能。如果不希望花费金钱在杀毒软件的年费上,并且能够保证计算机长期处于联网状态,则 Windows 自带的 Windows Defender 就是一个很好的选择。如果对杀毒软件的查杀能力有要求,那么卡巴斯基的免费版本也能够胜任,只不过还是升级付费版本捆绑防火墙一并使用更好,或者结合 Avast 的防火墙使用。如果计算机设备的配置并不算高,具有高查杀能力和低占用率的 ESET 也是一个很好的选择。用户可以根据上述杀毒软件的特点和自身的需要自行选择。

四、正确的设备使用习惯

2021 年 1 月 13 日[①]曾暴发名为 incaseformat 的蠕虫病毒。该病毒是一款较为古老的病毒,用安全软件很容易就能检测出来。然而结果却相当惊人,大量计算机受到攻击,信息财产损失严重。而这个病毒的暴发正是用户缺乏安全知识导致的,所以如果用户拥有基础的安全知识和良好的习惯,这场事故是可以避免的,至少也可以将受损范围缩小。可见养成正确的设备使用习惯十分必要,具体可分为如下几个方面。

1.识别出钓鱼邮件冒充他人、附带可疑链接和附带可疑附件的特征,远离钓鱼邮件

很大一部分病毒是通过钓鱼邮件进入受害人的计算机的。钓鱼邮件就是利用伪

---

① 该病毒最早并不是被黑客设定为这个时间点暴发。病毒制作者预设 2010 年 4 月 1 日为首次发作日期,但是由于传入的函数参数错误,才导致这个事件被延迟到了 2021 年 1 月 13 日。

装的电邮,欺骗收件人将账号、口令等信息回复给指定的接收者;或引导收件人连接到特制的网页,诱导受害人下载病毒软件或窃取受害人的个人信息。

钓鱼邮件攻击已经是目前邮件系统的主要威胁之一,有数据显示,2022 年第一季度的钓鱼邮件数量环比增长 10.74%,2021 年至今钓鱼邮件发送数量持续增长,较去年同期增长 81.31%。这是一个非常恐怖的增长速度,因此千万不能忽视其泛滥的程度。

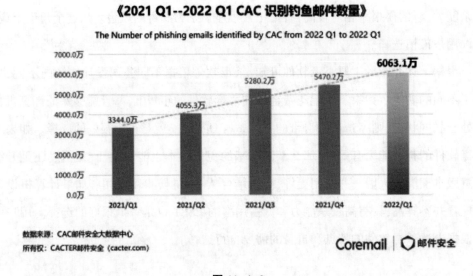

图 11-4-2

用户要避免被钓鱼邮件欺骗,就必须要认识到钓鱼邮件的特征:

一是冒充,即骗取用户的信任,也是钓鱼邮件最核心的点。如上级领导回信、官方管理员通知、邮箱系统警告、客户回信和退信信息等。二是钓鱼邮件往往带有可疑附件,诱导用户下载,如冒充公司通知,附带"xx 通知.pdf"的附件,但其实是伪装成 PDF 的病毒程序。三是带有可疑链接引导用户点击,如声称自己是某网站的邮箱验证信息,让受害者点击下方链接确认等。

2.可疑的网页尽量不要点击,更不要下载其中的文件

可疑网站是十分重要的病毒来源。其攻击思路和钓鱼邮件大同小异,都是伪装成某些官方网站,或本身是赌博网站或色情网页。2021 年 11 月 10 日就曾暴发过因浏览色情网页被病毒攻击的事件。

◇ **案例:**2021 年 11 月 10 日,国内 Magniber 勒索病毒攻击事件暴发。该病毒由一黑客团伙发布,利用系统漏洞传播,且能自我提升在系统中的权限使其难以清除。该黑客团伙主要是在色情网站(也存在少部分其他网站)的广告位上投放带有攻击代码的广告,当用户访问该广告页面时(可能是自主点击也可能是误触),就会感染该勒索病毒。

3.软件文档等内容选择官方方法下载

下载站工具往往捆绑着大量垃圾软件。一旦进入"xx 绿色软件园"或者"xx 软件下载中心"等下载某一软件,在点击"高速下载"后等来的并不是想下载的软件,而是一个 p2p 下载器。等这个下载器完成下载安装之后,虽然能得到想要的软件,但桌面上已经多了许多弹窗和用户从未见过的奇怪游戏,浏览器的主页也不知什么时候被更改了。但这种甚至还算幸运,黑客可能会直接在下载站中放入病毒软件。用户一旦启动下载的软件,整个电脑都会完全崩溃。

同样地,从论坛或网络分享的云盘资源下载文件,也存在这样的风险。

由上述内容可知,使用非官方渠道下载是十分有害的,选择官方渠道下载就会避开上述风险:

首先,官方渠道下载的软件一般不会有捆绑软件,即使有,也一定是使用这个软件的前提条件。而且这个捆绑的软件一定会在用户的文档和同意书中标识出来,明确该捆绑软件存在的责任。

其次,官方下载能够解决软件安装的问题,不会出现软件安装后缺少组件且没有指示的情况。

此外,盗版软件往往是黑客使用非官方的资源,在不为人知的地方增加了后门和漏洞。攻击时,黑客就在网上定点搜索下载了含漏洞软件的设备,然后通过这个漏洞来进行注入攻击。而真正的官方软件却很少会有恶意的后门或者故意设计的用于攻击的漏洞。

所以,当用户有下载需求的时候,一定要优先选择官方页面,遵循官方的指导进行下载。

4.定期扫描 U 盘,关闭系统自动播放功能,确保移动存储设备安全

自动播放是 Windows 给用户提供的一个方便的功能。当移动设备接入电脑时,它会对这个设备进行扫描,让用户选择用何种方式打开,也可以选择以后每次都使用相同方式打开同类文件,不需要每次都进行确认。但这个功能也给了病毒以可乘之机,病毒可能会通过 U 盘内置的自动化启动脚本,自动化感染用户的电脑。历史上著名的"熊猫烧香"病毒就是利用自动播放功能进行感染。

为了保证安全,在使用移动存储设备时要注意以下内容:

第一,要关闭自动播放功能。虽然会造成一定程度上的不便,但可以优先阻断病毒传播的这一路径。

第二,不要双击打开移动存储设备。双击会在用户的计算机没有关掉自动播放功能时默认启动自动播放功能。因此,为了以防万一,可以点击右键,再点击【打开】来打开 U 盘等设备。

第三,保持杀毒软件开启。杀毒软件开启的意义在于,在既没有关闭自动播放,又同时双击打开了该设备,且正好启动了病毒的情况下,杀毒软件可以在第一时间检测到病毒,阻止它对计算机造成不可逆的伤害。

第四,是要定期扫描 U 盘和移动硬盘。病毒在潜伏时具有隐藏性,如果不进行扫描,在它暴发前,杀毒软件就无法了解到它是一个病毒。而定期的意义就在于保证这一段时间内设备是安全的,是没有病毒留存的。

5.控制共享文档空间的用户权限,让非重要、非必要设备不具备上传文件更改文件的能力

共享功能的开放性很容易引起安全问题,比如数据共享后遭修改删除、共享文件成为蠕虫、感染型病毒反复传播的载体,甚至黑客也会重点寻找共享服务器投放勒索病毒进行加密勒索。

图 11-4-3 很好地展现了一个被感染的主机将病毒文件上传到了共享服务器,然后没有被感染的主机下载了这个病毒文件,或者是病毒检测到了环境中的这个主机还没有被感染,自己复制到设备中去,然后这个未感染的主机就变成了感染的主机的一整个流程。这样就会导致整个使用共享服务器的网络都受到病毒的控制。

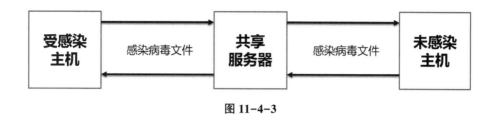

图 11-4-3

针对这一问题可以采取以下办法：

第一，在上传文件之前要对每一个文件进行病毒查杀，保证所有上传到共享空间当中的文件都是安全的。

第二，要限制权限，即限制共享组当中某些用户的共享权限。部分用户应只被允许浏览或下载文件，但没有上传文件的权限。以此减少被黑客攻击的有效对象数量。

第三，要禁用管理员账户。禁用拥有系统中最高权限的管理员账户，能防止病毒通过先入侵低权限、低安全防护等级的设备，然后逐步提升自己的权限，最终获得整个系统控制能力的情况发生。

◇ **案例**：2017 年 5 月 12 日，一款勒索软件 WannaCry 攻击了包括西班牙、英国、意大利、俄罗斯、中国在内的众多国家，该勒索软件利用了 Windows 10 中被称为 Eternal Darkness 或 SMBGhost 的系统漏洞（CVE-2020-0796）。然而讽刺的是，Windows 在当年 3 月就已经完成了对该漏洞的修复，只要进行系统更新就可避免该勒索软件的攻击。

案例提示：虽然很多用户都非常讨厌 Windows 系统的自动更新，认为它影响正常工作，时不时要求重启会十分麻烦。但是，一旦系统有漏洞就会给黑客可乘之机。而更新就是很好的修复漏洞的方式。如果所有用户都及时修补漏洞，类似 WannaCry 这种大规模的勒索软件事件就能够有效避免。

除了以上措施以外，还应做到以下几点，万一计算机受到攻击或侵害，可以在一定程度上减少损失。

第一，是做好备份。备份，简单来说就是把系统所有文件全部复制粘贴到另外一个安全的存储介质上面。这样，即使系统被病毒攻击，或者文件被清除，依然可以把备份好的文件重新恢复到"洁净"的计算机上。此时病毒造成的损失，就可以忽略不计。

第二,是及时进行物理隔断。这也是发现计算机中毒后用户应当采取的第一个措施,也是第一要务。物理隔离就是断网断电,使中毒设备断开与其他设备的连接。这样,可以避免病毒传播到其他设备上。

第三,是不要贸然重启。很多病毒在重启时会启动它的第二阶段功能,可能会进一步对用户的计算机造成不可挽回的损失,如病毒启动覆写程序把删除了的文件彻底抹去等。如果此类情况发生,即使是数据恢复专家也无法恢复原有数据。

第5节　上网浏览安全

一、上网的物理环境安全

随着互联网的发展,人们的工作和生活越来越离不开网络,但同时网络也存在很多隐患。例如,使用公共 Wi-Fi 上网时,黑客可以通过公共 Wi-Fi 窃取用户的账号和密码;再比如,使用网吧电脑上网时,若不注意退出登录的账号,或在浏览器上保存了账号和密码,都可能会使用户的隐私信息泄露。

上网的物理环境安全可分为在开放环境下的上网安全以及在非本人电脑上上网的安全。

开放环境下上网可能存在的威胁有:恶意监视、隐私信息泄露以及陌生 Wi-Fi 入侵。

(1)恶意监视

随着网络技术的高速发展,各种病毒的威胁也日益严重,病毒的泛滥程度日益加大,使计算机用户深受其害。特别是在一些开放环境下,例如酒店等地,要警惕酒店的计算机是否被恶意监视,警惕非法人员在电脑中植入病毒造成隐私泄露。任何病毒只要入侵系统,都会对系统及应用程序产生程度不同的影响。轻者会降低计算机的工作效率、占用系统资源,重者可导致系统崩溃、数据泄露。

(2)隐私信息泄露

由于浏览器的大多插件都可以读取保存在浏览器上的账号和密码,一旦将账号和密码保存在安全性未知的电脑上,账号和密码极大可能会泄露。因此,注意不要在酒店等开放环境的电脑上输入重要的隐私信息(账号、密码等);在登录网站时,也要注意不要将账号和密码保存在浏览器上。

(3)陌生 Wi-Fi 入侵

黑客攻击免费 Wi-Fi,其技术门槛之低、操作之简便让人惊出冷汗,随着我国公共场所免费 Wi-Fi 的不断增多,"蹭网"已经成了不少网民的习惯性动作。然而,由于免费 Wi-Fi 存在路由器和网络漏洞,也成为黑客攻击的对象,这导致网民个人隐私泄露、网银被盗等案例时有发生。

根据 2014 年猎豹免费 Wi-Fi 对全国 8 万个公共 Wi-Fi 热点进行的抽样调查,有21%的公共热点存在风险,其中绝大多数 Wi-Fi 热点加密方式不安全,包括黑客在内的任何一个人都可以监控该局域网内的数据通信,如账号、密码、个人信息等。

◇ **案例1**:北京银先生用手机通过公共 Wi-Fi 登录一家网上银行,一小时后他的银行资金被 17 次转账或取现,损失 3.4 万元;陈先生在南京一酒店住宿时,连接不设密码的 Wi-Fi 打了一晚上手机游戏,天亮时发现游戏账号里的装备全部消失……石家庄、扬州、大连等多地都曾发生网民财产损失案件。尽管当事人不同、上网地点不同,但其财产损失的原因相似,都是连接免费的 Wi-Fi。

◇ **案例2**:数百家酒店使用的 Airangel 访客 Wi-Fi 网关系统存在严重信息泄露隐患。Airangel HSMX 网关包含了"极其容易被猜到"的硬编密码。利用这些未公开披露的凭据,攻击者可远程访问网关设置和数据库,最终导致存储客户 Wi-Fi 使用记录的数据库等信息泄露。

此外,还应注意非本人电脑的浏览安全。经常接触到的非本人电脑包括网吧中的电脑、图书馆的电脑、同事或同学的电脑等,在使用他人电脑时,要注意保护自己的隐私信息。

(1)为避免他人窃取用户保存在电脑上的文件和隐私信息,在使用完电脑后,应及时删除保存在电脑上的文档或下载的邮件附件,避免泄露文件内容和隐私,造成严重后果。

(2)不法分子可能会在公共电脑设备上植入木马病毒等恶意软件,监视用户的键盘行为。一旦用户输入账户和密码等隐私信息,这些信息就会被黑客窃取。因此,在使用未知安全性的电脑前需要检查电脑状态,后台是否有正在运行的未知程序、视频或录音设备等。

(3)在使用他人电脑时也要注意电脑的外设,如录音设备和摄像头是否开启,因为这些都可能造成隐私信息的泄露。

◇ 案例:南充多家网吧电脑被植入木马病毒

在"净网2020"行动中,南充市公安局嘉陵区分局网安大队民警经过缜密侦查,成功破获一起非法获取计算机信息系统数据案,涉案金额5万余元。这个病毒在同一时间段集中出现在各网吧,极有可能是犯罪分子刻意安装,意图窃取上网者游戏和社交账号密码,甚至可以盗取网上银行登录账号和密码。

案例提示:使用陌生电脑时要注意电脑是否被植入恶意代码;不要在陌生电脑上输入隐私信息;不要在陌生电脑浏览器上保存账号和密码。

二、浏览器网络钓鱼安全

对大多数互联网用户来说,网页浏览器是用户最常使用的程序之一。浏览器在过去通常只用于显示文本文档,但现在随着技术发展和用户需求的提升,已经变成了多用途的重要工具。用户现在可以在浏览器中搜索信息、查看编辑文档、浏览网页、观看视频直播等,浏览器的功能在不断丰富。

但与此同时,用户常用的网络浏览器也是黑客和网络罪犯的目标,他们总是极尽所能利用各种方法通过浏览器将恶意软件安装到用户的计算机系统中,采取各种手段避免被用户察觉,盗取用户保存在计算机中的重要文件信息,或者直接对用户的计算机系统进行破坏。

通常不法分子会通过伪装过的钓鱼邮件或者钓鱼网站等手段来骗取普通用户的信任,点击不法分子构造的恶意链接,而这些恶意链接的背后通常是形形色色的恶意软件,有一些甚至可能直接就盗取了用户的敏感信息。而普通用户很难识别出这些钓鱼邮件或钓鱼网站,就这样被不法分子骗取了自己的敏感信息,如用户的银行账号密码等。

网络钓鱼攻击是 21 世纪以来最为流行的一种网络犯罪行为,网络钓鱼欺诈无论是在数量还是质量上都在不断地提升,能实实在在地让受害者遭受资金的损失。钓鱼网站既有普通的钓鱼网站,也有带有恶意软件的网站。但不论是哪一种,页面都制作得和常用的电子商务网站、银行网站、金融网站几乎一样,使用户很难看出区别,从而诱骗用户在假的网页上输入真实的卡号、用户名和密码等敏感信息。甚至很多时候,即使用户不点击"登录"按钮,其用户名和密码也会被钓鱼网站即时获取。然后,钓鱼网站背后的不法分子就会使用这些非法得来的用户名和密码去登录真实的网站,盗取用户账户内的资产和信息。

浏览器中常见的钓鱼手段有:建立假冒网上银行等网站、利用虚假的电子商务进行诈骗、利用木马和黑客技术等。

1.建立假冒网上银行等网站

犯罪分子最常使用假的域名和 IP 地址,建立假冒网上银行、网上证券网站,诱使人们使用他们的恶意链接,以达到骗取用户账号密码实施盗窃的目的。

◇ **案例**:2004 年 7 月,诈骗者利用了小写字母 l 和数字 1 很相近的障眼法,引诱用户访问假的公司网站。

2.利用虚假的电子商务进行诈骗

此类犯罪活动往往是建立电子商务网站,或是在比较知名、大型的电子商务网站上发布虚假的商品销售信息,犯罪分子在收到受害人的购物汇款后就销声匿迹。除少数不法分子自己建立电子商务网站外,大部分人采用在知名电子商务网站上发布虚假信息,以所谓"超低价""免税""走私货""慈善义卖"的名义出售各种产品,或以次充好,以走私货冒充行货,使很多人在低价的诱惑下上当受骗。

◇ **案例**：2003 年，罪犯佘某曾建立"奇特器材网"，出售间谍器材、黑客工具等，诱骗顾客将购货款汇入其用虚假身份在多个银行开立的账户，然后转移钱款。

案例提示：网上交易多是异地交易，通常需要汇款。不法分子一般要求消费者先付部分款，再以各种理由诱骗消费者付余款或者其他各种名目的款项，得到钱款或被识破时，就立即切断与消费者的联系。

3.利用木马和黑客技术

木马制作者通过在网站中隐藏木马等方式大肆传播木马程序，当用户进入网站后即感染木马，木马程序以键盘记录的方式获取用户隐私信息，并发送给指定邮箱，用户资金会受到严重威胁。

◇ **案例**：某市新华书店网站被植入"QQ 大盗"木马病毒。当用户进入该网站后，页面并无可疑之处，但主页代码却在后台以隐藏方式打开另一个恶意网页，后者利用 IE 浏览器的 MHT 文件下载执行漏洞，在用户不知情中下载恶意 CHM 文件并运行内嵌其中的木马程序。木马程序运行后，将把自身复制到系统文件夹中，同时添加注册表项，在 Windows 启动时，木马得以自动运行，并盗取用户账号、密码甚至身份信息。

网络钓鱼是如今技术含量最低但是最广泛存在的网络欺诈方法之一。很多网站都悄悄地设置了很多隐秘的功能，盗取用户的各类有价值的信息。虽然现在相关的反钓鱼宣传很多，普通用户可以通过简单的学习来安全地浏览网站、防止网络钓鱼攻击，但实际上用户很难在任何时候都能够准确识别网络钓鱼。除了了解常见的钓鱼手段，用户在上网时，还可以利用反钓鱼功能插件[1]，保障浏览安全。另外，还可以通过数据库黑名单对比、注意域名、注意网站内容、检查网站安全证书等方式预防网络钓鱼陷阱。

---

[1] 反钓鱼功能插件是专为保护用户免受网络钓鱼攻击而开发制作的专项功能插件。

（1）数据库黑名单对比

当用户打开网址后，浏览器会将 URL 发送到黑名单数据库进行查询，若匹配为钓鱼网站，浏览器就会阻止用户打开网站。这个方法的优点是实施简单，处理迅速，没有误报。但是，由于黑名单中的钓鱼网站基本都是用户举报提交的，而不法分子又会经常更换域名，故这种方法缺点也十分明显，即只能对 URL 进行简单匹配，无法检测黑名单以外的网站。

（2）注意域名

辨别钓鱼网站的最佳方法就是对比它的域名是不是官方域名，所以一定要仔细查看打开页面后的具体网址，而不是只查看打开网页前的网址。如果不是官方域名，哪怕页面再相似，都可以断定其为钓鱼网站。

（3）注意网站内容

记住网站的布局和内容，包括有没有新活动的广告。如果发现网站突然"改版"了，和之前的页面布局大不相同，就要提高警惕了。

（4）检查网站安全证书

目前，大型电子商务网站和网络银行网站都采用了可信证书类产品，这些网站的网址都是以 https 开头的，如果发现这些网站的网址没有采用 https 开头，就需要谨慎对待。此外，还可以注意浏览器有无安全锁。如图 11-5-1 所示。

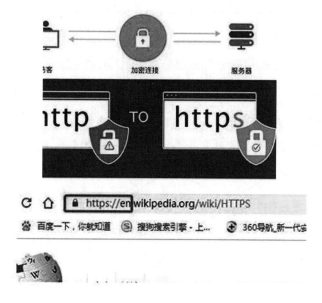

图 11-5-1

三、浏览器网站漏洞安全

随着 Web 2.0 时代的到来,浏览器访问越来越方便。但浏览器作为用户与网络交互的最主要的一种平台,也日渐成了网络攻击的目标。简单、流程化的木马生成与发布程序都让浏览器安全问题的影响变得广泛。例如,谷歌的 Chrome 浏览器存在安全漏洞,攻击者可利用该漏洞绕过网络的内容安全策略,窃取用户数据并执行流氓代码。

拓展:网络的内容安全策略是一种 Web 标准,旨在阻止某些攻击,比如跨站点脚本(XSS)和数据注入攻击。网络的内容安全策略允许 Web 管理员指定浏览器,将其视为可执行脚本的有效源的域。然后,与网络的内容安全策略兼容的浏览器将仅执行从这些域接收的源文件中加载的脚本。

报告显示:"网络的内容安全策略是网站所有者用来执行数据安全策略以防止在其网站上执行恶意影子代码的主要方法,因此当绕过浏览器执行时,个人用户数据将面临风险。"目前,大多数网络均使用网络的内容安全策略。Chrome 的网络的内容安全策略强制执行机制中存在漏洞并不直接表示网站已被破坏,因为攻击者还需要设法从该网站获取恶意脚本。网站信任的安全机制存在漏洞,安全机制原本可以对第三方脚本执行更严格的策略,但是因为漏洞会让网站认为它们是安全的而允许它们通过。

攻击者利用该漏洞获取 Web 服务器权限(通过爆破密码或者其他方式)并修改 Java 利用代码。在 JavaScipt 中增加指令,攻击者利用这种方式绕过网络的内容安全策略执行和网站安全规则。

经验证后,该漏洞的威胁程度为中等(6.5 分),然而,因为该漏洞涉及网络的内容安全策略执行,所以影响很广。网站开发人员允许第三方脚本修改支付页面,比如知道网络的内容安全策略会限制敏感信息,所以破坏或者绕过网络的内容安全策略,便可以窃取用户敏感信息,比如支付密码等。这无疑给网站用户的信息安全带来很大的风险。

用户使用浏览器上网可能会遇到的浏览器漏洞方面的隐患包括浏览器协议存在

漏洞、网页木马、浏览器劫持、浏览器的自动记录功能等。

1.浏览器协议存在漏洞

在浏览器中使用的协议有 HTTP、FTP 等,当用户使用浏览器时,实际上是在申请 HTTP 等服务器。而这些服务器都存在漏洞,很多网络攻击都是以漏洞作为切入点,浏览器也是如此,并且由于其广泛性,更是成为黑客攻击的主要目标。

2.网页木马

黑客会在一些不明网站中嵌入一段恶意代码,当用户访问该网站时,会自动触发木马下载程序。进而用户的计算机将被黑客监视,用户的一些隐私信息(如口令密码、支付密码、个人信息等)可能会被窃取。

3.浏览器劫持

浏览器劫持是一种恶意程序,使用户的浏览器配置不正常,被强行引导到"山寨网站"并实施信息窃取和网络诈骗。浏览器被劫持通常表现为主页变为不知名的网站、莫名弹出广告网页等,甚至浏览器后台自动添加该网站为信任站点。

4.浏览器的自动记录功能

用户在访问浏览器的过程中,系统会默认开启操作留痕功能,这些痕迹具有大量隐私信息。若不法分子通过大数据分析和云计算技术对这些痕迹进行分析,就可能会窃取用户隐私。

其实任何一款软件都或多或少存在漏洞,这些缺陷和漏洞恰恰就是黑客进行攻击的首选目标。如 2009 年 12 月,一轮名为"极光行动"的网络攻击就曾使数十家公司的知识产权受到严重侵害。但这次事件也唤起了人们对互联网浏览器安全的关注。

用户可以采取的浏览器漏洞防护措施有以下几种。

一是定期更新浏览器版本。使用旧版本浏览器可能遭受多种威胁。

(1)网络攻击:所有数据都将掌握在攻击者手中,攻击者甚至可能会使用该 Web 浏览器作为入口来获取存储在用户系统上的所有数据。

(2)黑客攻击:黑客最喜欢的平台就是没有更新到最新版本的浏览器,一旦黑客成功入侵用户的浏览器,他们会将恶意软件和病毒注入其中,将用户定向到恶意站点,甚至获取用户隐私数据。

(3)数字威胁:包括恶意软件、木马、键盘记录器、拒绝服务攻击等,木马可以伪装成合法软件并进入用户的系统,而键盘记录器会记录用户所有的键盘敲击,就可以获取用户的密码、信用卡信息以及访问的网站等。

(4)密码泄露:许多用户更喜欢在浏览器上登录他们的 Google/Microsoft 账户,这有助于用户在所有登录的站点上保存和同步密码。然而,在较旧的浏览器版本上,数据泄露的可能性很高。

(5)缺乏新功能:浏览器更新提高了浏览器的整体安全性,并能够添加新的、有趣的功能,比如标签的高效管理、新隐私功能等。

(6)出现兼容性问题:大量基于 Web 的新应用程序、网站和扩展程序都需要相当的处理能力,若浏览器版本过低,则无法提供这些功能。

正是由于浏览器旧版本中存在多种漏洞,易使用户在上网浏览时受到恶意攻击,所以用户要及时为浏览器打好补丁并更新到最新版本,使用安全性能高的浏览器版本。

二是安装杀毒软件并建立防火墙。杀毒软件通常具有监控识别、病毒扫描和清除、自动升级、主动防御等功能,有的杀毒软件还带有数据恢复、防范黑客入侵、网络流量控制等功能,是计算机防御系统(包含杀毒软件、防火墙、特洛伊木马和恶意软件的查杀程序、入侵预防系统等)的重要组成部分。用户安装杀毒软件、建立防火墙并在上网时保持这些功能的运行,就能检测到正在浏览的网站是否存在恶意代码,及时发现并处理可能存在的安全问题。

三是使用一些浏览器安全插件。使用浏览器安全插件能够阻止广告弹出、网站跟踪以及识别恶意网站,这类插件包括 Adblock Plus、Avira 浏览器安全、Avast 在线安全等。

四、浏览器插件安全

浏览器插件能够使用户使用浏览器变得更加轻松。它们不仅能为用户隐藏碍眼的广告、帮助翻译文本,还能帮助用户在网上商店中比较商品。但不幸的是,这些附加产品通过将组件添加到浏览器的默认功能来提高用户工作效率的同时,也成了恶意攻击者的首要攻击目标。比如当用户使用截图插件时,插件可能会截取用户隐私,并将截取的图片上传到云端,一旦黑客入侵云端,那么用户的隐私就会被窃取。当然,有时浏览器的安全问题也会影响插件的安全性,例如浏览器漏洞将直接影响钱包插件的安全性,可能导致钱包类插件账户被盗等问题。很多用户为了更方便地使用浏览器上网,下载了很多浏览器插件,但若插件使用不当,也会造成信息泄露。

首先,一些浏览器插件本身存在漏洞,有被黑客利用的风险。一些插件会被黑客用来窃取用户浏览记录、搜索记录等信息。例如,黑客可能利用浏览器插件在网站插入虚假广告或挟持搜索查询进行欺诈。他们只要发送一个可以修改的网页,一旦用户下载并执行该文件,黑客就可以挟持账户,绕过双因素身份认证的浏览器扩展程序,而感染了这个扩展程序的浏览器会被控制,成为"僵尸"客户端,会在接收指令后直接将信息发送给攻击者。

◇ 案例:2020 年 6 月,安全公司 Awake 曾报告称,111 个恶意或假冒的 Chrome 插件都存在私自截屏、读取剪贴板、窃取凭证和监控击键等严重问题。Awake 表示,这些插件的下载量已经超过 3200 万次,这是针对 Chrome 用户的最大规模的恶意行为。

其次,一些插件还会被黑客用来篡改网站代码,注入广告。例如,一些黑客会使用 JavaScript 脚本加载商品返利代码,让用户在网购的时候在另外的页面下单,然后上传者就会获得分成。

最后,浏览器插件若使用不当,也会给用户带来隐私泄露问题。例如,用户在使用浏览器长截图插件时,可能会被截取隐私信息并上传到云端备份;还有些浏览器插件自动提供用户地理位置,并上传到云端,这也可能会对用户造成一些不良影响;另外还有恶意浏览器插件会使用不同的技术(例如混淆)来逃避安全软件的检测。例如使用一些 JavaScript 脚本,从浏览器下载用户数据,将用户流量重新定向到恶意服务器;或者一些恶意插件未经授权就访问用户的麦克风和摄像头,窃取用户的隐私;甚至还有一些恶意插件会收集用户的用户名和登录密码,然后从用户的银行账户里窃取资金。

虽然用于窃取登录名和密码的浏览器插件非常罕见,但鉴于它们可能造成十分严重的后果,我们需要认真对待。因此,建议用户只从 Chrome 网上应用商店或其他官方渠道安装下载量和评论量多的已验证的扩展插件程序。尽管这些服务器的所有者也采取了保护措施,但恶意扩展程序仍可能最终在其中发布。此外,在设备上安装安全产品并且在插件有可疑行为时发出警告也是一种有效的措施。

大多数 Web 浏览器用户都期望浏览器扩展程序、插件和浏览器帮助对象(BHO)能提供一些便利。但不幸的是,这些附加产品通过将组件添加到浏览器的默认功能提高生产力的同时,也成了恶意攻击者的首要攻击目标。因为企业在修补和更新插件和扩展程序方面的能力普遍较差,所以浏览器就成了终端最脆弱的攻击目标。对于终端环境来说,大多数企业的补丁周期是两到三个月,这个周期很长,以至于企业不能及时地跟上利用浏览器扩展程序和插件漏洞的攻击组件。

总之,虽然很多热门的附加组件是由知名供应商所开发,但是任何人都可以写一段代码让这些组件成为传递危害的潜在工具。

在此推荐如下浏览器安全插件:

1.Avira 浏览器安全插件

安装后,它可以阻止烦人和受感染的广告,阻止用户访问可疑网站,并彻底消除公司跟踪用户的方法。此外,用户还可以防止浏览器被劫持并检测不需要的应用程序以将其删除。

2.Avast 在线安全插件

可以获得针对网络钓鱼诈骗和危险网站的高级保护,如果用户访问的网站不安全或信誉不良,它会提前发出警报。如果用户被在线跟踪,也可以选择收到通知,还可以取消个性化广告等。并且该加载项显示每个网站的星级,用户就可以轻松区分哪些安全和哪些不安全。

3.Adblock Plus 插件

Adblock Plus 是一个开源插件,使用后,在搜索词条时,可以判断网站是否安全,还可以阻止垃圾邮件、视频弹出窗口、闪烁的横幅、恶意软件和跟踪应用程序,为用户提供安全的浏览体验。

4.DuckDuckGo 浏览器插件

用户可以使用该插件轻松地保护个人信息和整体隐私,该插件具有一个有趣的功能,称为"隐私等级",它告诉用户在该插件进行网站保护前和完成保护后,所使用的网站可以被信任的程度。

五、浏览器配置安全

当用户访问浏览器时,浏览器一般会在默认状态下自动将用户填写的用户名、账号以及浏览痕迹记录下来。虽然用浏览器保存密码是一个方便用户的设置,但需注意以下两点:保存的账号、密码是否上传至云端,如果上传,就涉及提供商对账号、密码的云端加密问题;如果只是本地保存,用户就需要注意电脑是否安全,有没有中木马的风险。如果没有注意这些问题,一旦黑客入侵用户浏览器,一切隐私信息将无处遁形。

另外,浏览器历史记录设置也可能会带来一定的安全隐患。浏览器在访问过程中,系统默认开启用户操作留痕功能,这样很多信息会被浏览器自动记录下来,这些信息包括访问的地址、搜寻关键词、历史访问、缓存文件、Cookies 等,而这些信息就可能涉及个人的隐私。若不法分子根据这些信息进行大数据分析,结合云计算技术,用户个人生活习惯可能也会被获取,这将给人身和财产带来安全隐患。因此,若用户在上网浏览时没有关闭历史记录的功能,一旦浏览器被入侵,黑客将获得用户的所有浏览痕迹,窃取用户隐私。

浏览器的配置中,还应当注意 Cookie 设置。Cookie 可以用于识别用户身份和记录历史。一旦其属性设置不当就可能会造成系统用户安全隐患。Cookie 信息泄露是 Cookie Http-only 配置缺陷引起的,如果 Cookie 没有设置这个属性,该 Cookie 值可以被页面脚本读取。当攻击者发现一个 XSS 漏洞时,通常会写一段页面脚本,窃取用户的 Cookie,如果未设置 Http-only 属性,则可能导致用户 Cookie 信息泄露,攻击者能够利用该用户的身份进行系统资源访问及操作。

拓展:Cookie 用于识别用户身份和记录历史。它可以在客户端上保存用户数据,起到缓存和用户身份识别等作用,还能保存用户的登录状态。用户在成功登录后,服务器会生成特定的 Cookie 返回给客户端,客户端下次访问该域名下的任何页面时,会将该 Cookie 的信息发送给服务器,服务器经过检验,判断用户是否登录。另外,它还可以记录用户的行为,但这也意味着存在安全性隐患。因为 Cookie 使用明文传输,一旦被人拦截了,那拦截者就可以取得所有的 Session 信息。同时,保存在本地的账号、密码大多都可以被浏览器插件读取,而浏览器插件一旦遭到攻击,用户的隐私也会随之泄露。

当然,为了防范以上的安全风险,用户也可以采取对应的防护措施。

一是注意删除历史记录(包括用户名、账号、浏览痕迹等)。具体操作方法如下:在设置中找到【隐私、搜索和服务】,再找到【清除浏览数据】,选择【立即清除浏览数据】,还可以选择要清除的内容。如图 11-5-2 和图 11-5-3 所示。

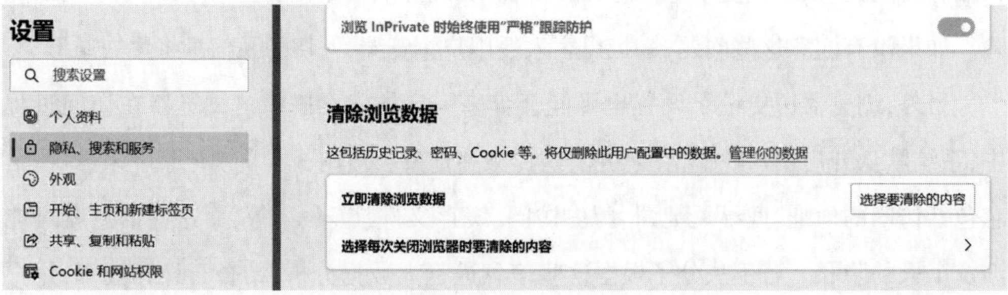

图 11-5-2

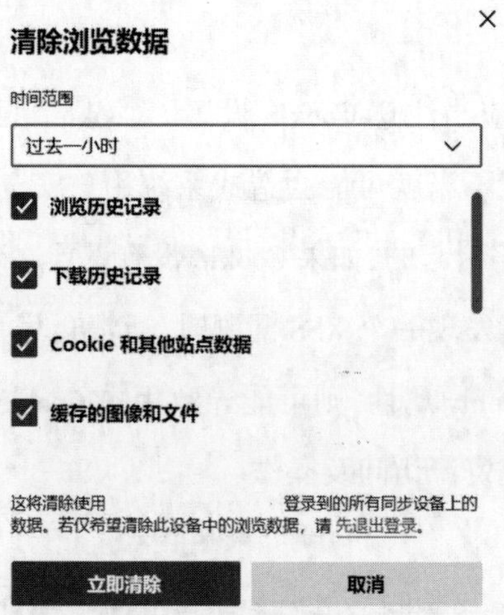

图 11-5-3

二是设置防止跟踪。很多网站都会使用跟踪器收集用户的浏览信息。此信息会被用于改进网站服务并向用户显示个性化广告等内容。但某些跟踪器还会收集用户的信息并将其发送到用户未访问过的网站。因此，要设置防止跟踪。具体操作方法如下：在设置中找到【隐私、搜索和服务】，再找到【防止跟踪】，点击【跟踪防护】，然后选择【严格】。如图 11-5-4 所示。

图 11-5-4

三是设置防止跟踪的同时，用户也可以优化隐私设置。用户在使用浏览器上网时，使用新建隐私窗口，就可以减少浏览痕迹，防止黑客窃取信息。具体操作方法如下：

如图 11-5-5 所示，直接在浏览器中选择【新建 InPrivate 窗口】。

图 11-5-5

另外,在【设置】中找到【隐私、搜索和服务】,选择【隐私】,即可在隐私模块中优化隐私设置。如图 11-5-6 所示。

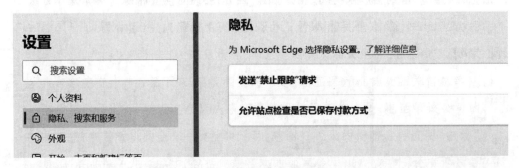

图 11-5-6

四是管理浏览器安全设置。首先打开浏览器的【设置】,然后在其中找到【隐私、搜索和服务】,点击【安全性】,在其中进行多方面的设置管理。如图 11-5-7 所示。

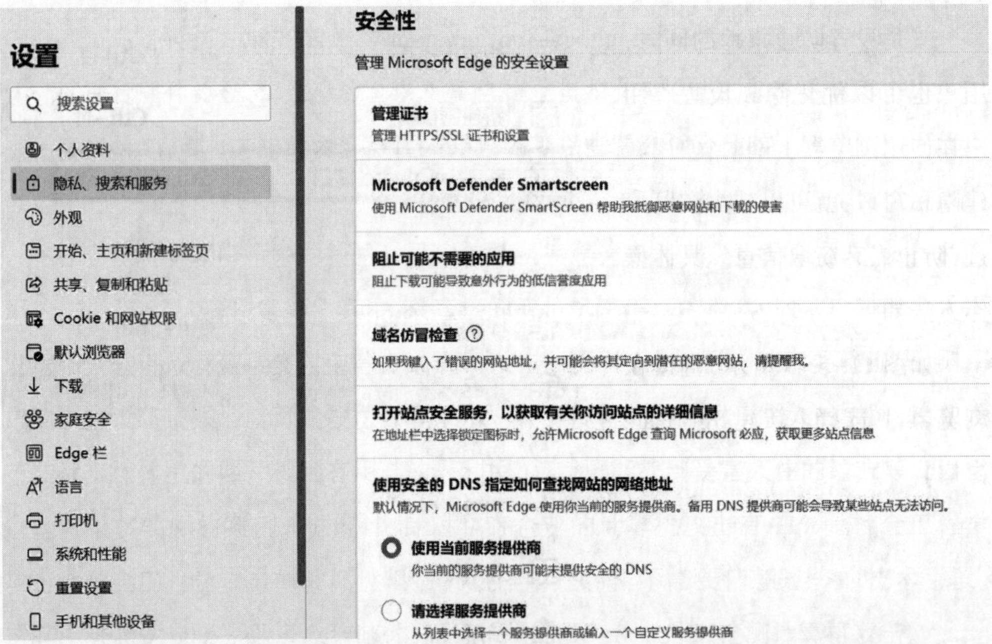

图 11-5-7

第12章　网络攻击与防护

第1节　勒索软件

一、勒索软件的定义与危害

勒索软件（Ransomware）是一种计算机病毒，通过骚扰、恐吓或者绑架用户文件等方式，使用户的数据资产等计算机资源无法正常使用，并以此为条件向用户勒索钱财。它可以说是计算机世界里面的"绑匪"，有相当多样化的攻击方式。

勒索软件使用的技术常常和其他病毒代码相结合，比如通过蠕虫病毒来扩大攻击范围、通过木马病毒对用户的计算机进行精准化攻击等。因此，勒索软件非常难以防范。它在本质上有三个特征：首先，它仍旧是一种病毒，不管是以多种病毒的复合形式还是其他方式呈现，本质上都是一个入侵用户计算机的恶意程序。然后，它还会控制用户的计算机作为"人质"要挟用户支付赎金。而它最终的目的就是通过向用户勒索钱财获得非法利益。总之，勒索软件就是一种以控制用户计算机资源为手段、勒索钱财为目的的一种病毒程序。

勒索软件可以分为两类，一类是不加密数据的勒索软件，一类是加密数据的勒索软件。

不加密数据的勒索软件会锁定用户的系统屏幕或直接锁定系统。勒索软件会在用户开机时提前启动,锁住用户的系统使其无法进入正常启动界面。用户甚至根本无法进入开机时需要输入用户密码的阶段,勒索软件就会出来阻止,并提示计算机已经被锁定,必须缴纳赎金才能够打开。

而在加密数据的勒索软件中,黑客会使用自己的密码,通过现代高强度的加密算法将用户硬盘中的所有文件进行加密。这种情况下,虽然计算机可以启动,但是除了系统文件以外的所有文件,都会变成用户根本"不认识"的样子,或者,即使用户"认识"也根本打不开。用户想要解密就只有寻求专业解密公司的帮助,或者是向黑客支付赎金。

加密性勒索软件实际上 1989 年就出现了,该勒索病毒以"艾滋病"为名,是由 Joseph Popp 制作的。该病毒会宣称受害者的某个软件已经结束了授权使用,随即用对称密码加密磁盘上的文件。用户中了这个病毒后,这个病毒就会向用户发送"提示",例如:"您的 Word 使用期限已到,会锁定您的 Word 文件,在您续费后才能解锁这些文件。"

到了 1996 年,Adam L. Young 和 Moti Yung 提出了一个实验性项目。他们以"AIDS 病毒"为基础,使用非对称密码加密,极大地提高了加密的强度。而日后的加密性勒索软件也都参考了这一实验项目的设计方法。

【知识延伸】

简单理解,对称加密就是开门、锁门都用一把钥匙,这也比较符合我们平时对加密的想法。于是黑客就通过将这把钥匙藏起来,防止我们解开文件。而非对称加密则是有两把钥匙,一把是大家都知道的密钥,称为"公钥";另一把钥匙则是黑客握在自己手里的钥匙,称为"私钥"。用任意一把钥匙给文件加密后,都只能用另一把钥匙去解密,即"公钥"加密、"私钥"解密,或"私钥"加密、"公钥"解密。

如果某一勒索病毒使用了非对称密码加密,黑客使用"公钥"进行了加密,由于我们无法获得"私钥",就只能通过黑客的"私钥"才能解密。

但如果像"AIDS 病毒"那样使用对称密码的话,为了能够解密,密码一定会被偷偷存在受害者计算机的某一个位置,那么只要用户找到这个密码就可以对用户的文件进行解密。

所以,非对称密码加密的勒索病毒对文件的危害程度高于用对称密码加密的勒索病毒。

2013 年年末出现了 CryptoLocker 勒索软件,它开启了一波新的勒索软件活跃期。这种病毒和之前的病毒相比最大的差异是:此前的勒索病毒寻求赎金的方式都非常原始,无非是邮局寄钱或者银行转账。但在此之后,勒索软件统统都开始使用以比特币为首的虚拟货币进行勒索。而比特币这种虚拟货币最大的特点就是隐秘性很强。一旦黑客收到赎金,即使是警方也很难追查比特币的去向,也就无法通过追查赎金抓到犯罪分子了。

相比之下,非加密性勒索软件出现得较晚。到了 2010 年 8 月,才出现了第一款有记录的非加密性的勒索软件。但这款软件其实有些恶作剧的意味:它会显示一些色情图片遮挡用户的电脑屏幕,而受害者必须支付 10 美元才能够获得解锁的密码。2011年,一个勒索软件假借 Windows 产品激活的名义,提示受害者的 Windows 是假的,需要重新激活,并提供了一个几乎和真的"Windows 激活"一样的界面。只不过这个假冒的Windows 激活界面中的在线激活选项无法生效,迫使受害者只能选择拨打电话。而这个电话一旦被拨通就会被转接到国际长途,然后挂机,使用户支付高昂的电话费用。到了 2013 年 7 月,还出现了公开隐私的勒索软件。一名来自弗吉尼亚州的 21 岁男子中了勒索软件病毒,病毒显示了 FBI 查获儿童色情媒体的警告,但是巧合之下,这名男子的电脑确实存储了和他聊过天的未成年少女的裸照,于是他向警方自首。

勒索软件会给用户带来很多麻烦。首先,由于黑客在使用勒索软件之后能够完全掌控用户的文件,所以可能会通过威胁泄露文件这一方式来破坏用户的商业计划。其次,勒索软件对用户文件的锁定可能会直接影响"生产"。

◇ **案例:**2020 年 4 月,B 站百万粉丝级 UP 主"机智的党妹"所在公司为了存储大量的视频素材而自主搭建的个人云服务器被勒索软件攻击,将数百 GB的素材锁定后要求赎金。

而该公司技术人员并未对相关素材进行备份,导致相当数量的视频产出被迫停止。按照当时的流量数据推算,这次攻击带来了至少千万级的视频流量损失,数月的影视拍摄运营等方面的工作成果付诸东流。

最后,由于勒索软件会要求大量的赎金,这本身就是一个经济打击。美国虚拟货币分析企业 ChainAlysis 对"勒索软件"收到的赎金开展了调查。由于虚拟货币交易难以查明交易人身份,同时许多企业不愿透露是否已同意支付赎金,所以实际的具体金额难以统计。

据 ChainAlysis 不完全统计的数据,在全球范围内 2018 年的支付额相当于 3900 万美元;2019 年的支付额相当于 1.52 亿美元;2020 年的支付额则高达 6.92 亿美元;2021 年全球缴纳赎金金额也达到了 6.02 亿美元。虽然 2021 年的金额低于 2020 年的金额,但这并不意味着实际金额减少,而是意味着更大规模的虚拟货币赎金被支付出去,以至于无法追踪。

如此高额的赎金会使企业或个人受到直接的经济损失,但锁定文件后停滞生产带来的损失甚至会高于赎金,所以很多企业都无法静待数据恢复专家来恢复"可怜的""一星半点"的数据,而是两害之中取其轻,只能向罪犯妥协。

勒索软件的攻击对象不仅仅限于企业,对个人同样会进行攻击,对企业和个人来说都具有极大的危害性。因此,我们要充分认识勒索软件,避免受到损害。

二、漏洞与勒索软件

漏洞又名脆弱性(Vulnerability),是指计算机系统安全方面的缺陷,会使系统或其应用数据的保密性、完整性、可用性、访问控制等面临威胁。许多安全漏洞是程序错误导致的,此时可叫作安全错误(Security bug),但并不是所有的安全隐患都是程序错误导致的。虽然漏洞是任何开发者都不希望存在的,但它又偏偏是不可避免的。

漏洞基本是由三个原因导致的:

首先,是大型系统的复杂性。计算机操作系统是一个非常庞大而复杂的程序集合体,比如 macOS 和 Windows 系统,它们的功能齐全,但这也导致功能之间相互影响、相互纠缠,产生了非常复杂的代码关联性。以 Windows 为例,其中有数亿行代码运作,而这些代码全靠程序员进行维护。其中任何一个程序员在安全相关领域出现一点错误都可能会变成一个漏洞,对系统造成危害。

其次,是软件维护不及时。维护是能够修复已知漏洞的,但如果软件开发商没有及时维护,那么漏洞就会一直暴露在黑客的攻击范围当中。

最后,是功能性上的妥协,这种妥协也可以说是设计上的问题。安全性和使用的功能性之间是存在冲突的,绝对的安全就是没人使用,没人接触,但这显然不可能。为了保证有效的使用,则必定会降低一定程度的安全性,那么在这个过程中就会出现安全漏洞。比如 Windows 的自动播放功能本是为了方便用户接入 U 盘等设备而设计的,但同时却也沦为了 U 盘病毒的传播渠道。

漏洞与时间是强相关的,一个系统从发布的那一天起,随着用户的深入使用,系统中存在的漏洞会被不断暴露出来。这些早先被发现的漏洞也会不断被系统供应商发布的补丁软件修补,或在以后发布的新版系统中得以纠正。而在新版系统纠正了旧版本中具有的漏洞的同时,也会引入一些新的漏洞和错误。也就是说,随着时间的推移,旧的漏洞会不断被系统更新堵上,而新的漏洞则会不断出现。因此,漏洞问题也会长期存在。

当黑客发现了一个大家都没有发现的漏洞时,这个漏洞就称为零日漏洞,又叫零时差漏洞——指尚未有对应的安全补丁,且尚未被人利用的漏洞,利用价值极高的漏洞。黑客利用这种漏洞进行的攻击,就是"零日攻击"。这种漏洞是最有攻击力的漏洞。因为大家都不知道漏洞的存在,那么自然也就不知道黑客会用怎样的方法来攻击我们的系统了。

零日漏洞很危险、很具有攻击价值,但好在绝大部分的黑客用的都不是零日漏洞。因为软件和系统的开发维护人员也在持续发现并修补漏洞。由于发现零日漏洞本身就是一件很困难的事情,黑客想要抢在众多安全人员发现修复前就利用其进行攻击的难度就更大了。但由于零日漏洞确实具有很大的"价值",黑客也一直在争相寻找。

常见的勒索软件有 WannaCry、Petya 和 NotPetya 以及 GlobeImposter 等。

(1)WannaCry 堪称全球魔王。2017 年 5 月 12 日,WannaCry 勒索病毒利用俗称"永恒之蓝"①的漏洞在全球范围暴发。虽然"永恒之蓝"利用的 Windows 漏洞在 WannaCry 大规模暴发前已经被微软官方的补丁修复,但大量的用户因为各种原因没有更新,于是受到了勒索软件的攻击。仅就国内受损情况而言,至少有 1.8 万 IP 受到该病毒勒索,其中不乏大量行业的企业内网。在全球范围内更是有 150 个国家的各个行业受到该勒索软件的影响。

(2)Petya 和 NotPetya。Petya 这个恶意勒索软件于 2016 年被首次发现。该恶意

---

① "永恒之蓝"是美国国家安全局设计开发的漏洞利用程序,后被黑客组织获取并泄露。

软件针对基于 Microsoft Windows 系统,感染文件管理系统,对磁盘中的内容进行加密后阻止 Windows 自带的系统引导启动。随后,再要求用户以比特币付款,重新获得对系统的访问权限。

NotPetya 是基于 Petya 的更加恶性的变种,它使用了"永恒之蓝"漏洞作为攻击点,并且它不具备对已加密内容进行解密的功能。Notpetya 虽然的确是由 Petya 发展而来,但是它的各项特征却完全不同于它的前辈,因此被认为是独立的一种病毒。NotPetya 在 WannaCry 暴发的 5 月紧跟的 6 月里暴发,且 80% 的感染都发生在乌克兰,德国受灾第二重,仅约占 9% 。因此,这一次事件也被认为是对乌克兰的针对性网络打击。

(3)GlobeImposter。GlobeImposter 勒索软件于 2017 年 8 月左右首次出现。2019 年年初,GlobeImposter 勒索软件被进行了广泛的修改,重新发布后在全球范围内造成了严重破坏,削弱了美国、欧洲和亚洲的企业。更恐怖的是,GlobeImposter 这个勒索软件的开发者采用了 RaaS(勒索即服务)模式,让哪怕是没有相关开发经历的犯罪者都可以获得简单的基于 GlobeImposter 的自定义病毒服务。这种黑色产业现在已经遍地开花,许多病毒都以此方式发展壮大。

三、如何预防入侵

勒索软件最常见的入侵是通过电子邮件网络钓鱼和垃圾邮件实现的。黑客通过在其中加入恶意附件或指向受感染网站的链接的邮件,使受害人掉入陷阱。此外,黑客还可能利用系统或程序中的安全漏洞,通过网络钓鱼、社会工程学等方式入侵计算机。

为了预防勒索软件入侵,用户可以从以下四个方面进行防范。

1.及时更新软件和系统

黑客的攻击流程大体分为三步:黑客会先利用漏洞程序开发一款病毒,然后再广泛搜索存在漏洞的系统,并在其中注入这款病毒。之后所有带有这些漏洞的计算机就会被勒索攻击。及时更新意味着能够及时地补上先前旧版本系统或者软件内含的安全漏洞,使黑客无法利用相应漏洞作为突破口。

黑客攻击,尤其是非定向的攻击,大多数都是广撒网型,即只要是存在该漏洞就会被攻击。零日漏洞攻击并不常见,所以大部分黑客都是基于几个月或一年以前发现的漏洞发起的攻击。如果用户已经提前补上了漏洞,黑客自然就没法攻击了。

好消息是,对于现代系统而言,自动更新一般都是系统的默认设置。比如Windows 系统就是在默认情况下开启了自动更新功能,不需要手动设置,只要在它通知的时候升级即可。当然,并不是每次有了新版本系统后官方就会自动停止对旧版本的维护。事实上,哪怕是旧版本系统,官方仍旧会维持其安全更新一段时间。所以,用户如果因为各种原因不使用新版本的系统,也要保证自己的系统仍在安全更新范围内。

2.安全浏览网页

可疑网站的攻击思路和钓鱼邮件是大同小异的,一般都会伪装成官方网站诱使用户下载盗版软件,或在所谓的广告链接弹窗中植入病毒链接,又或者是以色情或赌博网页诱使用户点击,在用户点击后直接注入恶意脚本对用户的计算机进行攻击。

◇ 案例:桃色陷阱

2021 年 11 月 10 日,国内 Magniber 勒索病毒攻击事件频发。该病毒由一黑客团伙发布,利用系统漏洞传播,且能自我提升在系统中的权限使其难以清除。该黑客团伙主要通过在色情网站(也存在少部分其他网站)的广告位上投放带有攻击代码的广告进行传播,当用户访问该广告页面时(可能是自主点击也可能是误触),就会感染该勒索病毒。

另外,非官方下载资源的来源都是不确定的,用户应当通过官方渠道下载软件。否则,用户可能下载到的就是别人破解过、修改过或在里面增加了可攻击后门的软件。还有更恶劣的情况,用户会直接下载到病毒软件。同时,非官方来源的版本也是无法保证的。用户很有可能下载到的是官方放出的一个因为带有高危漏洞而被废弃的测试版本。这些非官方来源除了网上搜索到的下载站,还有可能是一些论坛或者是云盘,下载完成后可能刚开始没什么问题,但是不久之后就会发现自己的计算机已经被病毒入侵了。

最后,还应当注意使用强口令。通常情况下,强口令应足够长且排列随机,并同时使用大小写字母、数字和符号。口令越长,使用的符号种类越多,就越难破解。

◇ 案例:英伟达 2022 年被黑客勒索

一个黑客组织获取了英伟达的一个员工账号和密码信息,从而直接获取了英伟达的文件系统的权限,然后盗取了公司系统当中的很多机密信息。其中包括新一代的显卡和显卡相关的算法等,之后以在网上泄露这些信息为威胁要求英伟达支付赎金。

案例提示:使用不容易被破解的账号和密码就能让黑客攻击多一道难关。

3.安全使用邮件

使用邮件时要特别防范钓鱼邮件。黑客会利用伪装的电邮,欺骗收件人将账号、口令等信息回复给指定的接收者;或引导收件人跳转到特制的网页,诱导受害人下载病毒软件或窃取受害人的个人信息等。

钓鱼邮件攻击已经是目前邮件系统的主要威胁之一,2022 年第一季度钓鱼邮件数量环比增长了 10.74%,2021 年至今钓鱼邮件发送数量持续增长,相较 2020 年同期增长 81.31%。这是一个非常恐怖的增长速度,因此千万不能小瞧了钓鱼邮件的威力。

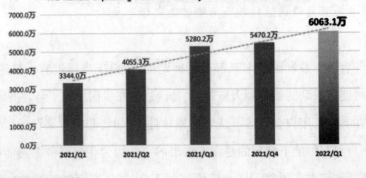

图 12-1-1

常见的钓鱼邮件一般有以下特点：一是身份冒充，骗取用户信任，这也是钓鱼邮件最核心的点。例如仿冒上级领导回信、官方管理员通知、邮箱系统警告、客户回信和退信信息等。二是常带有附件骗取用户下载，例如冒充公司通知，附上"xx 通知.pdf"的附件，但实则是一个伪装成 PDF 的病毒程序。三是带有一串链接引导用户点击。例如声称是某某网站的邮箱验证信息，要求受害者点击下方链接确认等。预防钓鱼邮件陷阱最重要的就是识破钓鱼邮件的伪装，在遇到可疑邮件时应当及时确认邮件的发送方。若实在无法判别，就不要下载附件或者点击其中的链接。

4.保持安全软件启动

杀毒软件、防火墙等安全相关的软件主要能够为用户提供以下防护：一是扫描计算机设备中存在的病毒。这类软件会对磁盘上所有的文件做一次检查，并将文件与病毒库中的各项特征做比较，判断文件是否为病毒。二是控制外部访问。外部用户远程连接计算机时，只有通过防火墙的同意才能连接。同时，防火墙还会记录外部连接后的行为，为日后追查提供材料。三是清除病毒影响。杀毒软件可以根据不同类型病毒对感染对象的修改，按照病毒的感染特性对文件进行恢复，且该恢复过程不会破坏未被病毒修改的内容。

但在使用安全软件时，为了尽可能地增强安全软件的防护能力，也应注意以下几点：一是一个类别只要使用一款安全软件就好。因为同样是杀毒软件，虽然在病毒侦测算法上可能会有差距，但其具备的病毒库都是相似的。两款杀毒软件只会让用户更多次数地处理病毒警告，也会双倍增加资源占用，既没必要也不高效。二是注意及时更新病毒库。病毒库是杀毒软件寻找病毒特征的字典，及时更新能够保证杀毒软件高效准确地找到病毒并查杀。三是开启定期扫描，病毒普遍有着较强的隐藏能力，定期扫描有助于发现潜藏在计算机里面的尚未启动的病毒，提早解决隐患。

总之，养成使用计算机的好习惯，能够有效地防患于未然，远远好于遭受损失后再"亡羊补牢"。

四、如何减少损失

勒索病毒设计之初就是加密所有文件或者直接锁定计算机。因此计算机受到勒索软件的攻击之后,只凭同一台计算机就很难做到减少损失了。但是,我们仍旧能在病毒造成危害之前采取措施,使我们能在计算机被病毒感染之后,既不向罪犯妥协又能减少数据资产的损失。

1.提前备份

备份有两个方面的要求,一是定期,二是频繁。定期备份就是定下一个时间段,每隔一段时间进行备份,那么黑客攻击的伤害范围就会控制在我们确定的这一时间段内。频繁备份则是尽可能地缩短备份间隔时间,让勒索病毒发作的时间段更加可能靠近我们的备份点,以此减少数字资产的损失。

可以借助图 12-1-2 和图 12-1-3 看出不定期或者不频繁备份会产生的后果。在图 12-1-2 中,假设第一次备份与第二次备份的间隔为一周,第二次与第三次间隔为一个月。那么勒索软件两次攻击造成的数据损失明显不同,我们按这样备份,损失的范围就得不到控制。而在图 12-1-3 中,假设第一次与第二次备份的间隔为一年,那么一旦中途被勒索病毒锁定文件,我们将最多损失整整一年的数据。这种损失不论在什么体量的企业中都是不可接受的。所以,我们一定要定期且尽可能频繁地备份数据。

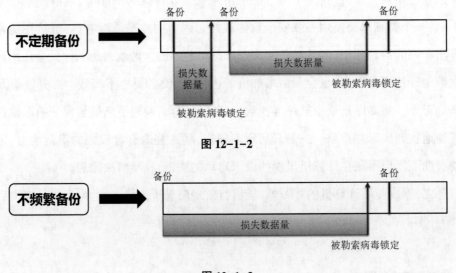

图 12-1-2

图 12-1-3

在备份策略上,用户有多种选择:一是完全备份,即一次性全部备份。当发生数据丢失的情况时,完全备份则不需要依赖其他信息,即可实现 100% 的数据恢复,其恢复时间最短且操作最方便。二是增量备份,即只备份在上次完全备份或增量备份后被修改了的文件。优点是备份数据量小,需要的时间短;但缺点是恢复的时候需要依赖之前的备份记录,出问题的风险较大。三是差异备份,即备份那些自从上次完全备份之后被修改过的文件。因此,从差异备份中恢复数据的时间较短,因为只需要两份数据——最后一次完全备份和最后一次差异备份;但缺点是每次备份需要的时间较长。每种策略都有优缺点,用户可以针对重要性不同的数据,采取不同的备份策略,定制不同的备份时间。

2.设置权限管理

权限管理能够对文件修改做出限制,而病毒对文件进行加密也是一种对文件的修改。那么在系统层面上限制低权限用户只能对文件进行查看操作(也就是只读),而更低等级的用户根本没有访问的权限,就能在一定程度上阻止病毒修改文件、锁定文件了。反之,如果不对访问权限进行控制,那么用户的计算机就如同一间大门敞开的屋子,任何人都可以进出无阻,随意拿取屋里的东西。

正所谓"人才是最大的不稳定因素",做好权限管理就能很好地控制使用者对系统造成破坏。从内部特权用户滥用其访问级别,到外部网络攻击者瞄准并窃取用户特权以作为"内部特权人员"进行隐匿操作,人始终是网络安全链中最薄弱的环节。访问权限管理可帮助组织确保人们仅获得开展工作所需的访问级别,并且还使安全团队能够识别与特权滥用有关的恶意活动,并迅速采取措施来补救。

3.中毒物理隔离

物理隔离可以说是为数不多的在被勒索后能减少损失的措施,是中毒过后用户能采取且应采取的第一个措施。

现代的勒索软件常常是多个类型的病毒复合体,既有木马病毒的破坏能力,又有蠕虫病毒的强力扩散复制能力。黑客想要达到的目的不同,各个勒索软件的特征也不同。物理隔离简而言之就是断网断电,让设备断开和其他设备的联系,病毒就很难传播到其他设备上了。再凶猛的病毒也是需要载体来传播的,再凶猛的计算机病毒也仅是存在于电子世界中,物理隔断可以让它们"逃无可逃"。

第2节 社会工程学

一、什么是社会工程学

如果将"人"本身作为一个安全系统,那么,对"人"这个安全系统的攻击,其实就是攻击者与被攻击者之间的一场心理战。

准确来说,社会工程学不是一门科学,而是一门艺术和窍门的方术,是一种利用人的弱点(如好奇心、轻信、贪便宜等)进行欺骗、伤害等的手段。在20世纪90年代,社会工程学的概念就开始推广,不过当时的想法比较简单,即欺骗某人做某事或泄露敏感信息。而发展到如今,社会工程学已经成为一系列的社交技术、心理学和信息收集技术的集合。有别于使用黑客的入侵手段,社会工程学本身不依赖技术,但又经常和技术手段结合起来使用。比如和邮件、电话等结合起来进行网络钓鱼、电话钓鱼,破坏性很强。例如,一名社会工程师可能会伪装成一个雇员或IT支持人员,试图诱骗目标以获取对方的密码,而不是去寻找一个软件的漏洞。但归根结底,社会工程学的攻击之所以能成功,是因为人们的网络安全意识比较薄弱。

社会工程学的实施过程一般具有明显的特点:一是紧迫性,攻击者会对受害者实施的动作采取时间限制;二是为了获取信息和访问权限,目标会被要求点击链接或打开附件;三是仿冒身份,攻击者会伪装成受害人认识的人或一些能让受害人放松警惕的角色(如客服)给用户发信息;四是其信息内容往往具有诱惑力。因此,如果用户收到的信息内容看起来"太好了",或是信息来源不明但是内容和自身相关,那么就要提高警惕,提醒自己很有可能正在面对的是一次社会工程学攻击。

许多社会工程师的目标是获得个人信息,可能直接导致目标的财产或身份被盗,或准备向目标发动更有针对性的攻击。社会工程师还会寻找各种方式去安装恶意软件,以便更好地访问目标的个人数据、计算机系统或账号。另外,社会工程师也可能在寻找可以获得竞争优势的信息。有价值的信息包括密码、账号、密钥、个人信息、访问卡和身份证件、电话名单、计算机系统的详情、服务器、网络、非公网URL地址、内部局域网等。"社会工程攻击的目标一般是具有隐性知识或能够获取敏感信息的人。"如今，黑客可以利用各种技术和社交网络应用程序收集个人和相关的专业信息，以寻找组织中最薄弱的环节。如果用户被窃取的信息包含用户名、密码等重要的内容，那么黑客就可以利用这些信息对用户的设备进行未授权的访问。再比如，攻击者创建了一个可以收集并存储网络用户名和密码的可执行文件，并使用电子邮件将这个可执行文件发送给用户。攻击者在电子邮件中自称来自 IT 部门，要求接收者运行其中的可执行文件并提供证书以便解决一个网络问题，这个可执行文件可能是木马或者病毒。

社会工程学在实际生活中的应用大致可以分为四类：一是直接索取，这也是最直接的方式，但也具有一定的技术含量，这个技术含量体现在攻击者所使用的话术上。比如，攻击者可能会以邻居的身份，以帮忙作为理由将自己的密码给用户，但是用户一旦连接该 Wi-Fi，可能就被盗取信息了。二是间接索取。只要不是直接索取的都是间接索取，比如修电脑时使用无线攻击的方式，进行暴力破解和抓包。无论直接索取还是间接索取，一般都是建立在攻击者和受害者认识的情况下，然后逐步进行。三是攻击者可能会冒充任何人，骗取受害者的相关信息。四是钓鱼，具体的实施方法多种多样，且防不胜防，会在后面提到的案例中进行说明。

二、常见的社会工程学方法

社会工程学的常见方法有如下几种。

1."玄学"猜密码

诈骗者可能骗用户给他"开门"、访问一个钓鱼网站、下载一个含有恶意代码的文件，或者利用用户计算机上的一个 USB 接口获得受害人公司网络的访问权限。网络上有很多开源的密码猜解工具。黑客还会使用目标的社会网络画像，猜测受害人的密码或安全问题。

2.冒充内部员工

诈骗者冒充 IT 支持人员或承包商来获取信息，如从一个不知情的员工那里获取密码等。曾经就有黑客通过伪装成承包商，利用网络钓鱼方式成功地收集到了目标公司的员工登录凭证,最终入侵了整个企业的基础设施。

3.伪装成熟人

根据 Check Point 软件有限公司的研究报告,社会工程学攻击具有普遍性、频繁性,每年组织成本开销要数千美元。调查对象是位于美国、加拿大、英国、德国、澳大利亚和新西兰的 850 个 IT 和安全专业人员。报告指出,新员工是最容易受到社会工程学攻击的,其次是承包商(44%)、行政助理(38%)、人力资源(33%)、企业领导人(32%)和 IT 人员(23%)。黑客会通过获得个人或团体的信任,让他们点击包含恶意软件的链接或附件,然后进行进一步的攻击。

4.伪装成社交网络上的好友

黑客可能会伪装成用户熟悉的网友,请用户帮忙从"办公室"发送一个数据或向他传送一个表格,但用户应当注意的是"在电脑上看到的任何东西都可能是伪装、虚假或修饰过的"。

社会工程学会利用人性的弱点进行一些心理战术,例如人们往往喜欢惊喜、畏惧权威(自称是公司高级顾问等从目标对象口中套出公司的机密信息)、成为"有用"人才(攻击者可能询问目标对象很多问题,出于热心,目标对象给出了很多不该给出的信息,会给公司带来一定的损失)、害怕失去(攻击者发送类似"你将获得一百万元的奖励,需要在 7 天内支付现金 1000 元到以下银行账号,过期将不予以兑换"等信息)、懒惰心理(攻击者会制造一些"快捷工具",下载后会造成电脑中毒或是出现若干流氓软件)、自尊心过强(攻击者会先尝试让目标过度在意自己的知识才能,从而喜欢展现出自己所知道的东西)、缺乏专业知识(一些公司会忽略对员工在安全系统方面的培训,攻击者假装专家或是伪造某些现象从员工那里套出一些机密信息)等。

概括起来,社会工程师为了获得目标的信任,常用四种基本的心理战术。

诈骗的第一步就是要表现出自信,或通过交谈获得控制权。例如,有人试图进入一个有安防的建筑物时,可能会伪造徽章,或者假装成服务公司的员工。不想被拦截,关键是要自信地表现出属于这里、没什么可隐藏的,并用姿态语言传达出自信让别人放松。"安检人员通常不会查看徽章,他们会留意人的姿势。"受迫于需要给予正确恰当的回应,受害人或监管人会感觉到一种社会压力。

报答是人类的一个天性,也常常被社会工程师利用。当人们接受了别人的东西,如赞美或礼物,即使讨厌对方,也会觉得需要做出回报。赠送礼物和提出请求之间的时间延迟很重要,如果前一秒刚送出礼物,后一秒就马上开口请人帮忙,很可能会被认为这是贿赂,这样的话,对方会感到不舒服。相反,一个熟练的骗子可能会提前布局,比如早一天给门卫送礼物,第二天需要进门时说还有一个项目会议要参加。

另外,人们通常喜欢有幽默感的人,社会工程师深谙这一套,并且灵活地施展以获取信息、通过门卫的查岗,甚至借此摆脱困境。在一个违规或犯罪的情景下,社会工程师可能会尝试和一个雇员聊天,以便获取想要的信息。一个有趣的例子是 IT 电话欺诈,来电者要求员工说出密码信息,如果来电者谈话很幽默有趣,员工会放心地把敏感信息说出去,甚至可能会主动告知。

最后,攻击者往往会为自己的行为找到一个理由,即使找到的理由十分荒谬。一项来自哈佛大学的研究发现,如果使用"因为"这个词,听众很可能会答应请求。这项研究调查了在图书馆里等待使用复印机的一群人,观察人们在某个人走近并要求插队时的反应。第一组中,这个人会说:"对不起,我有几页文件,可以先用复印机吗? 因为我赶时间。"在该组中,94%的人答应了请求。第二组中,请求者说:"对不起,我有几页文件,可以先用复印机吗?"只有 60%的人答应了请求。第三组中,请求者说:"对不起,我有几页文件,可以先用复印机吗? 因为我需要复印。"尽管理由荒谬,但依然有 93%的通过率。事实证明,"因为"这个词是神奇的。获得人们的认可,只需要感性的理由,即使这些理由是无稽之谈。

三、社会工程学攻击威胁与风险

社会工程学的流程基本可以划分为四个节点:首先是采集信息,攻击者会搜集足够多的信息,以便伪装成一个合法的雇员、合作伙伴、执法官员,或者任意角色。其次,选择目标,寻找组织、员工的明显弱点,寻求突破。再次,建立信任,通过多种方式证明"我就是我所声称的那个人"。最后,实施攻击。

◇ **案例**:美国一家印刷公司,其工艺专利和供应商名单是公司的核心资产,也是竞争对手梦寐以求的资料。为了保证安全,公司曾雇佣一名资深的社会工程师克里斯，进行社会工程学攻击审查，试探该公司的服务器是否能够被入侵。

这次模拟攻击分几步进行：首先，收集服务器相关信息（服务器IP地址、物理地址、操作系统、应用程序及相关版本）、个人相关信息（爱好，如常去的餐厅、喜欢的比赛和球队；家庭状况，如家庭成员及相关经历；各种线索，如家人与癌症奋斗并存活下来、癌症相关的信息、癌症医疗机构及相关信息等）。然后工程师进行"接近"：伪装成癌症慈善机构的工作人员，电话给该公司的员工，说明最近机构会有一次抽奖活动，感谢好心人的捐赠。再试图"打动"员工：奖品除了几家餐厅（包括他最喜欢的那家餐厅）的礼券外，还有他最喜欢的球队参加的比赛的门票。最后果然有员工"中招"，同意让克里斯给他发来一份关于募捐活动更多信息的PDF文档。而当该员工打开PDF文档时，电脑就被安装了外壳程序。

【拓展】

通过链接 http://fir.humanfirewall.cn/experience/get_experience/1#qr 可以进行邮件钓鱼、二维码钓鱼以及短信钓鱼模拟体验（但注意不要使用个人真实信息，因为其中的内容会被公开），还可以查看到后台监控。

社会工程学攻击带来的威胁和风险包括机密信息的泄露、金钱的损失、设备和应用的仿冒登录、人身侵害等。其中，最直接的就是机密信息的泄露，通常攻击者会采用发送勒索软件或者盗取支付宝等方式进行攻击。另外，比如用户被索要验证码，则用户的一些设备或账号就可能被仿冒登录了。人身侵害则是指对于个人的威胁，比如发布在社交媒体上的照片被别有用心的人利用了，就可能找到受害人住的地方等。以上这些有很多实际的案例。据统计，针对私有企业的计算机攻击有71%是社会工程学攻击。社会工程学攻击的破坏性很强，而且容易实施，不需要依赖过多的技术手段。这其中有高达50%是业务欺诈邮件，而且平均需要4.8个月来检测计算机攻击。

四、社会工程学案例分享

1.凯文·米特尼克案例

正如知道 Windows 的人,都知道比尔·盖茨。对信息安全有所了解的人,就一定听说过凯文·米特尼克(Kevin Mitnick)。

在信息安全的世界里,他的黑客生涯是无人可比的。15 岁时闯入"北美空中防务指挥系统"的主机,翻遍了美国指向苏联及其盟国的所有核弹头的数据资料,然后溜之大吉;24 岁时被美国数字设备公司指控从公司网络上窃取价值 100 万美元的软件并造成了 400 万美元的损失;1999 年,他被控犯有多种与计算机和通信相关的罪行。在他被捕时,他已是美国计算机犯罪的头号通缉犯。在缓刑的三年中,他被禁止再接触计算机以及手机等数码产品,以防止其利用技术再搞破坏。现在,他经营一家名为米特尼克安全咨询的公司(Mitnick Security Consulting, LLC),也是安全意识培训公司 KnowBe4 首席黑客官。他说:"人是最薄弱的环节。你可能拥有最好的技术、防火墙、入侵检测系统、生物鉴别设备,可只要有人给毫无戒心的员工打个电话,你的系统就可能被瓦解。"在他看来,技术会过时,但是社会工程学永远不会。

2017 年中国互联网安全领袖峰会,凯文给大家讲解了一波社会工程学操作。

第一步,要"偷"到一张门禁卡。凯文·米特尼克演示,他先来到某金融机构大楼的某一层,在工作时间要进入另外一个门,需要一张可以通过 HID 门禁的卡。一般情况下,攻击者只能跟着别人进去。但是,凯文·米特尼克想到,在这一层有一个门可能不需要任何卡——卫生间!所以,他等到有人进入卫生间,利用一个设备远程偷到门禁卡的密码。通过这种设备,他可以复制智能门禁卡的信息,将信息拷贝到另一张空卡中。不过这种设备需要距离被拷贝者比较近。所以,可以选择咖啡厅、吸烟室、卫生间等场所进行拷贝,并将上述设备用皮包等物体掩饰,找机会靠近目标人物,瞬间便可以复制对方门禁卡的信息。如果目标人物不让靠近,还有另外一个装备,可以在 3 米外复制员工卡的信息。最夸张的是,凯文·米特尼克曾在一个美国会议上演示,如何用这种设备同时拷走 150 张卡的信息!另外,这位顶级社会工程学大师还展示了另外一个方案。他可以伪装成要租办公楼的人,先到人家楼里看场地,同时用一堆问题问晕租赁人:“我们有好几十人要办公呢！你看看我们5年租约是多少钱,10年的话能有优惠吗?”趁着人家用心地算账,他开始耍花招了:“哎哟,我们有几十个人,难道要几十把钥匙?能看看你们的门禁卡吗?”然后,租赁人就可能晕乎乎地把卡拿给他看,他的小设备藏在兜里,随便晃一晃,信息到手。然后,他还能顺便入侵人家大楼的数据中心。

第二步,就是散布勒索病毒。“你的儿子在我手上”这种勒索信早就不管用了。凯文·米特尼克似乎能猜透人心,他给出的这版邮件内容可能会让用户的电脑染上WannaCry病毒。例如,对于一个新客户、新厂商,在网上有一些会议邀请,他们并不会怀疑这种会议邀请的真实性。因此,可以先创建一个会议邀请邮件,并在邮件内伪造一个Go to meeting的网页链接,需要用户确认参加会议。这个网页看起来没有任何问题,版面、颜色也和真正的Go to meeting网站一样,需要用户复制粘贴与会ID进行验证。然而,事实上这是个虚假网站,验证后网页会诱导用户运行一个程序,该程序虽然号称是用来确认参加会议的,但其实是一个WannaCry的病毒程序,一旦点击就会立刻中招。

2.疫情防控期间社会工程学的威胁分析

2020年,安全研究人员分析发现多起攻击者利用新冠疫情作为诱饵,分发钓鱼邮件诱导用户下载恶意附件或者点击邮件中的链接下载恶意软件。攻击者会将恶意代码文件名伪装成“冠状病毒”“菲律宾各大楼冠状肺炎名单.exe”“新型冠状病毒肺炎病例全国已有5名患者死亡;警惕!!.exe”等热门字样诱导用户运行。

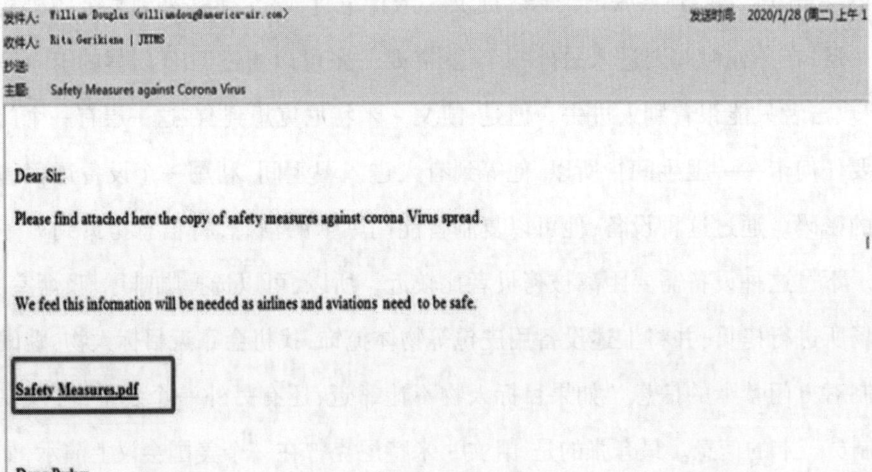
发件人: William Douglas <williamdoug@america-air.com> 发送时间: 2020/1/28 (周二) 上午1
收件人: Rita Gerikiene | JETMS
抄送:
主题: Safety Measures against Corona Virus

Dear Sir:

Please find attached here the copy of safety measures against corona Virus spread.

We feel this information will be needed as airlines and aviations need to be safe.

Safety Measures.pdf

Doug Parker

图 12-2-1

◇ **案例：传播 Emotet 恶意代码**

国家计算机病毒应急处理中心通过对互联网的监测，发现多款恶意软件正在利用新型冠状病毒相关主题实施鱼叉式钓鱼邮件攻击。恶意用户通过发送大量带有 coronavirus outbreak（新型冠状病毒暴发）等敏感主题和内容的钓鱼邮件来投递 Emotet、NanoCore RAT、Parallax RAT 等多款恶意软件。这些恶意软件感染目标后，能够收集用户凭据、浏览器历史记录和敏感文档，还能为攻击者提供对受感染主机进行远程访问、文件执行等权限。

【知识延伸】

Emotet 是一种网银盗窃木马，该恶意软件感染主机后，能够将恶意钓鱼邮件转发给其他目标，同时进一步安装其他恶意软件，进而实现账户资金窃取、用户凭据和敏感文件收集等目标。

NanoCore RAT 是一种远程控制木马，能够使攻击者对受感染主机进行远程访问，并获取键盘记录、敏感文件，还能控制受感染主机的网络摄像头、下载和执行文件等。

Parallax RAT 也是一款远程控制木马，通过 PIF 文件进行传播，值得注意的是，该恶意软件加载后，会在用户的启动文件夹中创建链接和多个计划任务，并与动态 DNS 提供者域建立命令和控制通信，以实现持久驻留。

除此之外，钓鱼邮件还有可能仿冒发件人别名或者相似域名。比如将 sjobs@apple.com 改为 sjobs@banana.com，或者将 apple 中的字母 l 替换为数字 1 等，都是掩人耳目的方式。

3.信息泄露

-GitHub 是一家社交编程及代码托管网站。在 GitHub，用户可以十分轻易地管理、存储和搜索程序代码，因此受到了广大程序员的热爱。近两年有大量的攻击事件由 GitHub 泄露敏感信息引起。

五、安全行为规范建议

1.对于企业

为了防范社会工程学攻击,企业可以从策略、技术和培训三个方面入手。制定安全策略,可以规范员工的行为,是保护企业信息系统与敏感数据所必须具备的规则。在技术方面,采取必要的安全控制措施,能够在一定程度上减少攻击所带来的伤害。从企业信息资产调查开始,独立地分析每一个敏感的、关键的资产,寻找攻击者使用社会工程学策略可能危及这些资料安全的方法,采取相应的控制措施。另外,定期安排安全培训,能够让企业的所有员工了解公司的安全策略和控制程序。改变组织的思维方式,持续地对员工进行培训,协助其识别安全威胁以及潜在的攻击方式。同时,这种方式也可以提升员工的成就感,因为每个人都正在为公司的安全作出贡献。

在具体实施上,可以采取多种形式:例如模拟社会工程攻击场景,提高员工的安全意识;审查员工身份及背景,包括合同工等,确保不让攻击者混入公司;建立恰当的访问控制机制,只有授权者才可进入机密地点;限制在网站上公开的企业信息,并注意企业网站上的所有信息变动,如有异常,应立即处理;针对公司内部的安全部门进行特殊的社会工程攻击的模拟培训,加强防护意识;根据数据保密性和敏感程度,分配员工对数据的查看、编辑、共享等权限;通过技术设置帮助员工快速识别钓鱼邮件,例如在所有来自外部的邮件标题前面自动加上"来自外部"这类标签,Outlook 添加"钓鱼邮件检测"功能等。

2.对于个人

为了防范社会工程学攻击,员工应避免将公司敏感资料上传至互联网第三方平台;注意使用公司内网搭建的服务器保存资料;对敏感资料进行加密保存;对资料访问权限进行设置;避免点击社交媒体分享的来源不明的链接;给信任网站添加书签并通过书签进行访问;谨慎辨别所有接收到的电子邮件(检查来源不明的邮件里面的拼写、语气、语法是否有问题,是否有人催促你去完成某件事情,对发件人的身份保持警惕,如果发现任何可疑之处,不要点击邮件里面的任何链接,并立即主动联系管理员;

下载附件之后,打开前可以先使用杀毒软件扫描一下);不要轻易泄露个人信息,尤其要管理好社交网站上公开的个人信息(例如个人喜好、近期生活重大变迁、生活境况等)。

其次,员工可以安装杀毒软件,根据个人使用习惯来选择且及时升级病毒库。

另外,最好将计算机设置成显示所有文件、文件夹及扩展名,如图 12-2-2 所示。可执行文件可以通过双击打开,操作系统会直接运行可执行文件的代码,这个特性使很多病毒会以可执行文件的形式传播,因此,不应该轻易打开未知来源的可执行文件,对于可执行文件的处理应格外谨慎。Windows 系统常见的可执行文件后缀包括 exe、bat、cmd 等;Mac 系统常见的可执行文件后缀包括 dmg、pkg 等。

图 12-2-2

在对文件进行传输时最好也进行加密,具体操作步骤如图 12-2-3 所示。

此外,员工还应当谨慎使用移动存储设备,包括不随意使用 U 盘等移动存储设备;使用完后将文件擦除或粉碎;不长期大量存放涉密文件;等等。

还应该培养一些打印、复印的安全习惯:绝对不能将敏感资料遗留在复印机或打印机旁边;对不再使用的资料,应使用碎纸机将其粉碎(手撕很容易就能恢复)。

总之,应注意培养良好的办公习惯,包括进入大门、闸机时主动阻止陌生人尾随进

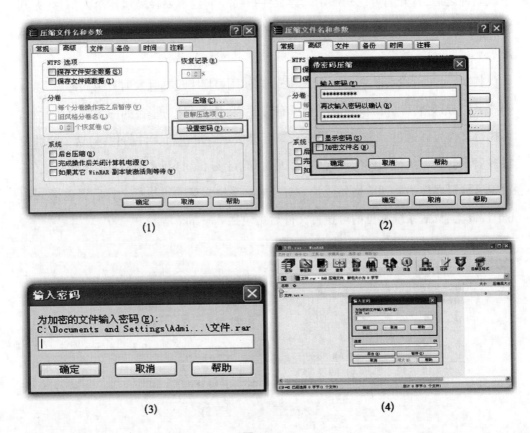

图 12-2-3

入;陌生人员未经陪同出现在办公区域,应主动上前询问;废弃的纸质资料应该进行充分粉碎;废弃的移动存储设备应交由 IT 部门消磁处理;离开工位时对办公电脑进行锁屏;敏感资料应妥善保管,在离开工位时锁入柜中;不应使用来历不明的移动存储设备;不应接入来历不明的 Wi-Fi 热点;等等。

第3节　网络钓鱼

一、网络钓鱼安全概述

网络钓鱼是冒充合法机构引诱受害者提供敏感数据的攻击。其实,网络钓鱼并不是新式的攻击,早在 20 世纪 90 年代,网络钓鱼就在美国兴起,随着互联网的发展,网络钓鱼逐渐在全世界流行起来。随着 2008 年比特币和其他的虚拟货币开始推出,再加上比特币的匿名性和安全性,许多攻击者利用比特币交易软件,使网络钓鱼等攻击更加猖獗。在日常生活中,网络钓鱼也是随处可见,例如钓鱼邮件或者是冒充官方文件的手机信息,这两个都很常见,所以就不必多说。还有一个是利用社交媒体钓鱼,这种钓鱼方式又称灯笼式钓鱼,在国外的 Twitter、Facebook 等社交媒体上比较常见。攻击者创建仿冒的品牌账号(可能是明星或者是一些名人,还可能是一些企业的人员),然后吸引用户去关注,之后诱导用户打开钓鱼链接,完成欺骗。这虽然在国外比较流行,但是也给我们一些警示,即不要在社交媒体上填写敏感信息。

攻击者可能会制作一些高仿的官方网站,例如京东网站和中国建设银行等,如果用户不怎么注意的话,就有可能中计。为了识别网站的真假性,用户通常可以查看它的链接是否与官方链接一致。

图 12-3-1 是 2021 年度的钓鱼攻击次数统计图。从图中可以看出,自 2021 年 1 月到 2021 年 12 月,钓鱼攻击次数总体上在不断增加。在 2021 年 12 月,钓鱼攻击次数已经超过了 30 万。

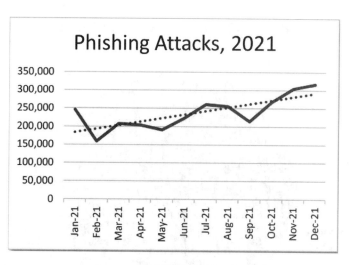

图 12-3-1

图 12-3-2 展示的是 2019 年到 2021 年之间的钓鱼攻击的次数。2019 年钓鱼攻击次数在 10 万到 5 万之间。由图 12-3-1 可知,在 2021 的 12 月,钓鱼攻击已经超过 30 万,可以看出钓鱼攻击次数已经增长至 2019 年的 5 倍多。

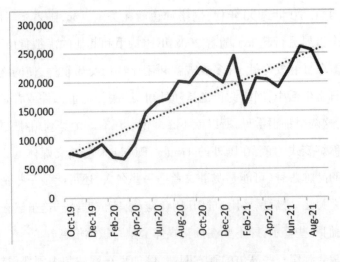

图 12-3-2

图 12-3-3 中展示的是 2021 年第 4 季度的网络钓鱼的主要攻击目标。从这个饼状图可以看出，金融业和零售业还有电子邮箱都已经成了主要的攻击目标，其中金融业占据 23.2%，零售业占据 17.3%，电子邮箱占据 19.5%。这三者的总体占比已经超过了总体的 50%。

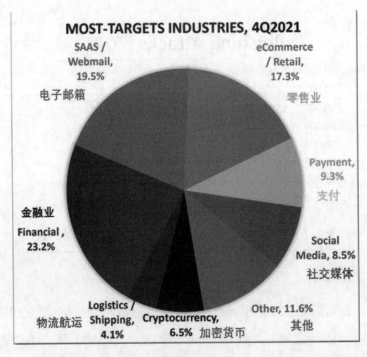

图 12-3-3

网络钓鱼有四个比较明显的特征:第一是虚假消息,一般是让用户有利可图的优惠或者引人注目的陈述;第二是紧迫感,要求用户快速采取行动。如图 12-3-4 所示,这是一个来自长号码的短信,提醒收到短信的用户拥有的 3570 账户由于异常操作已被冻结(账户尾号会根据受害者实际持有的卡号尾号进行修改)。同时还在信息中强调"24 小时",警告用户如不操作,账户就会被永久冻结。这时,很多用户就会点击链接,最后上当受骗。

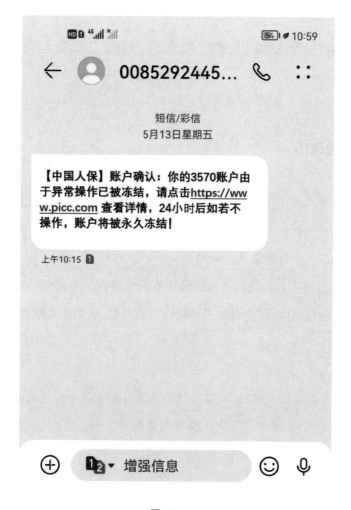

图 12-3-4

网络钓鱼另外的两个特征是附带超链接且发件人为陌生人,如图 12-3-5 所示。在此提示,用户一定要提高警惕,不要随意打开链接,更不要随意输入敏感信息。

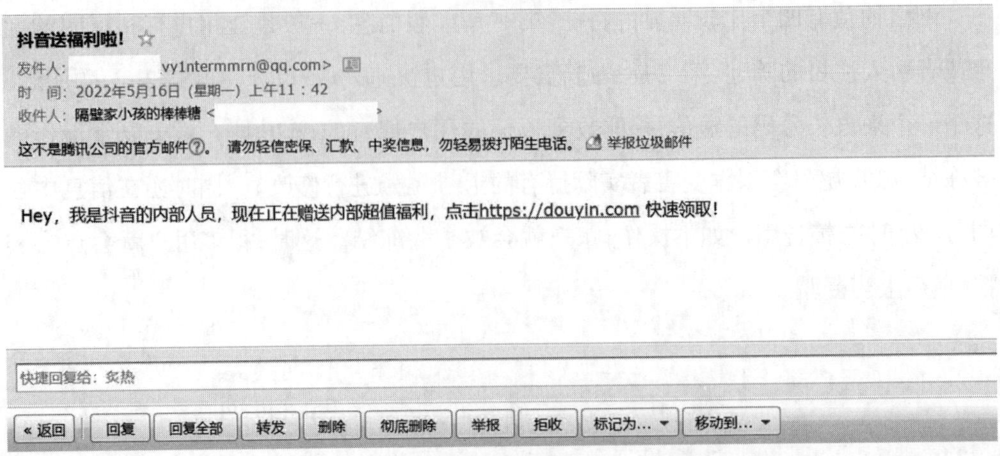

抖音送福利啦! ☆

发件人: 〈 vy1ntermmrn@qq.com〉 🔲

时　间:2022年5月16日(星期一)上午11:42

收件人:隔壁家小孩的棒棒糖 〈 　　　　　　　　 〉

这不是腾讯公司的官方邮件⑦。　请勿轻信密保、汇款、中奖信息,勿轻易拨打陌生电话。　📧 举报垃圾邮件

Hey,我是抖音的内部人员,现在正在赠送内部超值福利,点击https://douyin.com 快速领取!

快捷回复给:炙热

《 返回　| 回复 | 回复全部 | 转发 | 删除 | 彻底删除 | 举报 | 拒收 | 标记为... ▼ | 移动到... ▼ |

图 12-3-5

二、二维码钓鱼攻击

二维码具有登录、转账的功能。二维码钓鱼攻击是在二维码内添加高仿网站,受害者在里面填写密码就会上当受骗。

二维码钓鱼有以下几种常见的骗局。

(1)浑水摸鱼:攻击者会将自己的虚假二维码放置在一个可信的地方,因此,当受害者看见这种高仿网站时,不会有太多的怀疑,就会将自己的个人信息填写在网站上,最后造成损失。

◇ **案例**:小军在扫描二维码支付时,网站提示需要完善身份信息。小军看见页面就是官方网站,就填写了个人信息和银行卡资料。不久,小军就发现自己银行卡被盗刷。

(2)偷梁换柱:有很多人选择共享单车出行,只需要扫码就可以解锁单车。但是同样也有漏洞,攻击者首先可以制作一个和共享单车一样的网页,然后去租车,在骑行的过程中,替换共享单车的二维码。当受害者扫码的时候,无法正常解锁,攻击者就会在网页上诱导受害者泄露敏感信息。

◇ 案例：张女士通过扫码租自行车，扫码后发现不能够开锁，于是通过链接寻求客服的帮助。在客服的指引之下，张女士在微信上进行了一系列操作，随后就发现微信钱包内 1000 元不见了。

(3)暗藏玄机：攻击者会在二维码内偷偷加一些病毒，例如木马病毒，这类病毒隐蔽性比较强，可以监控手机信息。攻击者诱导受害者下载某某软件，趁机植入木马，当受害者用手机输入银行卡密码等内容时，攻击者就可以利用这些信息去转账。

◇ **案例**：小武在网上看到一则扫码就能领钱的消息，在扫描二维码后，需要下载某 App，小武没有多想就下载了。过了几天，小武发现自己的银行卡被盗刷了。

如上文所述，用户绝不能见码就扫，不是所有的二维码都是安全的。另外，在扫描二维码后，手机可能会自动下载二维码中的内容。一旦遇到这种情况，要立刻删除下载的文件，并给手机杀毒。总之，务必提升对二维码的警惕。

我们经常使用电脑办公，为了营造一个良好的办公环境，电脑端的安全部署就会非常好，但是我们很少使用手机端去进行工作，所以手机端的安全部署就相对较弱。如果把这个木桶比作网络环境，那么电脑端就是"长板"，手机设备就是"短板"，它的容水量就是它的防御能力。而网络安全，最后还是要取决于短板。如图 12-3-6 所示。

图 12-3-6

◇ **案例**：攻击者通过二维码将目标重新定向至网络钓鱼登录界面，绕过了能够阻止此类攻击的方案和措施，这种措施可能在电脑端比较完善，但是手机端比较薄弱，所以通过二维码就可以绕过这些措施。这些钓鱼邮件会伪装成

SharePoint 的电子邮件,在正文引导潜在受害者扫描二维码查看文件。大多数智能手机在扫描二维码后,可能会重定向到恶意网站。

那么应该如何防范二维码钓鱼呢？首先,应当关注二维码的来源,在扫码之前,需要关注二维码是否来自安全的信道。其次,要确保安全扫描,可以利用手机上的一些软件进行安全扫描,确认二维码是否安全。最后,要注意分辨真假。高仿的网站和正版的网站往往具备一定的差异。所以在填写信息之前,要注意查看网站是否正常。

三、鱼叉式钓鱼攻击

鱼叉式钓鱼攻击是一种源于亚洲与东欧,只针对特定目标进行攻击的网络钓鱼攻击。类似用鱼叉捕鱼,实行精准打击。这种精准打击的对象一般不是普通人,而是特定公司或组织的成员,目的是窃取高度敏感的资料。传统的网络钓鱼是广撒网,而鱼叉式钓鱼攻击则类似"私人订制",攻击者会根据特定人群的弱点进行有针对性的攻击。

鱼叉式钓鱼攻击基本可以分为三个步骤:首先确认目标,攻击者会根据政治、经济等多方面因素锁定攻击目标并对其进行研究,例如某公司的职员马小虎由于安全意识薄弱被黑客锁定为攻击目标,黑客在研究的过程中就会找到目标的弱点,如图 12-3-7 所示。

图 12-3-7

其次,伪造可信信息。攻击者利用之前找到的马小虎的弱点,有针对性地伪造一些信息。如图 12-3-8 所示,马小虎收到了一个提醒更新医疗信息的邮件,邮件中包含一个链接。如果马小虎点击了这个链接,就会导致自己受骗。最后,就是窃取隐私信息。马小虎点击恶意链接后填写个人信息,被钓鱼了。

图 12-3-8

鱼叉式钓鱼攻击总体上有三类:一种是针对财产,对公司和个人造成财产损失;二是针对国家,一般都是具有政治目的的攻击,如破坏国家的设施等;三是针对机密信息,目的是获取国家或公司的机密信息。

◇ **案例 1**:一名立陶宛黑客在 2013 年至 2015 年期间向 Facebook 和谷歌发送了一系列伪造发票,这些发票看起来像是来自中国台湾电子制造商广达电脑。两家公司都与广达有交易往来,所以没有遭到怀疑。最后,黑客被抓到,并追回了部分资金。

案例提示:即使是谷歌和 Facebook 这样的大公司也会中计,可见鱼叉式钓鱼攻击的成功率之高。在抓到黑客后,只能追回部分资金,所以事后处理远没有事前防御有效,不要等到上当受骗才去重视鱼叉式钓鱼攻击。

◇ **案例 2**:乌克兰电网攻击事件

2015 年 12 月 23 日,乌克兰部分地区停电,黑客利用欺骗手段让电力公司员工下载恶意软件 BlackEnergy。首先操作恶意软件将电力公司的主控电

脑与变电站断连,随后又在系统中植入病毒,让电脑全体瘫痪。黑客还对电

力公司的电话通信进行了干扰,导致停电的用户无法与电力公司联系。

◇ 案例3:利用钓鱼邮件获取拼多多员工信息

嫌疑人利用拼多多公司内部的邮箱账号,向拼多多员工发送大量的钓鱼

邮件。最终拼多多员工账号密码泄露,个人简历与薪资信息也遭到泄露。

◇ 案例4:加州大学圣地亚哥分校

2021年7月,加州大学圣地亚哥分校健康中心披露了攻击者在一次鱼

叉式网络钓鱼攻击中劫持员工电子邮件账户后发生的数据泄露事件。

由于鱼叉式钓鱼危害非常大,所以要时时刻刻保持警惕。那么应如何防范鱼叉式
钓鱼攻击呢? 第一,最好使用多因素验证。这样,即使攻击者获取了用户的密码,多因
素验证也可以保护用户的账户难以被登录;第二,使用工作电脑去办私事可能会使电
脑中毒,使得电脑数据出现问题,所以要专机专用;第三,不要随意点击链接,因为有些
链接可能会是钓鱼网站;第四,要严格注意威胁来源,一些攻击者会冒充用户的同事采
取进一步攻击措施,所以也应注意不要盲目相信熟人。

四、同形异性字

1.同形异性字的含义

利用同形异性字的攻击称为 IDN 欺骗。有些不同的字母却看起来很相似,这些
字符就称为同形字符。由于它们在视觉上难以区分,很多用户无法辨别它们之间的差
异,攻击者就利用这一弱点,通过对一些字符进行更改做成仿冒网站链接。受害者打
开这个网站就会落入陷阱。由于链接使用的是同形异性字,所以很多受害者都会
"中招"。

2.同形异性字的构因

由于各国之间语言不同,计算机中字符的编码方式就不一样。ASCII 主要用于显
示现代英语和其他西欧语言,而 GBK 就是中国汉字的编码方式。当然,还有很多其他

的编码方式。这种状况可以理解为春秋时期的诸侯鼎立,而不同的编码方式也带来了一些冲突。就像历史上秦始皇统一了天下,在编码的世界,人们创建了 Unicode 的编码,又名万国码。这个编码使同一个屏幕上可以显示任何语言,解决了不同语言之间的冲突,但同时也带来了一些问题。

世界上有三大字母体系——拉丁字母、阿拉伯字母以及斯拉夫字母,斯拉夫字母又称为西里尔字母。在拉丁字母和西里尔字母中,都有字母 a,所以在 Unicode 编码里面,就会存在两种 a,但是含义却不一样。类似地,还有字母 p 等。

◇ **案例:** 某个苹果用户有一天收到一封邮件,显示他的账户由于某些原因被锁定,如果想要激活账户,要到指定网页去申诉,邮件下面给出了一个链接。邮件确实是由 apple.com 发送的,但是问题出在字符编码上,在 apple.com 中,a 可以被替换成西里尔字母,p 也可以被替换。

案例提示:攻击者获得与被攻击域名相同的同形词域名之后,在服务器上托管恶意内容,然后向受害者发送链接。由于被攻击者在视觉上无法区分域名的差异,而攻击者伪造的高仿网页也使受害者很难区分,所以很多人都会"中招"。

【知识拓展】

IDN 是国际化域名,是指非英语国家推广本国语言的域名系统的一个总称,使域名可以使用母语来表示,但是 DNS 服务器却无法识别。DNS 服务器只能识别 ASCII 码,而 DNS 服务器就是用户上网的基础,会将用户输入的链接转化为计算机容易识别的 IP 地址。因此,如果 DNS 服务器无法识别,那么用户就没法上网。人们为了方便,发明了 Punycode 编码,Punycode 可以将域名转换为 ASCII 码,以方便 DNS 服务器使用。Punycode 在创造之初就考虑到相同字符的问题,所以可以通过 Punycode 来区分不同语系中的相同字符。

同形异性字虽然无法通过肉眼识别,但是可以通过 Punycode 进行解码,然后再进行区分。如图 12-3-9 所示,其中展示的链接都已经被更改:一个是苹果链接,一个是中国人民银行的链接,这两个链接都含有西里尔字母。它们在 Punycode 解码后就会成为另外的样子。虽然我们可能不认识,但是却可以通过这种方式明显看出它是一个以 xn 为开头的链接，并不是官方的网站。

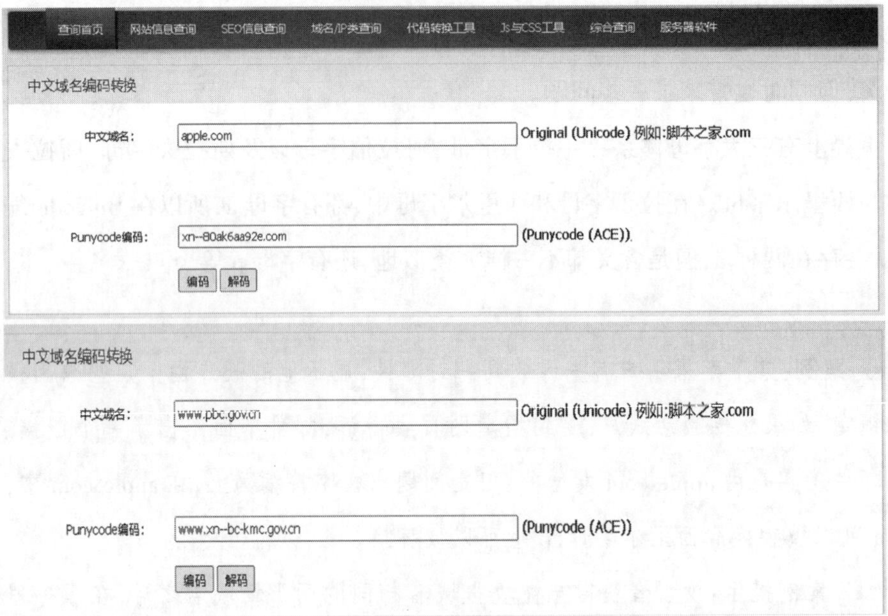
查询首页
网站信息查询
SEO信息查询
域名/IP类查询
代码转换工具
Js与CSS工具
综合查询
服务器软件
中文域名编码转换
中文域名:
apple.com
Original (Unicode) 例如:脚本之家.com
Punycode编码:
xn--80ak6aa92e.com
(Punycode (ACE))
编码
解码
中文域名编码转换
中文域名:
www.pbc.gov.cn
Original (Unicode) 例如:脚本之家.com
Punycode编码:
www.xn--bc-kmc.gov.cn
(Punycode (ACE))
编码
解码

图 12-3-9

3.对同形异性字的防范

如果用户使用的是火狐浏览器，可以通过手动操作的方式进行防范。首先，在浏览器地址栏中输入 about：config，按回车键就会看见一个搜索栏。然后，在搜索栏中输入 Punycode。此时，浏览器设置将显示 network.IDN_show_punyco de 参数，双击或者右键选择 Toggle，将值改为 True。Chrome 和 Opera 等浏览器无法进行这种设置，则可以在网络上搜索在线 Punycode 编解码工具，然后粘贴需要查询的网址链接就可以通过结果区分真假。

五、其他类型钓鱼攻击

1.水坑攻击

水坑攻击可以理解为在受害者的必经之路上设置陷阱，严格来说就是黑客通过分析被攻击者的网络活动规律，寻找被攻击者经常访问的网站的弱点，先攻下该网站并植入攻击代码,等待被攻击者来访时实施攻击。水坑攻击与其他钓鱼攻击相比,无须制作钓鱼网站,而是在用户经常访问的网站中寻找有漏洞的网站,然后在网站注入一些攻击代码,等待受害者访问该网站,可以看到水坑攻击里面也存在木桶原理,攻击者只需要找到安全最薄弱的网站,就可以攻击。

2012 年年底,美国外交关系委员会的网站遭遇水坑攻击;2013 年年初,苹果、微软、《纽约时报》、Facebook、Twitter 等知名网站也相继中招;2015 年,百度、阿里等国内知名网站也因为 JSONP 漏洞而遭受水坑攻击。可见水坑攻击多么频繁,而且攻击的目标还是一些知名或者重要的网站。在日常工作时,用户一般都会有一些定期访问或常用的网站。这些浏览习惯都可能被攻击者注意到。如果这些网站存在漏洞的话,黑客就会很容易在我们没有察觉的时候就入侵电脑。

由于水坑攻击具有隐蔽性,人们很难发现,所以用户需要做的是保持防病毒软件更新到最新版本。一旦被病毒入侵,则要及时向上级部门报告。

2.钓鱼邮件

(此部分内容可参考本章第 2 节中"社会工程学案例分享"的对应内容)

3.Wi-Fi 钓鱼

(此部分可参考第 11 章第 1 节中的"无线网络安全事故分析"内容)

PART 03

专题篇

第13章　网络安全法治观念

第1节　关键信息基础设施安全的重要性

习近平总书记指出："金融、能源、电力、通信、交通等领域的关键信息基础设施是经济社会运行的神经中枢，是网络安全的重中之重，也是可能遭到重点攻击的目标。"

关键信息基础设施是指面向公众的网络信息服务或支撑能源、交通、水利、金融、公共服务、电子政务、公用事业等重要行业或领域运行的信息系统或工业控制系统。这些系统一旦发生网络安全事件，遭到破坏、丧失功能或者数据泄漏，将会严重影响重要行业的正常运行，对国家政治、经济、科技、社会、文化、国防、环境以及人民生命财产造成严重损失。

关键信息基础设施可以分为三类：公众服务类，如党政机关网站、企事业单位网站、新闻网站等；民生服务类，如金融、电子政务、公共服务等；基础生产类，如能源、水利、交通、数据中心、电视广播等。

近年来，针对关键信息基础设施的攻击和破坏活动不断发生，2010 年伊朗布什尔核电站遭"震网"病毒攻击，导致核电站数千部离心机被烧毁，放射性物质泄漏。2013 年"棱镜门"事件，暴露出各国的国家核心数据安全均遭严重威胁。2014 年俄乌网络战，导致整个克里米亚地区陆上通信、移动通信和网络服务中断。2015 年圣诞节前夕，乌克兰伊万诺-弗兰科夫斯克州大规模停电，数万"灾民"不得不在严寒中煎熬。2019 年委内瑞拉停电事件，导致社会严重动荡。这些事件一次次证明，关键信息基础设施一旦遭到攻击、破坏或数据泄漏,将严重危害国家安全、国计民生、经济发展。这些鲜活的事例也在警示我们,关键信息基础设施安全问题不可一日不防。

第2节　履行网络安全保护义务

◇ 案例:未履行网络安全保护义务被罚款 80,000 元

警方发现某市水务集团远程数据监测平台遭到黑客攻击,致使网页被篡改。事发后,警方第一时间派出网络安全应急处置小组到该中心网站所在地进行处置和调查。经查,某市水务集团网络安全意识淡薄,网络安全管理制度不健全,网络安全技术措施落实不到位,未留存 6 个月以上的网络日志。

针对此案,警方依据《网络安全法》第五十九条第一款之规定,给予该水务集团 80,000 元罚款的行政处罚,同时分别对三个部门相关责任人李某、张某、李某给予 15,000 元、10,000 元、10,000 元罚款的行政处罚。

案例提示:水利行业作为网络安全建设中的重点行业,对行业实施安全保护意义重大。

《网络安全法》相关法条也对这样的情形进行了规定。

《网络安全法》第二十一条规定:国家实行网络安全等级保护制度。网络运营者应当按照网络安全等级保护制度的要求,履行下列安全保护义务,保障网络免受干扰、破坏或者未经授权的访问,防止网络数据泄露或者被窃取、篡改:(一)制定内部安全管理制度和操作规程,确定网络安全负责人,落实网络安全保护责任;(二)采取防范计算机病毒和网络攻击、网络侵入等危害网络安全行为的技术措施;(三)采取监测、记录网络运行状态、网络安全事件的技术措施,并按照规定留存相关的网络日志不少于六个月;(四)采取数据分类、重要数据备份和加密等措施;(五)法律、行政法规规定的其他义务。《网安法》第五十九条规定:网络运营者不履行本法第二十一条、第二十五条规定的网络安全保护义务的,由有关主管部门责令改正,给予警告;拒不改正或者导致危害网络安全等后果的,处一万元以上十万元以下罚款,对直接负责的主管人员处五千元以上五万元以下罚款。

由此可见,公民个人信息保护已经成为我国当前的立法保护要点,网络运营者千万不可忽视,只有在日常工作中加强保护意识,才能防止信息外泄。

第3节　履行网络信息安全审核义务

◇ **案例:未履行网络信息安全审核义务被罚款 10 万元**

　　警方在检查中发现,某网站身为从事国际联网业务的单位,未按照相关法律规定对其用户发布的信息进行管理,对法律、行政法规禁止发布或者传输的信息未立即停止传输、采取消除等处置措施,造成网站出现大量网络招嫖类违法信息的严重后果。

　　针对此案,警方依据《网络安全法》第四十七条、第六十八条规定,对该公司予以罚款 10 万元。

　　案例提示:国际联网业务行业也属于网络安全建设中的重点行业,履行网络信息安全审核义务是行业必须要做到的。

《网安法》第四十七条规定,网络运营者应当加强对其用户发布的信息的管理,发现法律、行政法规禁止发布或者传输的信息的,应当立即停止传输该信息,采取消除等处置措施,防止信息扩散,保存有关记录,并向有关主管部门报告。

此外,《网安法》第六十八条对违反网安法第四十七条的行为也做出了规定。网络运营者违反本法第四十七条规定,对法律、行政法规禁止发布或者传输的信息未停止传输、采取消除等处置措施、保存有关记录的,由有关主管部门责令改正,给予警告,没收违法所得;拒不改正或者情节严重的,处十万元以上五十万元以下罚款,并可以责令暂停相关业务、停业整顿、关闭网站、吊销相关业务许可证或者吊销营业执照,对直接负责的主管人员和其他直接责任人员处一万元以上十万元以下罚款。电子信息发送服务提供者、应用软件下载服务提供者,不履行本法第四十八条第二款规定的安全管理义务的,依照前款规定处罚。

可见,重点行业在日常经营过程中,不但要履行网络安全义务,更要履行网络信息安全审核义务,要对在本平台发布的信息承担相应的责任后果。

第 4 节　履行公民个人信息保护义务

◇ **案例:**警方发现,某炒股 App 存在超范围采集用户个人信息及手机权限的情况,立即前往该公司进行现场检查。经检查,该 App 采集用户个人信息和手机权限时,在获取读取手机状态和身份、发现已知账户、拦截外拨电话、开机时自动启动四项权限中存在超范围采集用户个人信息的情况。

依据《网络安全法》第四十一条、第六十四条规定,对该软件公司予以警告的行政处罚,责令限期整改。

《网络安全法》第四十一条规定,网络运营者收集、使用个人信息,应当遵循合法、正当、必要的原则,公开收集、使用规则,明示收集、使用信息的目的、方式和范围,并经被收集者同意。网络运营者不得收集与其提供的服务无关的个人信息,不得违反法律、行政法规的规定和双方的约定收集、使用个人信息,并应当依照法律、行政法规的规定和与用户的约定,处理其保存的个人信息。而《网安法》第六十四条对违反网安法第四十一条的行为也做出了规定。网络运营者、网络产品或者服务的提供者违反本法第二十二条第三款、第四十一条至第四十三条规定,侵害个人依法得到保护的权利的,由有关主管部门责令改正,可以根据情节单处或者并处警告、没收违法所得、处违法所得一倍以上十倍以下罚款,没有违法所得的,处一百万元以下罚款,对直接负责的主管人员和其他直接责任人员处一万元以上十万元以下罚款;情节严重的,并可以责令暂停相关业务、停业整顿、关闭网站、吊销相关业务许可证或者吊销营业执照。

可见,公民个人信息保护已经成为我国当前的立法保护要点,重点行业千万不可忽视,只有在日常工作中加强保护意识,才能防止公民信息外泄。

第 14 章 新兴技术下的网络安全

第 1 节 新兴技术概述

随着数字时代的来临,以人工智能技术、量子信息技术、区块链技术为代表的新兴信息技术进入了高速发展周期。通过与社会经济生活建立广泛链接,新兴技术正在嵌入人类社会的生产生活进程,并逐渐展现出巨大的影响力。通过与政治、经济、军事等领域既有结构的深度融合,新兴技术正在潜移默化地改变着这些领域运行的底层逻辑,对原本稳定的国家安全结构产生了直接的影响,从而构成了安全的新挑战。只有明确新兴技术安全风险的影响范围与路径,国际社会才能通过协商建立有效的治理体系,建设符合时代要求的安全新架构。

哪些算是新兴技术,实际上没有严格而准确的定义。我们认为,我国的新兴技术应该包括基因技术和基因编辑、人工智能技术、机器人学、合成生物学、神经技术、3D 打印、异种移植等。这是目前的看法,可随我们对新兴技术的进一步认识和技术本身进一步发展而有所改变。

新兴技术的特点之一是可能为人和社会带来巨大收益或风险。人工智能可使人类从一般的智能活动中摆脱出来,集中精力创新、发现、发明,然而同人类一样聪明甚至超越人类的人工智能系统一旦失去控制,可能给人类带来威胁。

新兴技术的特点之二是具有不确定性。风险是人们对所采取的干预措施或不采取干预措施可能带来的消极后果的严重程度和发生概率做出的大致预测。当风险的严重程度及其发生的概率可以预测时，我们可采取风险评估和风险管理方法加以应对。与风险不同的是，不确定性是对人们采取何种干预措施或不采取干预措施的未来事态缺乏知识，因而难以预测其可能的风险的一种状态。我们对所采取的干预措施可能引起的后果难以预测，影响后果的因素可能太多、太复杂，相互依赖性太强而不能把握。

新兴技术主要特点之三是它们往往具有双面性，即一方面可被善意使用，为人类造福；另一方面也可被恶意使用，给人类带来祸害。例如合成流感病毒可用来研制疫苗，也可用来制造武器。而且一门新兴技术越发达，其被恶意利用的可能性就越大。在人工智能软件开发之中，技术越先进，其被利用作为恶意软件、敲诈软件的可能性也就越大，恶意使用者施行攻击的成本降低，攻击的成效提高，影响的规模增大。双面性增加了不确定性，例如我们难以完全掌握恐怖主义利用新兴技术进行袭击的概率，因为不可能获得所有必要的情报信息。

新兴技术主要特点之四是它们会带来我们从来没有遇见过的伦理问题。人工智能对于人类做出的决策能够起到很大的积极作用。算法能在大数据中找出人们的行为模式，然后根据这种模式预测某一群人未来会采取何种行动，包括消费者会购买何种商品，何种人可担任企业的高级执行官，某种疾病在某一地区或全国发生的概率，或在某一地区犯过罪的人有没有可能再犯，等等，然后再根据这种预测制定相应的干预策略。然而，模式是根据数据识别出来的，而数据是人们过去的行为留下的信息，根据从过去行为的数据识别出的行为模式来预测人们未来的行为，就有可能发生偏差或偏见。例如，在美国多次发现算法中的偏差，结果显示种族主义和性别歧视偏见。安保机构往往根据算法确定黑人容易重新犯罪，尽管实际上白人罪犯更容易重新犯罪。由于大数据中往往将"编程""技术"等词与男性联系在一起，"管家"等词则与女性联系在一起，因此，人工智能的搜索软件往往推荐男性做企业高级执行官。

新兴技术的"不确定性"以及"风险性"具有全球性和不可逆性特征。

当前，全球化已成为不可逆转的大趋势。在新兴技术发展过程中，时常发生风险巨大的事件。这些事件均存在两种特征：事实不确定、价值有争议。这些"新兴技术应用"引发了人们对于技术伦理、新兴技术法律法规、监管机制的深入思考。

同时，新兴技术的演化也具有复杂性。实际上，新兴技术产业化过程中的各个环节均涉及许多利益相关者，他们通过包括磋商、对话甚至斗争在内的多种方式来吸引其他利益相关者参与新兴技术政策的制定和实施,这背后隐藏的是对新技术发展中现有权力结构的批判。

另外,新兴技术安全风险与传统风险相比还存在差异性。

不难理解,作为风险防范与治理的重要领域,新兴技术在风险的产生与影响、科技伦理、参与主体、治理模式等多个方面与传统的生产安全风险、社会治理风险有显著差异。

此外,从风险产生与影响方面来看,新兴技术在诞生、发展、成熟的过程中,往往伴随着"创造性毁灭",在创造出高效率、新产品、新产业的过程中,也使旧的技术和产业形态遭到毁灭或废弃,从而引发资源配置、产业形态、社会治理、生态环境等未知的动荡和突变。而从科技伦理方面看,当前世界科技的发展日新月异,跨行业、跨领域的科技交融也极为普遍,而技术发展本身又具有从量变到质变的性质,导致新兴技术往往呈现显著的复合性和不确定性。鉴于新兴技术潜在危害的巨大,加上社会文化的多样性和价值观的差异性,科技伦理问题从新兴技术一开始就显得尤为突出。

从技术层面看,现代技术系统本身就具有高度复杂性。李雪峰教授认为,现代化的重要成果之一在于人工及其管理制度构成的"人造环境—科技手段—专业管理"复合体系。但是,这一复合体系潜藏着巨大的风险,各类安全生产事故、高科技犯罪、科技管理漏洞等都创造或者助推了重大风险事件。而从制度层面和法律层面来看,如果缺少严格有效的监管制度,一旦新技术被泄露,由于缺少人为约束和自然天敌,给人类社会和自然界造成无法估量的损失是必然结果。而且在出现技术风险事故时,人们往往避重就轻,将追究法律责任作为解决问题的首要途径,却忽视了对技术发展各环节的监管,与初衷背道而驰,这也间接导致了技术出现社会风险。

新兴技术是一把双刃剑,不可以因为其为人类带来益处就对其风险掉以轻心。比如在互联网时代早期,人们常常会遇到一些麻烦,如下载的文件有病毒,打开文件或程序导致电脑蓝屏,甚至是电脑的数据被窃取等。在如今的互联网时代,病毒仍然存在,可是却很少发生类似当年"熊猫烧香"、各种盗号木马横行的大规模感染事件。一方面,是用户的安全意识逐渐增强,对一些"垃圾程序"会辨别了;另一方面,安全软件也越来越多、越来越强大,使病毒难以入侵我们的电脑。在我们付出了惨痛的代价之后,认识到了一个道理,即应当建立良好的安全防护体系,并采取相应的安全措施。

虽然新兴技术伴随着种种安全风险,但新技术的发展能为我们的未来带来更多的可能性,不能因为对被科技反噬的担忧就停止发展。例如,自动驾驶技术已经被研究了多年,但要真正普及商用,还需要一段时间,不过目前很多科技园区的自动驾驶、某些城市的无人公交和无人出租车都已经开始试运行。无人驾驶是时代发展的趋势,我们又怎能因为担心无人驾驶出现事故就停止发展无人驾驶技术呢?在不久的将来,无人驾驶只会比人类的驾驶要安全千倍万倍,而对于众多新兴技术来说也是同样的道理。

由于新兴技术也带来了安全威胁,我们必须注重安全建设。如果企业不加强网络安全、信息安全建设,公司内部的核心数据、核心机密就有可能被窃取,这甚至会动摇企业经营的根本。因此,企业就需要注重安全建设,在面对新技术的诞生时,努力尝试新技术以改善现有方案,更全面地建立顶层安全思维,让企业更早地布局安全建设。

第 2 节　人工智能与信息安全

当今社会已经进入信息时代,信息社会的主要资源就是信息。这些信息资源及其以大数据、人工智能、云计算和网络通信为主的信息处理技术共同形成信息产业,逐步在经济和社会发展中发挥主导作用。

当信息的共享突破时空限制的时候,所有人类高端的生产、生活、学习形态都以信息的获取、存储、处理以及再产生为基本模式。这其中又以信息处理环节为核心。而人工智能技术正是借助算法和计算能力,仿照人脑同时在很多方面超越人脑的信息处理技术,因此人工智能技术将是构成信息社会的核心技术。

鉴于人工智能技术对信息社会的重大推动作用,我国"国家互联网+行动计划"和"十三五"国家科技创新规划均将人工智能作为战略型新兴产业,同时部署了智能制造等国家重点研发计划和专项,对人工智能产业予以大力扶持。2017 年 7 月国务院发布了《新一代人工智能发展规划》,提出了我国人工智能发展"三步走"的目标。

第一步,到 2020 年人工智能总体技术和应用与世界先进水平同步,人工智能产业成为新的重要经济增长点;第二步,到 2025 年人工智能基础理论实现重大突破,人工智能成为带动经济转型的主要动力;第三步,到 2030 年人工智能理论、技术与应用总体达到世界领先水平,成为世界主要人工智能创新中心。这是国家层面的战略规划,必将得到强有力的推进和实施。

工业革命中出现了动力和机器，曾经大量繁重的体力工作被机器替代，从而大大提高了社会的生产效率。人工智能的出现也将把人们从繁重的脑力劳动中解放出来。人工智能技术是知识和数据双驱动的产物，随着信息社会中数据的膨胀，人工智能的数据样本趋于丰富，人类的一些规则明确、烦琐单一的脑力劳动直至分析、决策、规划等高端脑力劳动都可以逐步被人工智能替代。人工智能技术给人类带来的影响，可能远远超过计算机和互联网在过去几十年间给人类世界带来的改变。

但人工智能也存在一定的安全问题：

一是由人工智能技术滥用引发的安全威胁。人工智能对人类的作用很大程度上取决于人们如何使用与管理。如果人工智能技术被犯罪分子利用，就会带来安全问题。例如，黑客可能通过智能方法发起网络攻击，智能化的网络攻击软件能自我学习，模仿系统中用户的行为，并不断改变方法，以期尽可能长时间地停留在计算机系统中；人工智能技术甚至会被用来左右和控制公众的认知和判断。

二是由技术或管理缺陷导致的安全问题。作为一项发展中的新兴技术，人工智能系统当前还不够成熟。某些技术缺陷导致工作异常，会使人工智能系统出现安全隐患，比如深度学习采用的黑箱模式会使模型可解释性不强，机器人、无人智能系统的设计、生产不当会导致运行异常等。另外，如果安全防护技术或措施不完善，无人驾驶汽车、机器人和其他人工智能装置可能受到非法入侵和控制，这些人工智能系统就有可能按照犯罪分子的指令，做出对人类有害的事情。

三是未来的超级智能引发的安全担忧。远期的人工智能安全风险是指未来超级智能引发的安全担忧。假设人工智能发展到超级智能阶段，这时机器人或其他人工智能系统能够自我演化，并可能发展出类人的自我意识，从而对人类的主导性甚至存续造成威胁。比尔·盖茨、斯蒂芬·霍金、埃隆·马斯克、雷·库兹韦尔等人都在担忧，对人工智能技术不加约束的开发，会让机器获得超越人类智力水平的智能，并引发一些难以控制的安全隐患。一些研究团队正在研究高层次的认知智能，如机器情感和机器意识等。尽管人们还不清楚超级智能或"奇点"是否会到来，但如果在还没有完全做好应对措施之前出现技术突破，安全威胁就有可能爆发，人们应提前考虑到可能的风险。

人工智能技术在信息安全方面带来的不只是威胁和风险，也对信息安全技术的提升有很大帮助。人工智能在信息安全领域的应用十分广泛,包括生物特征识别、漏洞检测、恶意代码分析等诸多方面。

一、基于生物特征的身份认证和访问控制

基于生物特征的身份认证和访问控制是目前人工智能技术应用最成功的信息安全领域。从前制约生物特征识别技术在信息安全领域应用的关键问题是漏报率与误报率达不到实用要求。而利用以深度学习为核心的人工智能技术,科研人员已经将人脸、语音、指纹等生物特征的识别率大大提升。以人脸识别为例,目前的准确率已经达到99%以上,技术的进步为生物特征识别的应用打下了良好基础。目前,已经有人脸支付等相关产品面世。支付领域的应用涉及社会和金融安全,在人脸识别的漏报、误报和检测准确率这些指标没有大幅提升的前提下是不可想象的。

二、漏洞检测技术领域

人工智能在处理海量数据方面极具优势,通过对样本的训练可以模拟大量的攻击模式,可以基于人类已有经验,也可以抛开人类经验进行全新的样本空间学习和探索,这样的技术解决思路将大大提高漏洞检测的全面性、准确性和时效性。

三、恶意代码检测领域

人工智能拥有强大的自主学习和数据分析能力,能够加速响应的流程,提升自动化和响应效率,缩短从发现到响应的间隔。这就为提前预知危险、及时预警并处理、将危险扼杀在摇篮中提供了可能,进而大大提高网络安全防御的敏捷性。

人工智能将成为推动我国信息社会变革的创新科技。

国务院颁发的《新一代人工智能发展规划》提出:"人工智能在教育、医疗、养老、环境保护、城市运行、司法服务等领域广泛应用,将极大提高公共服务精准化水平,全面提升人民生活品质。"但是,这项技术的发展也会产生冲击法律与社会伦理、侵犯个人隐私的问题。为最大程度降低人工智能带来的安全风险,应从管理和技术两方面采

取一系列应对措施。

我们相信，在发展技术的同时，重视可能存在的安全风险，在政府层面约束规范，进行良性引导，在技术层面最大程度地规避风险，才能确保人工智能技术在我国安全、可靠、可控地发展。

对于人工智能安全风险的应对措施可以从技术和管理两方面入手。技术方面，推动大数据时代用户隐私和数据保护技术的研究、提高人工智能技术和产品的内生安全性设计水平、对智能产品和技术应用可能带来的威胁风险进行从监测到应急处置等全安全要素的监控，提高风险控制与处置能力。管理方面，开展立法研究，建立适应智能化时代的法律法规体系；制定伦理准则，完善人工智能技术研发规范；提高安全标准，推行人工智能产品安全认证，加强对人工智能技术和产品的监管。

第3节　区块链技术与信息安全

区块链技术是一种高级数据库机制，允许在企业网络中透明地共享信息。区块链数据库将数据存储在区块中，而数据库则一起链接到一个链条中。数据在时间上是一致的，因为在没有网络共识的情况下，不能删除或修改链条。因此，可以使用区块链技术创建不可改变的分类账，以便跟踪订单、付款、账户和其他交易。区块链是一个共享的、不可篡改的账本，旨在促进业务网络中的交易记录和资产跟踪流程。几乎任何有价值的资产都可以在区块链网络上进行跟踪和交易，从而降低各方面的风险和成本。

通俗一点说，区块链技术就指一种全民参与记账的方式。所有的系统背后都有一个数据库，可以把数据库看成是一个大账本。那么谁来记这个账本就变得很重要。目前就是谁的系统谁记账，微信的账本就是腾讯在记，淘宝的账本就是阿里在记。但现在的区块链系统中，每个人都可以有机会参与记账。系统会评判这段时间内记账最快最好的人，把他记录的内容写到账本上，并将这段时间内的账本内容发给系统内的其他人进行备份。这样系统中的每个人都有了一本完整的账本。这种方式，就称为区块链技术。

传统数据库技术为记录金融交易带来了很多难题。例如，在房地产销售领域，交换资金后，房地产的所有权将转移给买方。买卖双方中的任何一方均可记录货币交易,但任何一方的来源均不可信。即便卖方已收款,也可轻松声称他们未收款;同样,即便买方未付款,也可辩称他们已付款。因此,为了避免潜在的法律问题,需要一个可信的第三方负责监督和验证交易。但这种中央机构的存在,不仅会使交易复杂化,还会造成单点漏洞。如果该中央数据口遭到入侵,双方都有可能蒙受损失。而区块链通过创建去中心化的防篡改系统来记录交易,可以解决此类问题。在房地产交易场景中,区块链可分别为买方和卖方创建一个分类账。所有交易都必须获得双方批准,并将在双方的分类账中实时更新。历史交易中的任何损坏都会导致整个分类账损坏。区块链技术的这些属性可以使其用于各个行业部类,包括比特币等数字货币的创造。

区块链的关键元素有分布式账本技术、不可篡改的记录以及智能合同。分布式账本技术,是指所有网络参与者都有权访问分布式账本及其不可篡改的交易记录。使用此共享账本,交易仅需记录一次,从而消除了传统业务网络中典型的重复工作。不可篡改的记录指的是在交易被记录到共享账本之后,任何参与者都不可以更改或篡改交易。如果交易记录中有错误,则必须添加新交易才能撤销该错误,这两个交易随后都是用户可视的。智能合同则是为了加快交易速度,区块链上存储了一系列自动执行的规则,也称为“智能合约”。智能合约可以定义公司债券转让的条件。

区块链的运作原理大体如下:首先,每个交易发生时,都会被记录为一个数据“块”,这些交易表明资产的流动,资产可以是有形的(如产品),也可以是无形的(如知识产权)。数据块可以记录首选信息项,即“谁”“什么”“何时”“何地”“多少”,甚至“条件(如食品运输温度)”。其次,区块链拥有不可篡改的记录。随着资产位置的改变或所有权的变更,这些数据块形成了数据链。数据块可以确认交易的确切时间和顺序,将数据块安全地链接在一起可以防止任何数据块被篡改或在两个现有数据块之间插入其他数据块。最后,区块链交易被封闭在不可逆的区块链中,每添加一个数据块都会加强对前一个数据块的验证,从而增强整条区块链。这不但消除了恶意人员进行篡改的可能性,还建立了与其他网络成员可以信任的交易账本。

区块链技术具有很多传统数据库技术所没有的优点。第一,区块链技术拥有更高的信任度,区块链网络中的一员可以确信自己收到的数据是准确的、及时的,并且机密区块链记录只能与特别授予访问权限的网络成员共享。第二,区块链中的记录是不可篡改的。所有的网络成员都需要就数据准确性达成共识,并且所有经过验证的交易都将永久记录在案,不可篡改。没有人可以删除交易,即使是系统管理员也不例外。第三,区块链交易拥有更高的效率。在网络成员之间共享分布式账本可以避免在记录对账上浪费时间。同时为了加快交易速度,区块链上还存储了一系列自动执行的智能合约。

不过,任何新兴技术都有两面性,区块链技术也毫不例外。它也存在一定的安全风险,可以从技术风险、数据风险以及应用层风险三个方面进行综合分析。

在技术风险方面,综合来看,智能合约对区块链安全性的影响最为显著。据白帽汇对 2011 年到 2019 年区块链相关安全事件的统计,区块链技术安全风险主要集中在应用层和合约层。特别是 2019 年,合约层所导致的安全事件数量已占全部事件的 75%,合约层安全问题已经成为区块链技术安全的首要风险因素。由于智能合约虚拟机运行在区块链的各个节点上,接受并部署来自节点的智能合约代码,若虚拟机存在漏洞或相关限制机制不完善,很可能运行来自攻击者的恶意的智能合约,这也大大提升了区块链系统被该方式攻击的可能性。在数据风险方面,德国亚琛工业大学学者通过对比特币所有历史交易数据的研究发现,目前大约有 1600 个文件存储在比特币的区块链中,其中至少有 8 个是色情内容,1 个疑为虐童图片,2 个含有虐童内容的链接,还有 142 个链接指向暗网服务。由于以上内容无法删除,每个比特币记账节点均储存有上述信息,这为比特币系统和记账节点的合法性带来巨大隐患。在应用层方面,目前区块链的应用广度正在不断拓展,加密货币是区块链目前最成熟的应用之一。区块链某些加密货币具备的不可撤回、不可审查的特性,非常容易被各种不法分子用于非法交易,例如恐怖主义融资、非法武器或麻醉品交易、毒品交易等。

不过,对于上面提到的区块链安全风险,也不需要过多地担心。我国对区块链领域的监管相较于其他国家更为严厉,这为我国区块链产业发展带来一定影响。我国区块链相关监管机构在各个防线采取的具体监管手段如下:

第一,深入区块链核心技术研究,加强技术监管力度。区块链组合了多种信息技术,因此区块链的监管必须建立在掌握核心技术的基础上。我国应结合实际,扩大国密算法应用范围,深入区块链核心技术研究等,保证相关技术合理规范使用。

第二,建立可信第三方审核机制。区块链涉及多种技术组合使用,系统集成度高,系统应用方甄别难度较大。中国信息通信研究院发起的可信区块链系列测评通过专业测试、专家评审、同行评议等手段,以第三方可信测评的方式提升区块链行业透明度,帮助用户降低区块链使用风险。

第三,丰富监管的多样性,提高监管的适应性,建立多种技术手段,健全监管体系。首先,在重点行业区块链系统中为监管机构开设监管节点,提高监管穿透性和及时性。其次,借助区块链交易数据全部公开的特性,在打击跨境犯罪、境外追赃追逃方面提供助力。最后,充分利用新兴技术积极发展监管科技,提升监管部门的风险实时感知和预测能力。

第四,建立负面清单、划出监管底线。区块链作为新生事物,在技术不断发展的同时,将不可避免地出现规避监管的问题。因此,监管机构不但要鼓励区块链的探索,而且从初期就要建立负面清单,明确监管底线,加强清单管理。通过建立负面清单,让各方在守住底线的基础上积极探索,既要提高包容度,支持创新,为创新预留空间,又要守住底线,防止越界。

第 4 节 元宇宙与信息安全

元宇宙概念最初来自 1992 年的科幻小说《雪崩》,这本小说描述了一个平行于现实世界的网络空间世界,可以让现实世界中受到地理空间隔绝的人们通过各自的“数字分身”沉浸在这个创造的虚拟科技社会中进行交往娱乐。在 2018 年上映的科幻电影《头号玩家》中,人们通过虚拟现实头盔进入名为“绿洲”的虚拟世界,该世界具有相对完整的经济社会系统和数字生产流通模式,呈现出最符合当今人类想象的元宇宙形式。

根据维基百科的定义,元宇宙是可通过虚拟现实技术进入,并可实现虚实交互的一个未来持久化和去中心化的人造在线三维虚拟世界。《2020—2021 年元宇宙发展研究报告》中提到,元宇宙是整合扩展现实、数字孪生、区块链等多种新技术的新型虚实相融的互联网应用和社会形态。元宇宙的特点包括以下几点:建立在人工智能、交互技术、网络通信、物联网技术、新型计算等底层支撑技术之上;既可产生于现实,也可产生于虚拟;不会仅局限于三维虚拟空间,而将会融入与人类世界一样的四维时空或者更高维度时空。

元宇宙的发展阶段依次为数据创生、数字仿生、虚拟镜生、虚实共生四个阶段。目前元宇宙正在经历数据创生、数字仿生阶段(表 14-4-1)。

表 14-4-1　元宇宙的发展阶段

阶段	抽象层级	空间范畴	时空维度	关键技术	虚实交互
数据创生	点	应用(程序)	二、三维	VR、AR 等(底层支撑)	单向感官
数字仿生	面	场景(平台)	三维	数字孪生(虚拟现实)	单向感知
虚拟镜生	空间	社会(跨平台)	四维	脑机接口(脑科学)	对等交互
虚实共生	元宇宙	生态(融平台)	四维以上	量子物理(物理学)	无感交互

元宇宙成为 2022 年科技领域最受关注的概念,各大科技公司纷纷强化布局,部分国家亦给予高度重视,背后原因涉及以下几个方面:

首先,元宇宙底层支撑技术日趋成熟,技术和经济潜力并未被充分挖掘出来,急需新的应用场景。当前元宇宙的内容生产、存储认证、网络通信、虚实交互等要素运行,主要依托人工智能、数字孪生、区块链、5G、VR、物联网等技术融合,这些技术均处于高速发展阶段,但却一直没有对应的创新应用和颠覆性产品出现。而且,互联网应用渗透的用户数量已接近上限,这些亟须着眼未来进行布局投入。同时,随着新一代通信、运算、可视技术的显著进步,新的数字生态和数字应用正日益拓展,元宇宙将成为承载新生态和应用的理想平台。此外,新冠疫情催生多种典型的线上应用,加速元宇宙体系成熟。一方面,新冠疫情防控进入常态化阶段后,全社会的上网时间大幅增加,疫情倒逼"宅经济"快速发展,正在加速社会的虚拟化;另一方面,原先短期的线上工作生活由例外状态成为常规状态,由原先现实世界的补充变成必要,人类现实生活开始向虚拟生活转变,人类逐渐成为现实与数字的"两栖物种"。随着线上应用中虚拟世界功能的不断增加,甚至接近现实世界,未来将逐步双向打通"虚拟—现实",实现数据等生产要素流通畅通。

总的来说,元宇宙具有巨大的商业价值和应用前景,利益驱动资本入局。元宇宙作为一个开放复杂的系统,是由各类软硬件设备和现实环境构建而成的超大型数字应用生态,有望突破当前互联网应用饱和的瓶颈,蕴含着以虚拟经济为代表的新经济形态,其产业的拓展空间和发展潜力都非常巨大。随着新技术应用的不断开发,元宇宙将进一步带动虚拟现实相关产业迎来爆发。

如今,元宇宙的发展依然处于探索之中,仍没有确切的定义。但我们能够确定一些元宇宙的关键技术,当中包括运算技术、展示技术、通信技术以及建模技术等。

一、运算技术

元宇宙的一个重要元素是可以与人们联结。元宇宙可以基于 VR/AR 技术实现互动体验,但 VR/AR 技术需要消耗大量数据,那么将数据传输至云端计算再反馈至设备就是一个很好的方案。

元宇宙的数据量爆发导致算力需求激增,云计算被认为是元宇宙最重要的基础设施之一。依靠普通百姓的计算机设备来运行元宇宙庞大的代码是不现实的,而云计算就是一个很好的解决方案。

二、展示技术

作为连接现实世界与元宇宙的重要桥梁,如果没有展示技术,那么元宇宙对于人类来说就是一具空壳。目前的展示技术软肋在于无论是显示器件还是图像处理与渲染算法,都尚不能完全满足元宇宙应用的技术指标要求。市面上主流的 AR/VR 显示器件大多存在着重量大、功耗大、解析度差、色偏严重等问题,使用者常伴有眩晕感,要获得一款又轻又好的显示模组,需要材料学与光学的重大突破。展示技术仍然需要一定的时间去沉淀、发展。

将元宇宙展示给人们观看的技术离不开虚拟现实(VR/AR)。元宇宙能够提供更好的虚拟体验,例如虚拟购物、虚拟试衣等,购物者可以突破网上购物的障碍,在家里就可以选择最适合他们的商品。

三、通信技术

元宇宙的一个功能是增强人们之间的联结,实现低延迟的连接对通信技术尤其是5G 提出了更高的要求。元宇宙会是 5G 的重要应用场景。5G、6G 等相关的通信技术会在元宇宙风潮下得到莫大的发展,元宇宙也会因 5G、6G 等相关的通信技术快速发展而提供更加真实的虚拟体验。

连接进入元宇宙需要输入"参数",即前往哪里、下哪些指令等,就好比打游戏敲键盘输入指令。人们进入元宇宙所输入的参数远比敲键盘所产生的指令要复杂得多，传感设备采集我们的"输入参数"，丢到云端中进行运算再转换成元宇宙能理解的参数，从而让元宇宙里虚拟化的我们能够动起来或是下指令。

四、建模技术

　　传达完了指令，接下来是元宇宙的建模部分。元宇宙中的一切物体、建筑等都是虚拟化的，这就涉及了建模的部分。想要搭建一个逼真且庞大的元宇宙世界，就需要强大的云技术来支持强大的模拟能力。人类连接元宇宙需要得到一定的"反馈"，云技术经过一定的运算之后再把"反馈"传回给我们手边的设备，从而给予我们一定的感知反馈。要成为一个真正的沉浸式平台，元宇宙就需要三维环境。从场景、周边产品到虚拟形象，构建元宇宙离不开建模。构建庞大的 3D 虚拟世界需要海量且高质量的 3D 内容支撑，以还原真实世界。

　　元宇宙和其他新兴技术一样，也面临着安全问题。

　　首先，是技术漏洞。除了人们熟悉的普通网络钓鱼、恶意软件和黑客攻击之外，由于其基础架构，元宇宙可能会带来全新的网络犯罪。元宇宙采用的技术集成模式令其可能蕴藏更多的设计缺陷或漏洞。这些漏洞既有可能破坏系统本身的正常运行，也有可能被攻击者利用。例如，5G 技术作为实现元宇宙的网络基础设施，实现了通信和计算的融合，基于大数据、人工智能的网络运维降低了人为差错，提高了网络安全的防御水平。不过，5G 的虚拟化和软件定义能力以及协议的互联网化、开放化也带来了新的安全挑战，很有可能给网络带来更多的攻击。物联网中的通信方式主要采用无线通信，以及大量使用电子标签和无人值守设备进行通信。不过，由于成本、性能等方面的限制，物联网大部分所使用的终端属于弱终端，极易遭到非法入侵。这些技术遇到的问题，同样也有可能是元宇宙未来要面临的问题。

　　其次，元宇宙还存在数据风险。元宇宙作为一个虚拟空间，需要对用户的身份属性、行为路径、社会关系、财产资源、所处场景等信息进行深度挖掘及实时同步。显然，元宇宙收集到的个人数据的数量以及种类丰富程度将是前所未有的，而这些数据在元宇宙中可能被盗用或被滥用。

　　最后，元宇宙还可能受到硬件攻击。元宇宙依赖硬件。元宇宙以外部数字设备为中心,如虚拟现实耳机等,如果不加以保护,很容易成为黑客攻击的目标。通过这些头戴式设备或任何未来肯定会推出的可穿戴设备获取的数据本质上是非常敏感的。数据落入不法之徒手中,很容易成为网络罪犯讹诈威胁用户的资本。此外,当人类和企业组织不仅生活在现实世界中,而且还生活在元宇宙中时,知识产权可能更难保护。

当前,元宇宙尚处于概念完善和产品探索阶段,距离形成完整的数字生态仍有很大差距。

因此,需理性看待元宇宙的商业价值,既要把握前沿技术和新兴领域的发展机遇,也要匹配必要的监管和引导,统筹发展与安全,立足我国电子信息产业现状,着重针对元宇宙可能带来的安全风险进行超前布局并提前做好应对准备,为突破现有互联网行业发展瓶颈、推进网络空间治理体系和治理能力现代化提供实践支撑。不过,对于元宇宙中的安全风险我们也不必过分担忧,现阶段我国已经出台了许多政策来应对安全风险。

(1)构建数字治理监管体系

首先,坚持促进发展与依法管理相统一,构建面向元宇宙的数字治理监管体系。不断完善国家在数字治理领域的相关立法工作,特别是人工智能、大数据、区块链等信息技术领域,结合一线法官、律师等法律工作人员的实践经验,建立一套适应元宇宙发展的法律规则。根据《网络安全法》《数据安全法》《个人信息保护法》等,进一步制定出台配套管理办法和实施细则,强化企业的数据合规性,确保在操作层面满足重要数据和个人信息安全保障与防护要求。加快完善数字资产、虚拟财产、数据交易(包括数据确权等)、智能算法、内容生产等方面的规章制度,加快面向元宇宙新技术应用的综合治理手段建设。加大对元宇宙相关领域投融资的审查和监管力度,有效抑制资本操纵、维护市场竞争秩序。从多视角、多层面研究构建元宇宙伦理框架和道德准则。

(2)激发产业创新开放发展

坚持自主创新和开放融合并重,激发我国元宇宙产业高质量发展潜力。密切跟踪和分析美国、日本、韩国等国家的元宇宙相关技术产业发展情况及优劣势,加大我国芯片、云计算、虚拟现实、数字孪生、人工智能等信息技术领域以及脑科学、量子物理等基础研究领域的自主创新力度,趁势补齐我国信息通信技术产业链和供应链短板。依托我国在5G、网络游戏、网络社交、智能可穿戴等方面的商业优势和发展潜力,稳步提高相关产业技术成熟度,参与推动元宇宙相关领域行业和国际标准制定,加快我国互联网和高科技企业国际化建设步伐,打造具有全球竞争力和创新力的数字产业集群。

(3)夯实网络信息安全支撑

坚持开放环境下保安全,提升针对元宇宙的网络信息安全研究与支撑能力。针对元宇宙多模态、深层次、超实时、大容量、跨平台等信息通信和交互模式,深入研究和分析评估元宇宙融合新技术应用可能产生的各类网络安全风险,特别是信息内容安全的威胁和隐患,着力应对虚拟技术安全防御和平台间互联互通隐私保护等关键问题,逐步构建面向元宇宙功能的网络和数据安全综合保障体系。适时推动建立元宇宙安全实验室或安全工程中心,加强相关网络信息安全技术研究和储备,建设针对元宇宙系统软硬件及相关产品服务的安全评估与测试验证环境。

第15章 不同场景下的网络安全风险与防范

第1节 财务人员的工作场景

财务人员在日常工作中会接触大量公司的敏感数据,一旦这些数据泄露,不仅会给公司带来经济和名誉上的损失,还会直接影响财务人员自身的前途。同时,由于财务人员掌握着企业银行账号,并拥有一定的划转权限,也会成为犯罪分子重点关注的"猎物"。因此,提升财务人员的网络安全防范能力是十分必要的。

9:00 登录会计系统

进入公司后,财务人员往往要先登录会计系统,再开始新的一天的工作。

1.账户管理

财务人员应当对会计系统的登录账号进行妥善管理:即使是同事,也不能与其进行账户共享,更不能把账户分给没有访问权限的人。需要联网时,应当注意避免使用公共 Wi-Fi,避免网络攻击,可以使用自己手机中的"热点"功能,保证网络安全性。另外,在使用完会计系统后,应当及时退出账户,避免被别有用心之人利用。

2.密码管理

不对密码进行妥善管理会出现多重风险。

例如,如果与他人共用账号和密码,可能会无法追踪到密码的更改情况,增加数据泄露的风险。而一旦密码被修改,用户本人就会无法追踪到账户的具体使用情况,那么他人就可以以原用户的名义进行任何操作,包括破坏数据、访问机密内容等,给公司和个人都会带来巨大的损失。

还有很多用户为了便于记忆,会习惯在不同的账号或系统中使用同一组密码,这会增加多个账号和系统被侵入的危险,对于具有公司账号权限的财务人员,更会直接威胁到公司的账号安全。

因此,在进行密码管理时,建议用户每三个月就进行密码的更改,并尽量使用高强度的密码。为了便于记忆,可以使用专业的密码管理器进行记录,千万不能在便签纸上随意记录,更不能把自己的密码分享给他人。另外,对于不同的账户和系统应当尽量使用不同的密码,以免黑客对某一个账户攻击成功后,就获取了用户所有账号的使用权限。为了保证安全,启用多重验证,例如短信验证码、回答提前设置好的安全问题、指纹验证等智能识别方式,也是十分推荐的。

9:30 收集数据,并准备财务报告
成功登入公司的会计系统后,是时候开始收集数据并准备财务报告了。

1.分辨关键的财务数据资产

分辨关键财务数据大体可以按照以下四个步骤进行:首先,要对财务数据进行风险评估,确保自己已经清楚地了解了公司或组织对这些财务数据的监管和保密要求;其次,对这些财务数据进行分类,包括"可公开的数据""内部使用数据""机密数据"和"限制级数据",它们的机密层级是不断提高的;再次,需要确定所有财务数据的存储位置,例如使用云端存储服务、本地存储等;最后,需要持续监控和管理财务数据,例如是否存在数据更改或违反保密要求的情况。

对于财务数据的分类可以参照以下标准:"可公开的数据",是指可以被公众访问且不会对公司造成任何重大损失的数据,例如新闻稿、在公司官方网站上已经公布的信息等;"内部使用数据",是指仅能在公司内部使用和共享的信息,例如,内部的电子邮件和内部管理政策等;"机密数据",是指一旦泄露就可能会对公司的正常运营产生负面影响的数据,例如客户资料和合同内容等;"限制级数据",是指一旦泄露则可能会导致公司面临财务或法律风险的数据,例如未对外公开的年报、重要商业机密等。

2.管理财务和会计数据的行为规范

财务人员应当提前制订好可实现的数据恢复计划,每天对财务和会计等重要数据进行备份,每年审核一次财务和会计数据,以免数据丢失或发生错误;应当对数据的访问权限进行合理限制,对"机密数据"和"限制级数据"进行加密,并经常分析和检查数据是否符合监管要求,以对数据管理方案进行及时的调整;在需要发送机密数据和文档时需要特别注意数据的安全问题,尽量使用加密电子邮件;对于起草财务年报中使用的数据更需要谨慎,以免公司机密外泄。

财务人员在工作中会经常使用到 Microsoft Office 中的 Excel 表格,所以应当特别注意避免受到巨集病毒(Macro Virus)的攻击。这是一种可以存储在 Microsoft Office 文件内的电脑病毒,大多针对 MS Excel,是黑客部署安装恶意软件和勒索软件的常用方法,会带来严重的数据或金钱损失。因此,财务人员应牢记,不要随意打开文件附件,即使文件来源是自己信任的人也应当通过其他渠道确认文件内容,避免黑客入侵他人账号后进行扩展性攻击的情况。在使用网站时,切勿从不受信任的网站下载文件,不主动点击页面中弹出的窗口策略或启用内容等,以防攻击者采取攻击手段。

14:00 处理发票和财务交易

除了准备财务报表,处理发票和财务交易也是财务人员的日常工作之一,防范发票欺诈是每一个财务人员的必修课。

那么,什么是发票诈骗呢?这是社会工程学的一种形式,黑客通常会冒充成公司的供应商、商业合作伙伴或公司的高层,通过发送邮件或打电话的方式欺骗财务人员向他们的账户汇款。比如,黑客可能会将正确的邮件地址进行细微的字母或字符上的改动,作为自己的发件地址,使收件人难以察觉,错以为是供应商或高层要求汇款的来信;黑客还可能会发送从各种渠道获得的但实际已经报销过的发票,或者直接伪造莫须有的发票给财务人员要求报销;等等。

财务人员一旦发现发票诈骗或电子邮件欺诈的情况,一定要保持冷静,注意不要回复或打开任何文件,仔细检查电子邮件的域名,并通过电话等其他方式与供应商或公司高管核实,确定收到的是诈骗电子邮件。确定之后,应及时向 IT 部门和领导上报情况。最后,要记得删除邮件,并清空垃圾文件夹。

那么在日常工作中,财务人员应当如何防范商业电子邮件欺诈呢?

最重要的就是时刻保持警觉,例如,不轻信突然改变的汇款要求,在汇款到新账户前需要仔细核实对方身份,不随意打开不确定来源的电子邮件,不下载来源或性质可疑的附件,定期与供应商核对账单,等等。另外,在设备使用上,需要安装并及时更新杀毒软件和防火墙,提升设备的安全防护能力,并避免使用公共场所的电脑等。

18:00 存储、传输数据

到了下班时间,终于结束了一天的工作。该如何防范数据泄露,并保护公司的机密资料呢?

1.数据泄露的潜在风险

造成数据泄露的原因主要有三类,一是在职员工或前员工的恶意行为和犯罪行为,他们可能会利用自身所拥有的访问权限窃取公司的敏感资料,如报价单等卖给竞争公司以获取利益;二是因为员工疏忽大意而泄露公司的敏感资料,如财务人员遗失存有公司机密数据的移动设备等;三是来自黑客的攻击,黑客会通过网络钓鱼或暴力破解的方式窃取公司员工的登录信息,以获取公司的数据访问权限,进而偷取资料。

2.数据泄露的防范

为了防范数据泄露,财务人员应注意避免使用公共无线网络工作;在进行数据存储和访问时,应使用财务部门专用的云端存储空间,并对数据的访问权限进行限制;对于实体发票以及已经带有签名的文件,应将其锁在安全的储物柜中;在使用电子邮件时,应在发件前注意检查收件人列表和抄送人列表,如需传送附件,则应当对文件进行加密;收到附件或链接时应先对来源进行核查,确认安全后再点击打开;不使用 USB 等移动存储设备存储财务数据(即使是加密的 USB 设备,对于存储财务数据来说也是不够安全的);对于弃置的文件材料需要通过碎纸机进行销毁处理。

第 2 节　人力资源部门的员工的工作场景

在人力资源部门工作的人员日常工作中会接收到大量求职者的简历,并需要处理他们的个人资料(包括身份证号码、银行账号、薪金等)。一旦这些数据外泄,会给公司员工和求职者带来隐私泄露的问题。因此,提升人力资源部门人员的网络安全意识是十分必要的。

9:00 招聘,筛选简历

筛选简历,为公司招聘合适的人才是人力资源的首要任务。

由于工作需要,人力资源部门的员工一般拥有访问公司员工银行账户、身份证号等个人资料的权限。同时,由于需要进行网络招聘,他们的电子邮箱地址往往是公开的,且经常需要打开陌生人发送的求职邮件和简历附件。而从事此类工作的人群的网络安全和风险防范意识相对较弱,因此经常会成为黑客发送钓鱼邮件的目标。

1.黑客的攻击

黑客通常通过以下几种手段对人力资源部门的员工进行攻击:一是采用鱼叉式网络钓鱼的方式,直接针对从事人力资源的员工发送带有恶意链接的邮件;二是制作虚假的求职简历,将恶意附件插入其中;三是假冒公司高层,通过发送电子邮件的方式向人力资源索取员工个人资料;四是直接通过将勒索软件植入人力资源的电脑中,加密员工个人身份资料后,向公司勒索钱财。

2.风险防范

为了有效防范攻击,人力资源部门的员工应当在日常工作中做到以下几点:一是注意检查发件人和抄送人列表;二是鼓励求职者发送简历时尽量避免使用 Word 文件,最好使用 PDF 格式;三是不要打开可疑发件人发送的电子邮件附件和链接,更不能下载来源或性质可疑的软件;四是对于格式为.exe/.jar/.cpl/.com/.vbs/.js/.bat/.scr/.pif/Office Macro/RAR/ZIP 的附件,打开时需要格外谨慎,最好在打开附件之前进行文件扫描;五是注意在被要求提供或变更任何个人或员工的资料时,要先对对方的身份通过其他方式(如打电话或面谈等)进行核实;六是对个人电脑进行设备上的安全防护,例如安装并及时更新防病毒软件和防火墙等。

9:30 欢迎新员工
开展员工培训是人力资源部门的重要工作之一。

1.新员工入职培训

无论是普通员工还是管理层,人力资源部门应对每一位新入职的员工进行网络安全相关的培训,详细讲解公司的安保政策和网络安全相关的条例规定,使员工清楚地明白公司对网络安全的重视程度。在培训方式上,可以通过相关真实案例讲解、模拟攻击(如模拟网络钓鱼攻击)等多种形式加深员工的印象和认知度,并通过测试、知识竞赛等方式提升员工的理解程度和学习积极性。在课程内容准备上,需要通过定期审查、更新培训教材的方式确保培训内容紧跟时代,贴近网络安全趋势。

2.日常培训与宣教

除了新员工入职培训以外,对全体员工根据不同的部门、职业特点等进行日常的网络安全培训与宣教也是十分必要的。人力资源部门应每年至少为全公司的员工(包括管理层)提供至少一次网络安全意识培训,通过定期进行模拟网络钓鱼攻击的方式评估员工的网络安全意识水平,并将测试结果纳入员工工作表现的评估标准中,以提升员工对网络安全意识的重视程度。

3.访问控制

(1)物理层面

人力资源部门应根据员工的职能和职级授予员工差异化的访问权(例如,存放机密数据的档案室不应是所有员工都能进入的),并帮助新员工熟悉办公室环境,明确公共空间和这些特殊的空间(即只有有权限的员工才能进入的空间)的区别。应要求员工及时清理办公桌,妥善保管机密文件材料,并设置电脑锁屏。应使所有新员工明确知晓需要带领访客进入办公室时必须进行登记,并仅允许其访问公共空间,且始终有工作人员陪同在侧。

（2）数据层面

人力资源部门应为每位员工分配独一无二的用户名称和账号,并禁止员工之间账号共享,并在系统上对密码设置进行严格要求,即必须使用强密码,且定期更换密码以保障账号安全。在对数据的存取控制上,应实施最小权限访问控制,即仅给予一般员工最低级别的访问权限,如需访问更多信息时则需向管理员提出申请。并依据"有需要知道"的原则,根据员工的职级和职能范围调整其拥有的数据存取权限。

14:00 处理员工薪金和个人资料信息

除了招聘新成员,人力资源部门还需要处理员工的薪金和各类个人资料,那么该如何对这些数据进行妥善保管呢?

1.处理员工个人信息

日常工作中,人力资源部门会涉及多类员工个人的敏感信息,包括:个人识别信息,即身份证号、住址、银行账户信息等可以用来识别个人身份的资料;工作详情信息,即母校、以往的公司和职位说明等个人学习和工作经历;以及个人背景调查结果、雇佣合约、保密协议等公司与员工签订的合同细节和条款;等等。这些信息对于每个个体来说都是十分重要且敏感的,更是黑客想方设法要获得的。那么人力资源部门在管理这些数据的过程中应遵守哪些行为规范呢?

一是处理员工个人信息前必须首先获得员工同意,并制定员工个人信息的处理政策,建立完善的内部管理和监管制度,并定期对数据保护方案进行合规审计;二是制定并组织实施信息安全事件应急预案,一旦发生数据泄漏事件应及时通知员工并采取补救措施;三是应妥善处理过期的员工个人资料,具体可以采用统一烧毁和粉碎等措施;四是在人力资源部门内部管理方面,应对负责不同工作的人力资源岗位的员工根据职能范围授予差异化的权限,例如只负责培训的人力资源员工并不需要接触员工的银行账户资料,则不应具有访问员工该信息的权限;同时,应保留并监控个人资料存取记录,对于任何未经授权即进行数据访问的事件及时进行调查和处理。

2.使用人力资源管理系统

对于人力资源管理系统,人力资源主管应尽量减少特权账号的数量,并贯彻职责分离的原则,即没有员工能在人力资源管理系统中执行所有的特权操作。应监控并记录所有特权账号的活动,定期审查特权账号的访问权限和权限分配(建议频率为每月一次);明令禁止员工之间共享账户;对于特权账户,应进行定期的风险评估,以降低风险。

3.应对员工个人资料变更的请求

对于员工提出的变更个人资料的请求,人力资源部门应为公司制定标准化的程序。首先,员工需要通过登录公司系统或提交申请表的方式,以正规形式提出变更个人资料的请求;其次,人力资源部门对请求者的身份进行核实,以防冒名顶替;再次,核实无误后,需要通过证明文件等方式,对变更资料内容的准确性进行评估;最后,再根据核实和评估结果对员工变更资料的要求予以同意或拒绝。

17:00 处理离职员工的访问控制

有时,离职的员工也会为公司带来风险。

为了避免数据被离职员工盗窃,人力资源部门应当在员工离职前就通过系统中的活动报告、会话记录等记录文件加强对其在公司系统活动的审查,并查看其近期是否有大量数据下载、传输的操作,同时加强对 USB 等移动存储设备的使用管理,如果有员工在办公电脑连接可疑的或未知的设备,应立即对其加以阻止。

员工离职后,人力资源部门需要立刻注销该员工的所有账户(且不再给新员工重复使用),并撤销他们的访问权限(包括收回钥匙,撤销物理访问权限、系统中的数据访问权限、电子邮件等远程工具的访问权限),在电子邮件列表和通信组列表中删除该员工。另外,应设有应急政策和程序,一旦发现有内部攻击时,能够快速有效地采取行动。对于员工所拥有的一切公司资产,包括电脑、电话、平板电脑、USB 设备、移动硬盘、员工证、办公室门禁卡、档案室和储存柜的钥匙、所有实体文件以及个人名片等,都应从员工处收回。

第3节　普通员工的工作场景

人是企业网络安全中最薄弱的环节,是黑客最容易突破和利用的"漏洞",也往往是企业安全投入最少、提升最慢的短板。共同防护组织网络安全是每一位员工都应肩负着的责任。

8:30 抵达公司,将电脑、手机联网

即使是连接 Wi-Fi 这样不起眼的小动作,也可能是给企业带来巨大网络安全隐患的源头。

在办公区周围部署钓鱼 Wi-Fi 是黑客常用的网络攻击方式之一,其名称往往和公司的 Wi-Fi 名称十分相近,员工一旦没有仔细检查,就可能连接虚假的 Wi-Fi,导致信息泄露。有的员工为了工作方便,还会私自搭建个人热点、使用 Wi-Fi 分享器或者破解 Wi-Fi 密码的软件。

这些错误的网络使用行为都会带来一定的网络安全风险:不仅可能导致员工的上网行为被监控,还可能导致通信信息被篡改,使设备感染木马和病毒,甚至使员工收到欺骗链接,造成公司重要信息泄露,给公司名誉和经济带来损害,等等。

为了防范黑客的攻击,员工应时刻遵守办公环境下的网络安全行为规范。例如,在连接 Wi-Fi 时,需要仔细检查 Wi-Fi 名称,确保接入的是公司提供的网络;如果需要处理重要信息或者进行线上交易,则最好关闭 Wi-Fi,使用自己的流量;如果因工作需求确实要另外架设路由器,则必须经过单位批准,并由专业人员进行安全检查,妥善设置、保管密码,确保安全性;另外,还应避免使用 Wi-Fi 密码共享类 App,以免自己的 Wi-Fi 账号和密码等信息被自动共享;在不需要使用 Wi-Fi 和蓝牙时,尽量将该功能关闭;对公司 Wi-Fi 账号密码保密,不允许外人连入;不在办公环境中浏览不良网站、非法网站,避免感染网页病毒;等等。

另外,员工还应当遵守安全文明上网的信息安全管控要求:安装杀毒软件,并保持更新;尽量使用安全浏览器 IE 6.0 以上版本;对超低价、超低折扣、中奖等诱惑提高警惕;收藏经常访问的网站,避免受到仿冒网站欺骗;识别色情、赌博、反动等非法网站,避免访问;等等。在办公上网期间还应当做到言论得体;不在办公期间使用办公电脑、办公网络进行与工作无关的网络行为;等等。

9:00 登录电子邮箱,查看、发送工作邮件

电子邮件是最常用的办公工具之一,也是黑客进行网络钓鱼的"重要渠道"。

1.安全保管电子邮件的账号密码

密码是为了帮助用户进行身份验证、保障账号安全的。但是,并不是只要为账户设置了密码,就一定能保证安全,也不是所有的密码都能在实际上起到安全保障的作用。

如果仅仅设置了密码,却没有妥善保管密码,导致账号密码泄露,一样会使账户遭受损失。账号密码泄露的原因大体包括本地发生密码泄露、网络发生密码泄露、第三方密码泄露三种。而一旦账号密码泄露就会引起黑客脱库、洗库、撞库等一系列操作,最终导致个人和公司信息泄露。此外,黑客还可能通过暴力破解、字典攻击、社会工程学攻击、窃听攻击、间谍软件等多种方式攻击账号密码,以窃取个人和公司的信息和数据。

为了保证账户密码安全,员工应当做到:尽量不在公共的或具有潜在安全风险的设备上登录账号密码;在技术不足的情况下,尽量不越狱;不安装盗版软件;使用 SSL 加密访问网站;保持浏览器更新至最新版本;检查网站证书是否可信,以免进入钓鱼网站。另外,在密码的设置上,应尽量使用强密码,即确保密码的长度长、强度高且具有唯一性(建议密码至少由 12 个字符组成,且包括数字、符号、大小写字母等多种不同字符)。为了便于记忆,员工可以为自己拥有的不同账号按重要程度分类,然后差异化设置密码,构建分级账号密码体系,建立自己独特的密码变化规则,既保障安全,又方便使用。另外,也可以利用 KeePass 等密码管理软件,进一步方便个人的账号密码管理。

2.防范电子邮件攻击

钓鱼邮件是社会工程学中的一种攻击方式,也是所有邮件攻击中会对用户产生危害最大的攻击方式。黑客往往会通过利用电子邮件协议内的漏洞、用相似字符替换邮箱地址中的字母、创建相同的邮箱名称等方式伪装身份,向用户发送中奖链接、文件通知等,诱导用户点击链接、下载附件,甚至直接要求用户进行银行转账、发送含有敏感信息的文件等。

为了避免陷入陷阱,用户在使用电子邮件时,应当仔细核对信息是否正确。具体可通过检查发件人地址拼写、查看发件日期是否为正常工作时间、看邮件标题是否有刻意引起收件人重视的关键词、看正文措辞和称呼等是否为普适化内容以避免"撒网式"捕鱼、慎重点击或打开电子邮件中的链接和文件、涉及敏感信息时(如转账、敏感文件发送等)通过电话等其他方式进行核实再操作、查看发件人 IP 地址是否为常用地址等方式。另外,用户应当为电脑安装杀毒软件并保持更新,以拦截一部分攻击。

10:00 主持远程会议,并为参会人发放会议相关的非公开的文件资料

远程会议是当前常用的工作方式之一,这项功能既为工作带来了许多便利,也存在着很多安全风险。

作为远程会议的主持人,应当在预约会议时设置与会者必须输入参会密码才能进入会议,或者设置为与会者在进入会议前先进入"控制室",由主持人亲自审核通过后才会被允许进入会议,以确保参会人范围和会议的私密性。

另外,使用远程会议软件时,应确保其为最新版本,并应及时安装新的补丁。如果参会时不需要使用摄像头,可以将摄像头电源拔掉,或对其进行遮挡;如需使用,则可以打开"模糊背景""虚拟背景"等类似功能,防止在开会时身后的背景被人窥探。如果会议视频需要录屏上传至云端,则需要对其进行密码设置,避免泄露。

如需传输数据资料,应当对文件进行加密处理,并通过公司 VPN 进行传输,避免数据在互联网传输中被窃听或篡改。如果需要接受与会者传送的文件,则应先对文件杀毒,然后再打开。

12:00 在公司附近的餐厅吃午餐

黑客的社会工程学不仅仅停留在网络中,在现实生活中一不小心也可能会中招。

结束了上午的工作,员工会利用中午的休息时间在公司附近的餐厅吃一顿工作餐。因为附近的选择毕竟有限,在餐厅里有时就会遇到同公司任职的熟人,拼桌吃饭。有的黑客就会利用这个机会,假冒"同公司任职同事"的身份,上前攀谈。

因此,为了避免信息泄露,员工在聊天中应当注意聊天内容的界限,保持专业精神,不讨论工作涉及的机密内容,守住底线。如果发现其他同事在讨论公司的重要机密,也应当尽量引导同事转移话题,避免泄露机密。如果自己无意间得知公司机密,则应当为公司做好保密工作,避免公司因机密泄露遭受损失。

另外,在午餐结束进入公司时,应注意是否有人尾随。无论他人有什么理由,都不能使用自己的门禁卡帮助别人进入公司。如果遇到试图强制进入公司的人,应当及时联系保安处理。

14:00 用移动硬盘存储重要项目的资料,并拷贝给同事

通过移动存储设备存储、拷贝资料,可以方便资料的使用,也可以避免一些网络传输的安全风险,但也具有一定的安全风险。

移动存储设备的使用风险大致可以分为三类,分别是设备可用性受到破坏、文件完整性受到破坏以及文件的机密性受到破坏。

设备可用性受到破坏,即因物理损坏或软件损坏,导致移动存储设备无法再正常使用。文件完整性受到破坏,即因设备受到病毒攻击或人为无意或恶意篡改,导致设备中存储的文件与源文件产生了差异。文件机密性受到破坏,即因该类设备间接或直接导致泄密。

为了避免以上这些安全风险,员工应当注意小心存放移动存储设备,避免丢失;明确公私移动存储设备的界限,避免混用;需要与他人共用移动存储设备时,应对敏感文件进行加密,并进行管理权限的设置,限制访问、修改等使用权限。

对于存储内容全部为敏感信息的,可以直接选择具有加密功能的移动存储设备进行硬件加密,或通过 BitLocker 等功能或其他软件进行加密。

为了避免内容丢失或遭遇勒索病毒导致文件无法打开等各类突发情况,对于重要文件内容,应当及时并且尽可能频繁地进行备份,以便最大程度上保证文件的完整性。根据不同的情况,可以选择不同的备份策略,如对于文件内容量并不大的,可以采用完全备份策略,一旦有恢复需求时,可以实现快速方便且完整的恢复;对于文件量较大的,可以采用差异备份,即仅对最初的数据进行一次完全备份,此后仅备份比对第一次完全备份的差异结果,恢复时,仅需第一次备份和最新一次备份,这种策略对于多次修改源文件,但并不大量增加新内容的存储文件尤为适宜。

另外,为了避免病毒攻击,员工应当定期使用反病毒软件对设备进行扫描,以定期清除威胁;在使用存储设备时,应关闭电脑设备上的自动播放功能,优先阻断病毒传播路径;最好通过点击右键"打开"的方式打开移动存储设备,避免在用户忘记关闭自动播放功能时,直接双击打开文件。

16:00 整理文件材料,并对废弃材料进行处理

工作中往往会涉及一些敏感文件,无论是仍在使用的,还是已经废弃的,都需要进行妥善处理,否则都可能会为公司带来名誉、金钱、发展上的损失,甚至可能使公司因此受到法律指控。

对于企业来说,各类重要的档案、光盘、纸质文件以及存放在电脑中的文件数据等都是敏感信息。敏感信息在内容上包括内部敏感信息(如重大决策、合同、主要会议纪要、服务器的用户名及密码、开发的项目应用程序及文档、对客户的定价方法及销售策略等)和外部敏感信息(如品牌传播、产品、高管、投资、经营等的负面新闻,消费者投诉等)。其中,涉及企业最重要的机密的,属于企业的核心信息,包括核心技术、核心客户、核心战略以及核心人才等,一旦泄露即会造成不可挽回的损失。

因此,员工应当在日常工作中,注意桌面安全,不将重要纸质文件直接放在桌面上,而是通过保险柜或专门管理重要资料的办公室进行存储;不在办公区域吸烟,注意防火安全等。对于废弃的纸质资料,可以根据文件的重要程度,选择通过碎纸机进行销毁或集中销毁。对于电子文件,则可以通过对 U 盘等移动存储设备加密、及时对电脑进行锁屏、为电脑登录账号设置强密码、启用打印服务日志并定期查看等方式保障其安全。

17:00 为办公电脑杀毒

办公电脑就像一个大型的文件保险箱,其中往往存储了大量与工作相关的数据及文件资料。如果不能保证这个"保险箱"的安全,那么其中的文件自然也就处在危险的境地,轻则影响工作进程,重则直接导致公司的名誉、经济受损。因此,保证办公电脑的安全十分重要。

病毒和勒索软件都是黑客针对电脑进行攻击的常用手段。

1.防范病毒

从广义上来说,一切能够破坏计算机正常运行的可复制代码都可以算作计算机病毒。它们往往具有隐蔽性、破坏性和传染性三大特点。一旦侵入用户的计算机,它们就可能会清除用户数据、劫持用户隐私信息,甚至直接劫持用户的设备、占用用户的后台资源、不断向用户推送广告信息获利、破坏用户硬件等。

为了防范、减少病毒对计算机的损害,用户可以通过防火墙和杀毒软件等防护软件实现侦测病毒、预防病毒和消灭病毒的目的。常用的杀毒软件有卡巴斯基(Kaspersky)、ESET NOD32、诺顿(NortonLifeLoc)、Windows defender、Avast 等。但应当注意的是,防护软件并不是装得越多越好,并不能达到 1+1 等于 2 甚至大于 2 的效果,并且还会导致额外的系统开销。为了提升单个防护软件的防护效果,用户最好开启杀毒软件的定期扫描功能,通过定期对磁盘上的所有文件做检查,可以把各文件与病毒库中的各项特征进行比较,判断文件是否为病毒,能够提高防范病毒的主动性。并且注意更新杀毒软件的病毒库,保证为杀毒软件的“武器”更新换代,达到更好的防护效果。

除了依靠第三方的“保护”,用户自身也应当养成安全的设备使用习惯,包括:注意识别冒充他人、附带可疑链接和可疑附件的钓鱼邮件;尽量不要点击带有色情、赌博等内容的可疑的网页,更不要下载其中的文件;选择官方渠道下载软件、文档等内容;通过定期扫描 U 盘、关闭系统自动播放功能等方式确保移动存储设备安全,避免病毒通过移动存储设备传染计算机;控制共享文档空间的用户权限,让非重要、非必要设备不具备上传文件、更改文件的能力等。另外,最好养成及时备份的习惯,以防系统被病毒攻击导致文件被彻底清除。一旦发现计算机中毒,应及时断网断电,断开中毒设备与其他设备的联系,避免病毒的进一步传播。同时,不要贸然重启电脑,避免激发病毒启动其第二阶段功能,进一步对用户的计算机造成不可挽回的损失。

2.防范勒索软件

勒索软件也是一种计算机病毒,它通过骚扰、恐吓或者采用绑架用户文件等方式,使用户数据资产等计算机资源无法正常使用,并以此为条件向用户勒索钱财。勒索软件大体可以分为两类,一是直接锁定用户的屏幕或系统使用户无法打开,二是直接锁定用户硬盘中的文件。无论哪种,都是非常恶性的病毒,会给用户带来很多麻烦。其中包括但不限于黑客完全掌握用户的文件后通过威胁泄露文件这一方式,破坏用户的商业计划;文件无法使用,直接影响用户的正常工作;索取大量赎金,为用户带来经济打击等。应当注意的是,勒索软件的攻击对象不仅限于企业,也会对个人发起攻击,因此员工应当充分认识勒索软件,避免自己和所在组织受到损害。

最常见的勒索软件入侵是通过电子邮件网络钓鱼和垃圾邮件实现的。黑客往往在电子邮件中加入恶意附件或指向受感染网站的链接,用户一旦点击或下载,就会掉入陷阱。另外,黑客还可能会利用系统或程序中的安全漏洞,通过网络钓鱼、社会工程学等方式入侵用户计算机。

为了预防勒索软件入侵,用户可以从以下四个方面进行防范:一是注意及时更新软件和系统;二是尽量做到安全地浏览网页,不点击色情、赌博网页,避免使用非官方网站下载资源(如软件、系统等)等;三是注意判别电子邮件的真实性,注意识别发件人、不轻易下载邮件中的附件等;四是保持杀毒软件、防火墙等安全软件常启,帮助用户扫描计算机设备中存在的病毒、控制外部访问、清除病毒影响。

另外,为了避免遭受勒索软件攻击使个人和企业损失过多,用户可以提前采取一些能够减少损失的措施。比如,及时对文件进行备份、对文件修改限制进行权限设置。另外,由于勒索软件常常是多个类型的病毒复合体,既有木马的破坏能力,又有蠕虫病毒的强力扩散复制能力,因此,中毒后也应当及时进行物理隔离。

第 4 节　普通员工的学习场景

为了提升个人的工作技能,获得更好的职业发展和个人成长,员工往往需要学习、考取专业证书等方式。因此,学习场景也是员工经常会遇到的特别场景。随着数字化的普及和广泛应用,很多员工都会选择线上学习这种更为便捷灵活的学习方式,这就可能会涉及使用网站浏览学习资料、在群组或论坛中讨论学习内容等活动。但如果没有注意防范,这些看似普通的活动中也可能存在网络安全风险。甚至即使员工选择线下的课程进行学习,也有可能在不经意间掉入黑客的陷阱。

8:30 进入学习网站学习

主动通过课外学习提升自身能力原本是一件好事,但是如果没有注意网络安全、留意黑客陷阱,也有可能给自己带来麻烦。

如果想要进行正规、系统的学习,往往要选择一家靠谱的培训机构。相比于在线下一家一家门店进行咨询了解,通过官方网站的介绍、线上联络客服的方式了解一家机构的资质和课程安排要方便得多。但是由于在开始时往往对这些机构的网址并不十分了解，很有可能在搜索时点击进入字符类似的虚假链接中，掉入黑客的圈套。

黑客可能进行一些简单的字符替换，例如将小写字母"l"替换成与之十分相似的字母"I"或数字"1"等，但仔细分辨还可以辨认得出。另外还有一些情况，却是难以通过肉眼识别的。一些黑客会利用字母体系的差异对网址中的字符进行替换。比如在拉丁字母和西里尔字母中都有字母 a，所以在屏幕显示的 Unicode 编码里，就会存在两种 a，但是含义却不一样。黑客可以通过对字母体系的切换，将原来的网址链接更改为同形词域名，将用户引到黑客提前设置好的虚假网站上去。参与培训机构学习或获取学习资料时，往往还涉及线上缴费等活动，一旦进入虚假网站，可能会直接导致金钱损失。因此，用户更应提高警惕。

但是即使是这种"高端"的钓鱼骗局，也并不是完全无法破解。使用 Firefox 浏览器的用户可以通过手动操作的方式进行防范：在浏览器地址栏中输入 about:config，然后点击回车，在搜索栏中输入 Punycode，此时浏览器设置将显示 network.IDN_show_punyco de 参数，双击或者右键选择 Toggle，将值改为"True"就可以看到实际的网址了。但 Chrome 和 Opera 等浏览器无法进行这种设置，用户可以在网络上直接搜索在线 Punycode 编解码工具，然后粘贴需要查询的网址链接，就可以通过结果区分真假。

选定了常用的学习网站后，为了方便使用，可以将已经验证为官方网站的网址链接加入浏览器的收藏夹中。这样以后每次使用时就可以直接点击打开、查看内容，不需要再每次都进行网站真实性的核对了。

11:00 在论坛中讨论学习内容

在各类论坛或其他社交类平台上讨论问题是常用的交流方式。不同的用户会针对同一个问题通过发布帖子、评论等方式发表自己的观点。这个过程就是网络表达。

在网络表达中，网民所表达的意见、观点和主张都会烙上个人的印记，每个人限于自己的经历经验、生活阅历、思维方式和思考角度，都会有独特的体会和感受，也就会形成不同的网络表达内容。但应当注意的是，进行网络表达时，要保持开放包容的态度，对于不一致甚至是完全相反的观点，应当秉持包容的态度，进行理性的讨论，绝不能因言语不和，对他人进行网络暴力、人肉搜索等。在进行网络表达时，应注意不要侵犯他人的名誉权和隐私权，避免加剧网络冲突，更不要将"道德审判"从网络延伸到现实世界,使当事人身心受到伤害。

网络不是法外之地,网络表达也不是法外之事。网络表达必须在法律的框架内进行。而作为网民的我们更要有网络表达的法律意识,真正做到用法律来规范自己的网络表达行为。另外,还应当遵守三个基本原则:一是表达有度,即言论内容、语言选用、情绪宣泄有度;二是尊重他人,即尊重他人人格、隐私和知识产权;三是注意维护网络空间的公共秩序和公共利益等。

网络表达与网络交际往往紧紧相连。在"帖子"或"评论"中遇到和自己观念一致或观念相悖的网友,有时会想要通过"私信"进行更深入的探讨和交流,甚至开始互相关注双方的朋友圈或微博"动态",加深对对方的了解,彼此间的话题从单一的问题讨论转向更深入、广泛的交流和内容分享,这就成了网络交际。可见,网络交际不仅仅存在于熟悉的人之间,也存在于陌生人之间。

网络交际的虚拟隐秘性、自由开放性、超越时空性和符号互动性,既带来了和现实生活中的交际完全不同的新鲜体验,同时也带来了一定的安全隐患。比如,网络中的身份、经历、年龄、婚姻状况等都是可伪造的,一些不法分子会通过伪造个人信息的方式,伪装成高级白领、"高富帅"或"白富美"等,通过网络交际的方式骗取个人信息和钱财。因此,在进行网络交际时应注意保护个人信息,避免掉入不法分子的"钓鱼"陷阱。

14:00 扫码进入学习互助群,领取学习资源

在学习过程中难免遇到疑难的问题,单靠个人的能力有时是无法解决的。显然,相比"单打独斗",和他人共同讨论学习、互相督促进步,是一种更好的学习方式。

现在网上也有许多不同门类的"学习群",群主一般会通过在论坛或各类社交软件中发送各类学习相关的内容,引导用户扫码进入群聊。但这些群聊的质量往往参差不齐,虽然有一部分确实是学习爱好者共建的互助学习群,但是也有许多群聊的本质其实是部分商家伪装过后建立的"营销群":有的会直接设置入群门槛,用户需要先付费成为会员,然后才可以进群获取学习、考试信息,而这些信息其实一般并不是什么隐秘的内容;有的在开始时虽然不设置入群门槛,但等用户都进入群聊后,会通过各种形式诱导用户购买他们的"学习包",虽然价格便宜,却大多都是盗版资源。更有甚者,还有"挂羊头卖狗肉"的群聊,表面上是学习互助群,但实际上是黑灰产的分支链条、线上赌博群等。因此,员工应提升安全意识,在加入"学习互助群"或扫码领取学习资源时注意保持警惕,避免误入犯法之路。

首先应当明确"著作权"的概念:著作权,又称为版权,是指著作权人对其创作的文学、艺术和科学作品等智力成果依法享有的专有权利。所有文学、艺术以及科学领域内具有独创性并能以某种有形形式复制的智力成果都受到著作权的保护,具体包括:文字作品;口述作品;音乐、戏剧等艺术作品;美术、建筑作品;摄影作品;电影作品和以类似摄制电影的方法创作的作品;工程设计图、产品设计图等图形作品和模型作品;计算机软件;法律、行政法规规定的其他作品等。所有破坏版权保护技术的措施手段、未经权利人授权的网络传播或提供侵犯版权的网络服务的行为都属于侵犯著作权。根据相关法律规定,最严重的可能涉及刑事犯罪。

"黑灰产"的定义可能在日常生活中并不十分普及,但其实这种产业链条所产出的内容可能就在看似平常的各种场景中。比如,在电商行业,黑灰产的表现是刷单,制造虚假的交易量;在直播、短视频等平台,最典型的是刷量,黑灰产通过刷播放量、关注、点赞、评论等方式进行广告引流,甚至实施网络诈骗;在出行平台,黑灰产的典型活动则是抢单和代打。只要是能产生利益的地方几乎逃不开黑灰产的觊觎。即使表面看上去获利很低,但黑灰产依然会想办法通过批量操作来规模获利。而作为普通用户,平时最应当注意的就是,不被黑灰产塑造的假象迷惑,不被黑灰产所承诺的"利益"蛊惑,不轻信各类群聊中发布的"兼职赚钱"等广告,避免误入网络诈骗的陷阱,更避免误入黑灰产的违法之路。

17:00 扫共享单车去课外培训学校

虽然通过线上进行网课学习、讨论探讨是一种便捷灵活的学习方式,但是也有部分员工偏好线下的学习方式,比如参加线下的课程班或者去线下自习室学习等。

在这种情况下,员工一般都会选择距离自己家或者公司比较近的地址,方便学习。这时候骑单车就会是首选的交通方式。

当前共享单车基本已经普及到了全国绝大多数城市,人们有骑车需求的时候,只要在街上找到空闲的共享单车,扫描车上粘贴的二维码就可以使用。再也不需要仅为偶尔使用单车就特意购买一辆,也不需要再担心单车被盗等安全问题。但是扫码使用共享单车的方式给生活和出行带来便利的同时,也附带了一些隐藏的安全风险——二维码钓鱼。

那么应当如何防范二维码钓鱼呢？首先，注意二维码的来源，在扫码前，关注二维码是否来自安全的渠道；其次，可以先利用一些手机软件进行安全扫描，确认二维码安全，然后再进行进一步的使用；最后，要注意分辨真假，高仿的网站和原来的网站往往还是有一定的差异。在填写敏感信息之前，要注意查看网站是否正常。总之，千万不要在街边乱扫二维码，以免引狼入室招木马。

第 5 节　普通员工的生活场景

随着信息化的普及，在日常生活中用到网络和电子产品的场景已经越来越多。我们在享受这些科技带来的便利的同时，也应当注意潜藏在暗处的安全风险，以免深受其害。

8:30 买早餐，微信或支付宝付款

直接通过出示个人的付款码或者扫描商家二维码的方式付款，相比从前的现金支付，这种做法确实给我们的生活带来了很多便利，但同时也带来了许多潜在的安全风险。

为了尽可能提高个人账户和资产的安全性，在使用网上交易媒介（如微信、支付宝等）支付时，应当注意哪些事项呢？

首先，应注意定期更换支付密码，在设置密码时也应尽量避免使用个人公开信息，例如生日、纪念日、手机尾号等，因为这些信息都很容易被不法分子获得和利用；也不要为多个账户都设置同样的密码，否则，一旦某一个账户被破解，其他的账户就都会陷入不安全的情境之下。另外，由于支付密码一般只能由数字组成，无法通过加入字母、符号等方式提高密码强度，因此可以开启手势密码、指纹密码、刷脸支付等破解难度较高的生物识别技术，提高移动支付的安全级别。

其次，在进行网络支付时，应尽量避免使用公共 Wi-Fi。很多黑客会在商场、广场等人流量大的地区布置钓鱼 Wi-Fi，这种 Wi-Fi 的名字往往和所在地的名称差不多，让人误以为是正规的 Wi-Fi，且往往不需要密码就能自动连接成功。但是一旦用户接入了这种 Wi-Fi 并进行了网络支付,黑客就可以抓取用户的网银账号、支付密码等信息。此时,用户就难逃财产损失的命运了。

此外,最好设置微信、支付宝等支付软件的"收付款"功能为关闭状态,这样每次需要使用收付款功能时就都需要输入密码才能重新打开。如此可以避免手机丢失后任何人只要打开手机就能直接进行消费的情况。另外,开启微信、支付宝等软件的"安全锁"也可以更有效地保障支付安全。

9:00 刷朋友圈、微博、群消息,发朋友圈、微博

在等人、乘坐交通工具或者无聊时刷刷朋友圈、微博和各种群消息,并随手转发、评论已经成为很多人的习惯。但是网络上的信息纷繁复杂,接收信息时应注意擦亮双眼,发送信息时更要保持谨慎。

在现代社会,网络已经成了谣言传播的重要渠道,通过冠以"权威"的名号,例如"中央发话了""国家最高机密"等,使用"速看,马上删""必须转,秘方""警惕,紧急通知"等令人紧张的标题,混入"为了你的家人,请一定要看""含着泪看完""感动中国十四亿人口"等词语煽情骗转发,或者加入"致癌""不要再吃了""每天三分钟""只要七天"等类似内容夸大危害或功效等,引起用户的关注或者好奇心,点击链接观看甚至"好心转发"。但其中的内容往往会歪曲事实,甚至是无中生有、肆意编造的。这些谣言不仅会造成网民个人在认知、观念上的偏离,还可能会导致社会恐慌、社会信任危机、政府公信力下降、损害国家利益等严重后果。网民在接收和发送信息时都应注意辨别谣言,既不成为谣言的制造者,也不成为谣言的传播者,做到不信谣不传谣;对于似有模板的谣言信息或不确定信息时,应仔细观察细节纰漏、信息来源,并向权威渠道求证,一旦确认为谣言信息,则应积极向有关部门举报;如果个人合法权益因他人造谣而受到侵害,更要及时向公安机关报案,用法律的武器保护自身的合法权益。

在新媒体时代,除了以上这些"传统模式"的谣言仅仅是依靠网络增加了传播方式以外,还会有一些营销公司或个人为了取得商业利益进行网络恶意营销,即通过在特定时机利用煽动性话语刺激公众情绪、博取舆论关注,吸引流量变现盈利。他们的套路往往都是"寻找话题,伺机而动——脑补情节,渲染情绪——利用情感,正反搅动——利用打赏、广告、带货,打造'商业帝国'",最终实现商业盈利的目的。这些恶意营销不仅会导致健康的网络环境被污染,还会由于舆论反转频繁上演,导致公众不信任感加剧,造成道德滑坡,搅动社会不安,甚至还会侵蚀政府公信力,动摇社会稳定基石。作为普通的网民或许无法直接对这些恶意营销公司和个人进行惩处,但是却可以提升自己辨识恶意营销的能力,进行网络浏览时注意保持警惕,警惕"标题党"性质的网络营销账号,进行信息转发时避免成为恶意营销的"帮凶",并建立个人完善的价值体系,避免被网络舆论"牵着鼻子走",做到独立思考、不盲从。对于不了解、不熟悉的事件、观点等,无论别人怎么说,如何议论,都不可在不了解事情缘由的情况下妄下结论,甚至主观臆断、妄加批判。

另外还有一些恶意营销公司,也就是生活中常会提到的"黑公关",会以企业或品牌为目标在网络上对其进行抹黑。他们或者受雇于竞争对手公司,或者自发进行,以此向目标企业进行勒索,但最终目标都是盈利。他们的手段甚至已经实现了"流程化"和"标准化",即"推手分析消费者心理策划事件—发布各类炒作材料(如自媒体文章或视频、被收买的记者写稿等)—雇佣网络水军进行病毒级广泛传播",甚至还会直接通过流量造假的方式,获取不明真相的网民的信任。而我们平时关注的各种测评类博主、行业或品牌分析博主都可能是受这些恶意营销公司控制的推手。而这类恶意营销不仅可能会影响我们的正常判断,还可能会直接毁掉一些真正用心做产品、为行业做贡献的良心企业。因此,即使是对于网上的产品推荐、行业分析等类似内容也要保持冷静的头脑,避免"跟风"和"无脑黑",避免被这些黑心公司利用。

除了警惕虚假信息以外,员工还应当在使用社交媒体时注意内容分享安全。例如,避免在分享社交状态时暴露自己的位置,或者至少延时显示自己的位置;谨慎分享图片,避免智能手机拍摄出的照片包含地理位置信息,导致个人定位暴露,最好直接关闭照片中的定位服务功能;不对他人的社交状态和照片进行散播,以免侵犯他人的隐私权和名誉权;在发送信息、传输工作文件、登录官方社交账号进行内容发布时,注意检查内容,避免泄露机密信息;等等。

9:30 线上股票交易

相比从前需要到证券交易大厅查看股票大盘还需要委托工作人员代为交易,现在只要一台电脑或智能手机联网后就能自由进行股票交易,对于股民来说这其中的变化可以说是颠覆性的。

当前,线上股票交易以其"交易方便快捷、信息量大、紧跟行情、辅助分析系统强大"等特点，无疑已成为股民炒股的首选方式。但由于大多数用户缺乏基本的防护意识和措施，网上炒股这一行为伴随着极大的安全隐患。

在网上炒股时，黑客很可能会利用木马病毒对股票交易系统客户端进行攻击，一旦被攻击成功，轻则会导致用户的机器瘫痪和数据丢失，重则甚至可能会造成股票交易密码等个人资料的泄露。因此，安装必要的防黑防毒软件是确保网上炒股安全的重要手段，尤其是在进行网上炒股时，要保持后台杀毒软件的运行。另外，为了避免炒股软件本身存在漏洞带来的网络安全风险，用户应注意避免使用陌生炒股软件，也不要从未知来源下载炒股客户端，一定要选择在官方网站或手机自带的应用市场下载正规软件，保证软件本身的安全性。还应当谨慎设置炒股软件或炒股网站的登录密码，避免使用弱密码或者由吉祥数、出生年月、电话号码等容易破译的数字组成的密码，并注意进行定期更换，尽可能不使用自动保存账户密码设置，以免给不法分子以可乘之机。此外，在日常使用中，用户还可能会忽略的一点就是网络的设置，为了避免不法分子利用免费公共 Wi-Fi 窃取用户炒股账号和密码，一定要避免使用公共 Wi-Fi 进行股票交易，更不要使用网吧、酒店等公共计算机或其他公共设施上的炒股客户端进行网上股票交易。在完成交易后一定要退出交易系统，以免造成股票和账户资金损失。

进行线上股票交易，免不了会使用网上银行。除了上面已经提到过的，应当注意账号密码的安全设置和保存、避免使用免费公共 Wi-Fi 登录、注意使用官方正规软件、使用结束后确保完全退出交易，如果使用的是网银网页版，应注意检查网址是否为官方网址以及是否具备网上银行证书，避免进入钓鱼网站。对于经常使用的网上银行网站，可以将确认过的网址保存到浏览器的收藏夹中，方便下次使用，同时也可以确保安全。

10：00 收快递

当前，快递服务已经深入我们生活的方方面面，但是很多人往往会忽略快递单上隐私信息的安全问题。

首先，在填写收货地址时应注意避免留下完整的家庭住址，只细化到楼号，避免填写具体的门牌号，也可以直接以楼栋附近的代收点地址或工作单位地址代替；在取货前注意核实快递信息，在接到快递电话后，要确认是否订购过该商品、快递公司名称以及所送物品等有关信息，不要贸然签收；独自在家时，应尽量在小区传达室、保安室等人多处收件或寄件,避免人身安全问题。

另外,由于快递单上往往包含姓名、住址、手机号等个人信息,甚至以此已经形成了一个巨大的黑色地下市场,在各类贴吧等平台的社群中都有对这些信息的出售和购买。因此,对于废弃的快递包装,一定要对快递单上的信息进行处理后再丢弃。比如在隐私信息处用湿纸巾或毛巾来回摩擦、用美工刀刮掉、用深色记号笔涂抹遮盖、用花露水等在对应位置喷洒、用牙膏涂抹等,都可以对文字进行遮盖和消除。

10:30 使用智能电视进行互动式运动健身

相比从前传统的电视,智能电视在观看电视节目的基本功能的基础上,扩展了更多有趣的功能,比如多屏互动、体感游戏等,用户在家用电视上可以体验到更多样的功能和服务。

在使用智能家居时,也应注意各类安全问题。黑客的入侵手段也随着信息化的发展在不断"更新"和"提高",甚至能通过智能家居直接将自己的"间谍"安在用户家中。这些智能家居"间谍"大体可以分为三类,即耳目类间谍、攻击类间谍以及策应类间谍。"耳目类"间谍一般是智能电视、家用摄像头、带摄像头的扫地机器人等。因为这些终端设备都有摄像头,黑客只要远程入侵这些设备,就可以轻易看到用户家中的隐私画面;"攻击类"间谍则一般都是智能电饭煲、微波炉等具有一定功能的家居设备,一旦它们被黑客控制,甚至可能直接造成火灾等严重的破坏性事故;另外还有一种就是"策应类"间谍,不法分子可能会通过远程控制用户的智能门锁等安防设备,为自己打开"方便之门",进行盗窃、抢劫等违法犯罪活动。

为了避免这些风险,用户应当在使用智能设备终端时注意安全防范,比如,在选购设备时,尽可能选择大品牌和大厂商生产的正规产品;为设备的账号设置强密码,尽可能避免黑客通过破解账号密码对设备进行远程控制;对于带有摄像头的智能设备,注意尽量不使其摄像头正对卧室、浴室等隐私区域,并经常检查摄像头角度是否发生过变化,还可以选择在家时切断摄像头的电源,避免隐私泄露,离家后再开启设备等。另外,对这些智能家居设备定期查杀病毒,也是一个良好的习惯。

智能家居的使用往往离不开智能家居 App 的配合。智能家居 App 不仅能轻松便捷地将手机与电视、冰箱、空调等家电设备连接起来,帮助用户实现设备控制,还能通过智能信息反馈功能帮助用户及时了解家中设备的状态。因此,智能家居 App 的安全性对于用户正常使用智能家居也是至关重要的，为了规避安全风险，用户需要积极采取预防和应对措施。比如，确保自己使用的智能家居 App 是通过官方网站或权威应用商店下载的，并注意及时更新 App 至最新版本，以免被黑客利用旧版本中的漏洞；在设置账号密码时，应设置相对复杂的强密码使其不易被破解，且尽量避免与其他账户密码重复；另外，一旦手机丢失，务必记得及时更改 App 账号密码，以免遭受更多损失。

14:00 购买火车票、预订酒店

外出旅游时，不免会需要乘坐火车等交通工具、预订并入住酒店等。这些都需要使用员工的个人信息，有的还会留下车票、订单等凭据。

由于很多场景仅需要使用身份证复印件就可以代替正式的证件进行业务的办理，因此员工在使用身份证时需要格外谨慎。比如有的酒店在办理入住时需要复印入住人的身份证，为了避免该文件被滥用，员工应当在含身份信息区域注明"本复印件仅供××用于××用途，他用无效"和日期。如果使用的不是个人家用的复印机，还需要在复印完成后清除复印机缓存。

另外，由于火车票、酒店预订单等票据上往往含有个人真实姓名、身份证号以及联系方式等敏感信息，因此不要随意丢弃此类票据。最好的方式是对个人信息进行擦除后，再进行粉碎处理，避免落入不法分子手中，导致个人信息泄露。

在入住酒店后，应当注意检查房间内的设施，包括电视机、台灯、插孔、纸巾盒、花洒等区域。防止有不法分子在房间内安装针孔摄像头拍摄住客在房间内的活动，并将隐私信息放在视频网站上或是卖给其他机构。

16:00 在火车上使用小说阅读软件打发时间

出门旅游，路途遥远，下载一个小说阅读软件在火车上阅读各类书籍打发时间，是一个很好的消遣方式。

很多下载软件的非官方网站中的 App 都被黑客"动过手脚"，其中可能被植入了木马病毒、恶意代码或者各种类型的监视软件，一旦下载，用户的设备就可能会被病毒感染，个人信息可能会被不法分子窃取获利，还可能会收到各种不良、低俗信息，使人不堪其扰。因此，在下载 App 时，一定要选择官方网站，或者官方的应用商场。

　　下载软件后,软件一般会弹出授予设备各类权限的请求。用户应根据下载软件的类别和用途,确定它申请的权限是否是必要且合理的。比如,对于小说阅读软件,就并不需要向其开放对相册、位置等的访问权限。对下载的软件进行合理的权限限制,并不会对软件正常使用造成影响,还可以避免个人信息被过度获取,降低个人信息泄露的风险。另外,使用 App 结束后,最好在后台彻底退出该应用,也可以有效避免软件在后台自动运行时过度收集用户信息。在登录设置上,也最好不要设置"自动登录",并定期更换密码。

　　在下载和使用 App 过程中,还应注意网络的选择。出门在外,最好还是使用自己手机的流量,避免误连黑客有意留下的钓鱼 Wi-Fi。一旦连接,用户的各类信息、账号密码等就都暴露在黑客面前了,甚至还可能直接失去对设备的控制权。

21:00 线上购物

线上购物以其突破时间、空间限制的优势,以及价格的低廉性、送货上门的便利性以及品种选择的多样性等特点,成了人们最常用的购物方式之一。除了使用各类购物软件进行线上购物以外,人们最常用的线上购物方式之一就是直接使用浏览器搜索网站浏览购买。

　　网络钓鱼攻击是 21 世纪以来最为流行的一种网络犯罪行为。建立假冒网上银行等网站、利用虚假的电子商务进行诈骗等都是黑客常用的浏览器钓鱼手段。黑客往往将网站页面制作得和常用的电子商务网站、银行网站一样,使用户从外观上很难看出区别;通过仅更改部分字符的方式,将网址链接设置得和官方正规网站也十分相似,比如,将数字 1 和字母 l、字母 I 进行相互替换等,从而诱骗用户在假的网页上输入真实的卡号、用户名和密码等敏感信息。甚至很多时候,即使用户不点击"登录"按钮,其用户名和密码也会被钓鱼网站即时获取。然后,钓鱼网站背后的不法分子就可以使用这些非法得来的用户名和密码去登录真实的网站,盗取用户账户内的重要资产和信息。

　　因此,用户在使用浏览器购物时,应当注意对网站域名的检查,而且不止看打开网页前的网址,还要仔细查看打开页面后的具体地址。目前,大型电子商务网站和网络银行网站都采用了可信证书类产品,因此他们的网址都是以 https 开头的。如果发现这些网址上的信息没有采用 https 开头,就需要谨慎对待。对于常用的网站,可以在确认网址链接无误后,将该网站存储到收藏夹中,下次再需要使用时就不需要重新搜索、核对,只要打开收藏夹中的网站即可。这样不仅可以保障浏览的安全,还可以使浏览和搜索变得更加便捷。另外,用户最好记住常用网站的布局和内容,甚至包括它最近有没有新活动的广告等。如果发现网站突然"改版"了,和之前的页面布局大不相同,就要提高警惕了。

还有部分犯罪活动是通过在大型电子商务网站上发布虚假商品销售信息的方式开展的。犯罪分子会以所谓"超低价""免税""走私货""慈善义卖"的名义出售各种产品,或以次充好,以走私货充行货,以低价诱使消费者受骗。他们的常用套路是先要求消费者支付部分款项,再以各种理由诱骗消费者付余款或者其他各种名目的款项。一旦得到钱款或被识破,就立即切断与消费者的联系。为了避免上当,用户在浏览器上购物时,应保持警惕,抵制"低价""免税"等标签的诱惑,注意审查商家的资质、产品和对商户的评价等,避免被骗。一旦发现有欺骗性的"店铺",应当及时进行举报处理,维护自身权益。

浏览器购物一般都包括注册、登录、浏览网页、订单填写和网上支付等步骤。为了完成整个流程,用户需要填写自己的真实姓名、家庭住址、联系方式、银行卡号码等个人信息。而这些,正是不法分子费尽心机想要窃取的内容。因此,所有的网络购物环节都可能潜伏着极大的安全风险。为了保护个人信息,用户在使用浏览器购物时,应尽量选择在可信赖的终端和网络上进行操作,避免使用公共网络和公用计算机。在账号密码的设置上,应尽量使用强密码,不用生日、电话号码等任何容易被破解的信息作为密码。另外,应尽量使用正规的大型电子商务网络系统,仔细阅读这些电子商务公司发布的隐私保护条款,对于将被收集的信息类目做到心中有数。进行网上支付时,尽量选择信用卡和借记卡此类"传统"方式,一旦发现付款有问题,可立即提出质疑,并在问题解决之前拒绝付账。用户应当时刻保持维权意识,一旦发现交易可疑等问题,应立即与平台取得联系,提出质疑。如果该平台不能合理地解决有关问题,则可与其主管部门联系。

图书在版编目（CIP）数据

保护你的数字生活：网络安全手册/詹榜华，孙竞舟，丁晓著. --北京：中国传媒大学出版社，
2023.12

ISBN 978-7-5657-3504-2

Ⅰ.①保… Ⅱ.①詹… ②孙… ③丁… Ⅲ.①网络安全-普及读物 Ⅳ.①TN915.08-49

中国国家版本馆 CIP 数据核字（2023）第 229180 号

保护你的数字生活：网络安全手册
BAOHU NIDE SHUZI SHENGHUO: WANGLUO ANQUAN SHOUCE

著　　者	詹榜华　孙竞舟　丁　晓
责任编辑	杨小薇
特约编辑	郑　鸣
封面设计	拓美设计
责任印制	阳金洲

出版发行	中国传媒大学 出版社		
社　　址	北京市朝阳区定福庄东街 1 号	邮　　编	100024
电　　话	86-10-65450528　65450532	传　　真	65779405
网　　址	http://cucp.cuc.edu.cn		
经　　销	全国新华书店		

印　　刷	唐山玺诚印务有限公司		
开　　本	787mm×1092mm　　1/16		
印　　张	25		
字　　数	444 千字		
版　　次	2023 年 12 月第 1 版		
印　　次	2023 年 12 月第 1 次印刷		

书　　号	ISBN 978-7-5657-3504-2/TN · 3504	定　　价	128.00 元

本社法律顾问：北京嘉润律师事务所　郭建平